大学数学系列丛书

概率论与数理统计学习辅导及 R 语言解析

(修订本)

桂文豪　王立春　编著

清华大学出版社
北京交通大学出版社
·北京·

内 容 简 介

本书是根据作者多年的教学经验编写而成的,与北京交通大学概率统计课程组编写的《概率论与数理统计》相配套的学习辅导用书。

本书通过系统的知识点归纳及详尽的解答分析来帮助读者进一步提高概率论与数理统计的基本理论和实际应用,并且引进强大的统计软件 R,从程序的角度对习题进行解析,强调统计理论知识和统计软件工具的有效结合,进一步加深统计的实践应用。

本书可作为理工科本科生,考研学生的学习辅导用书,也可供工程技术人员、科技工作者参考。

本书封面贴有清华大学出版社防伪标签,无标签者不得销售。
版权所有,侵权必究。侵权举报电话: 010 - 62782989 13501256678 13801310933

图书在版编目(CIP)数据

概率论与数理统计学习辅导及 R 语言解析/桂文豪,王立春编著. —北京: 北京交通大学出版社: 清华大学出版社,2017.2(2021.10 重印)
ISBN 978 - 7 - 5121 - 3164 - 4

Ⅰ.①概… Ⅱ.①桂… ②王… Ⅲ.①概率论-高等学校-教学参考资料 ②数理统计-高等学校-教学参考资料 ③程序语言-程序设计-高等学校-教学参考资料 Ⅳ.①O21 ②TP312

中国版本图书馆 CIP 数据核字(2017)第 024202 号

概率论与数理统计学习辅导及 R 语言解析
GAILÜLUN YU SHULI TONGJI XUEXI FUDAO JI R YUYAN JIEXI

| 责任编辑:谭文芳 | 助理编辑:龙嫚嫚 |

出版发行: 清 华 大 学 出 版 社   邮编:100084   电话:010 - 62776969   http://www.tup.com.cn
         北京交通大学出版社   邮编:100044   电话:010 - 51686414   http://www.bjtup.com.cn
印 刷 者: 北京虎彩文化传播有限公司
经   销: 全国新华书店
开   本: 185 mm×230 mm   印张:24.25   字数:544 千字
版   次: 2017 年 2 月第 1 版   2019 年 10 月第 1 次修订   2021 年 10 月第 4 次印刷
书   号: ISBN 978 - 7 - 5121 - 3164 - 4/O · 160
定   价: 61.00 元

本书如有质量问题,请向北京交通大学出版社质监组反映。
投诉电话: 010 - 51686043,51686008;传真: 010 - 62225406; E-mail: press@bjtu.edu.cn。

前　言

概率论与数理统计是高等院校一门重要的基础课程，它的理论和方法广泛应用于后续课程及实际问题中．本书力求主线清晰，重点突出，体系完整．在知识体系方面，注重归纳共性和总结规律，增加章节之间的联系，使学生对知识的掌握更加系统，提高解决实际问题的技能．在习题讲解中，不是简单地给出答案，而是注重分析过程，并对题目涉及的知识点进行认真点评，启发和引导学生深入思考，促进学生更好地掌握解题的方法和技巧．另外，编者会注重对习题的进一步开发和挖掘，对某些题目进行多角度解析，增加概率统计和微积分、几何代数、经济学、工程学等其他学科之间的横向联系，丰富学生学习的内容，提高学生解决实际问题的本领，扩大课程的影响力．

概率统计方法与计算机相结合是本书的一大特色，也是统计学科发展的需要．本书首次引进优秀的统计软件 R，利用 R 的强大统计功能，对概率统计相关理论知识进行详细的解析．概率统计与 R 相结合，不仅有助于学生更有效地利用 R 的超强功能来处理概率统计中的问题，而且有助于学生锻炼理论联系实际解决具体问题的能力，避免那种仅仅会考试或偏重理论学习的现象发生．

本书吸取了国内外优秀教材和学习辅导书的优点，取材新颖、特色鲜明、富有启发性，便于教学与自学．本书是编者在教学改革中一种新的探索，可能会有不妥或不完善的地方，望广大读者给予批评指正，欢迎提出宝贵意见和建议．

编　者

2017 年 1 月

目 录

第1章 概率与随机事件 ·· 1
  §1.1 知识点归纳 ·· 1
    1.1.1 随机现象和随机试验 ·· 1
    1.1.2 样本空间与事件 ··· 1
    1.1.3 事件的关系和运算 ··· 2
    1.1.4 事件的概率 ··· 4
    1.1.5 古典概型 ·· 5
    1.1.6 条件概率、事件的独立性 ·· 5
  §1.2 例题讲解 ·· 6
  §1.3 习题解答 ·· 16

第2章 随机变量及其分布 ··· 37
  §2.1 知识点归纳 ··· 37
    2.1.1 随机变量的概念 ··· 37
    2.1.2 离散型随机变量的概率分布 ·· 37
    2.1.3 随机变量的分布函数 ··· 39
    2.1.4 连续型随机变量及其概率密度函数 ································ 39
    2.1.5 随机变量函数的分布 ··· 41
  §2.2 例题讲解 ·· 42
  §2.3 习题解答 ·· 52

第3章 多维随机变量及其分布 ··· 73
  §3.1 知识点归纳 ··· 73

3.1.1　二维随机变量 ·································· 73
　　　3.1.2　边缘分布 ···································· 75
　　　3.1.3　条件分布 ···································· 76
　　　3.1.4　相互独立的随机变量 ···························· 77
　　　3.1.5　多维随机变量函数的分布 ························ 78
　§3.2　例题讲解 ·· 79
　§3.3　习题解答 ·· 102

第4章　随机变量的数字特征 ·································· 163
　§4.1　知识点归纳 ·· 163
　　　4.1.1　数学期望 ···································· 163
　　　4.1.2　方差 ·· 165
　　　4.1.3　协方差及相关系数 ······························ 166
　　　4.1.4　矩和协方差阵 ·································· 167
　§4.2　例题讲解 ·· 169
　§4.3　习题解答 ·· 184
　§4.4　综合题解答 ·· 205

第5章　大数定律和中心极限定理 ······························ 211
　§5.1　知识点归纳 ·· 211
　　　5.1.1　大数定律 ···································· 211
　　　5.1.2　中心极限定理 ·································· 212
　§5.2　例题讲解 ·· 213
　§5.3　习题解答 ·· 219

第6章　参数估计 ·· 231
　§6.1　知识点归纳 ·· 231
　　　6.1.1　样本与统计量 ·································· 231
　　　6.1.2　点估计 ······································ 233
　　　6.1.3　估计量的评选标准 ······························ 234

6.1.4　正态总体统计量的分布 ··· 235
　　　6.1.5　置信区间 ··· 237
　§6.2　例题讲解 ·· 239
　§6.3　习题解答 ·· 251

第7章　假设检验 ·· 283
　§7.1　知识点归纳 ·· 283
　　　7.1.1　假设检验的基本概念 ··· 283
　　　7.1.2　正态总体均值的假设检验 ··································· 284
　　　7.1.3　正态总体方差的检验 ··· 285
　　　7.1.4　置信区间与假设检验之间的关系 ··························· 286
　　　7.1.5　分布拟合检验 ·· 287
　§7.2　例题讲解 ·· 288
　§7.3　习题解答 ·· 297

第8章　回归分析与方差分析 ··· 333
　§8.1　知识点归纳 ·· 333
　　　8.1.1　一元线性回归 ·· 333
　　　8.1.2　多元线性回归 ·· 334
　　　8.1.3　单因素的方差分析 ·· 335
　　　8.1.4　两因素的方差分析 ·· 336
　§8.2　例题讲解 ·· 339
　§8.3　习题解答 ·· 344

第9章　R语言简介 ·· 355
　§9.1　R语言的特点 ··· 355
　§9.2　R的安装 ··· 356
　§9.3　向量及其运算 ··· 356
　§9.4　矩阵及数据框 ··· 358
　§9.5　循环和分支控制语句 ··· 361

§9.6　常见的概率分布 …………………………………………………… 364

附录 A　标准正态分布函数表 ……………………………………………… 366
附录 B　t 分布上分位数 $t_\alpha(n)$ 表 ………………………………………… 368
附录 C　χ^2 分布上分位数 $\chi^2_\alpha(n)$ 表 …………………………………… 370
附录 D　F 分布表 …………………………………………………………… 373
参考文献 ……………………………………………………………………… 379

第 1 章 概率与随机事件

§1.1 知识点归纳

1.1.1 随机现象和随机试验

自然界中的现象和人们在社会实践中发生的现象一般分为两类：一类是在一定条件下必然发生的现象，称为确定性现象．另一类是在一定条件下可能出现也可能不出现的现象，称为随机现象．随机现象在一次观察中出现什么结果具有偶然性，但在大量试验或观察中，这种结果的出现具有一定的统计规律性，概率论就是研究随机现象这种本质规律的一门数学学科．

随机现象是通过随机试验来研究的．在概率论中，把具有以下 3 个特征的试验称为随机试验：
（1）可以在相同的条件下重复地进行；
（2）每次试验的可能结果不止一个，并且能事先明确试验的所有可能结果；
（3）进行一次试验之前不能确定哪一个结果会出现．

1.1.2 样本空间与事件

随机试验 E 的所有可能结果组成的集合称为 E 的样本空间，记为 S 或 Ω．样本空间的元素，即试验的每一个结果，称为样本点．试验不同，对应的样本空间也不同．同一试验，若试验目的不同，则对应的样本空间也不同．建立样本空间，事实上就是建立随机现象的数学模型．

随机试验 E 的样本空间 Ω 的子集称为 E 的随机事件，简称事件，以 A，B，C 来表示事件．由一个样本点组成的单点集称为基本事件．样本空间本身称为必然事件．空集称为不可能事件．

1.1.3 事件的关系和运算

随机事件间的关系可按照集合之间的关系来解决.

（1）**包含**　若事件 A 出现，必然导致 B 出现，记作 $A \subset B$，如图 1-1 所示.

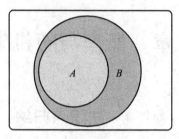

图 1-1

（2）**等价**　若事件 A 包含事件 B，而且事件 B 包含事件 A，则称事件 A 与事件 B 等价，记作 $A = B$.

（3）**交（积）事件**　事件 A 和事件 B 同时发生，记作 $A \cap B$ 或 AB，如图 1-2 所示. 可将交事件推广到有限个或可列个事件的情形. $\bigcap_{i=1}^{n} A_i$ 表示 n 个事件 $A_1, \cdots, A_n$ 的交，$\bigcap_{i=1}^{+\infty} A_i$ 表示可列个事件 $A_1, A_2, \cdots$ 的交.

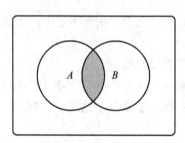

图 1-2

（4）**并（和）事件**　事件 A 和事件 B 至少有一个发生，记作 $A \cup B$，如图 1-3 所示. 可将并事件推广到有限个或可列个事件的情形. $\bigcup_{i=1}^{n} A_i$ 表示 n 个事件 $A_1, \cdots, A_n$ 的并，$\bigcup_{i=1}^{+\infty} A_i$ 表示可列个事件 $A_1, A_2, \cdots$ 的并.

（5）**差事件**　事件 A 发生但是事件 B 不发生，称为事件 A 和事件 B 的差，记作 $A - B$.

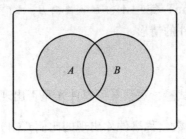

图 1-3

（6）**互不相容（互斥）事件**　事件 A 和事件 B 不能同时发生，记作 $A \cap B = \emptyset$，如图 1-4 所示.

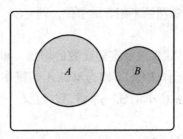

图 1-4

（7）**对立事件或逆事件**　设 A 表示"事件 A 出现"，则"事件 A 不出现"称为事件 A 的对立事件或逆事件，记作 $\bar{A}$，如图 1-5 所示.

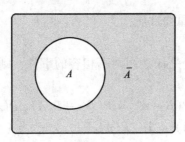

图 1-5

同样的，随机事件间的运算也可以按照集合之间的运算规律来解决.
(1) **交换律**　$A \cup B = B \cup A, A \cap B = B \cap A.$
(2) **结合律**　$A \cup (B \cup C) = (A \cup B) \cup C, A \cap (B \cap C) = (A \cap B) \cap C.$
(3) **分配律**　$A \cup (B \cap C) = (A \cup B) \cap (A \cup C), A \cap (B \cup C) = (A \cap B) \cup (A \cap C).$

(4) 德摩根（De Morgan）律 $\overline{A \cup B} = \overline{A} \cap \overline{B}$, $\overline{A \cap B} = \overline{A} \cup \overline{B}$. De Morgan 律可以推广到有限个或可列个事件的情形.

1.1.4 事件的概率

在相同条件下重复 n 次试验，观察某一事件 A 是否出现，称 n 次试验中事件 A 出现的次数 n_A 为事件 A 出现的频数，称事件 A 出现的比例 $f_n(A) = \dfrac{n_A}{n}$ 为事件 A 出现的频率. 事件 A 发生的频率 $f_n(A)$ 具有下列性质：

(1) $0 \leqslant f_n(A) \leqslant 1$；

(2) $f_n(\Omega) = 1, f_n(\varnothing) = 0$；

(3) 设 $A_1, \cdots, A_m$ 是任意两两不相容的事件，则 $f_n(A_1 \cup A_2 \cup \cdots \cup A_m) = f_n(A_1) + f_n(A_2) + \cdots + f_n(A_m)$.

对于给定的随机事件 A，如果随着实验次数的增加，事件 A 发生的频率 $f_n(A)$ 稳定在某个常数上，把这个常数记作 $P(A)$，称为事件 A 的概率，简称为 A 的概率. 概率的公理化定义为，对于样本空间 Ω 中的任一事件 A，定义一个实单值集合函数 $P(A)$，满足下列 3 个条件：

(1) 非负性，即 $0 \leqslant P(A) \leqslant 1$；

(2) 正规性，即 $P(\Omega) = 1$；

(3) 可列可加性，设 $A_1, A_2, \cdots$ 是任意两两不相容的事件，则 $P(A_1 \cup A_2 \cdots) = P(A_1) + P(A_2) + \cdots$.

此外，概率还具有一些重要性质：

(1) $P(\varnothing) = 0$；

(2) 设 $A_1, A_2, \cdots, A_n$ 是任意两两不相容的事件，则 $P(A_1 \cup A_2 \cup \cdots \cup A_n) = P(A_1) + P(A_2) + \cdots + P(A_n)$；

(3) 设事件 $A \subset B$，则 $P(B - A) = P(B) - P(A)$，$P(A) \leqslant P(B)$；

(4) 对任一事件 A，$P(\overline{A}) = 1 - P(A)$.

(5) 对任意两个事件 A 和 B，$P(A \cup B) = P(A) + P(B) - P(A \cap B)$. 该性质可以推广到多个事件情形，

$$P(\bigcup_{i=1}^{n} A_i) = \sum_{i=1}^{n} P(A_i) - \sum_{1 \leqslant i < j \leqslant n} P(A_i A_j) + \sum_{1 \leqslant i < j < k \leqslant n} P(A_i A_j A_k) - \cdots + (-1)^{n+1} P(A_1 A_2 \cdots A_n)$$

(6) 对于任意的事件 $A_1, A_2, \cdots$，有 $P(A_1 \cup A_2 \cdots) \leqslant P(A_1) + P(A_2) + \cdots$.

1.1.5 古典概型

若随机试验满足下述两个条件：①它的所有可能结果只有有限多个基本事件；②每个基本事件出现的可能性相同，则称这种试验为有穷等可能随机试验或古典概型.

设试验 E 是古典概型，其所有可能结果 Ω 由 n 个基本事件组成，事件 A 由 k 个基本事件组成. 则定义事件 A 的概率为：

$$P(A) = \frac{k}{n} = \frac{A \text{ 所含基本事件个数}}{\Omega \text{ 所含基本事件总数}}$$

排列组合是计算古典概型中随机事件的概率的重要工具.

把等可能推广到无限个基本事件场合，人们引入了几何概型. 由此形成了确定概率的另一方法——几何方法. 设随机试验的样本空间是某一区域 Ω，基本事件是区域中的一个点，并且在区域中等可能出现. 设 A 表示区域 Ω 的任意子区域，并设 S_A、S_Ω 分别表示区域 A、区域 Ω 的度量，则基本事件落在区域 A 内的概率为：

$$P(A) = \frac{S_A}{S_\Omega}$$

1.1.6 条件概率、事件的独立性

设 A，B 为两个事件，且 $P(B) > 0$，称 $P(A \mid B) = \dfrac{P(AB)}{P(B)}$ 为事件 B 发生的条件下事件 A 发生的条件概率. 条件概率同样满足概率定义中的非负性、正规性和可列可加性，即若 $P(B) > 0$，则满足：

(1) 非负性，即 $0 \leq P(A \mid B) \leq 1$.

(2) 正规性，即 $P(\Omega \mid B) = 1$.

(3) 可列可加性，即设 A_1，A_2，$\cdots$ 是两两不相容的事件，则 $P(A_1 \cup A_2 \cup \cdots \mid B) = P(A_1 \mid B) + P(A_2 \mid B) + \cdots$.

乘法定理 设 A_1，A_2，$\cdots$，A_n 是 n 个事件且 $P(A_1 A_2 \cdots A_n) > 0$，则有：

$$P(A_1 \cap A_2 \cap \cdots \cap A_n) = P(A_1) P(A_2 \mid A_1) \cdots P(A_n \mid A_1 A_2 \cdots A_{n-1})$$

样本空间的划分 设 $\{B_k : 1 \leq k \leq n\}$ 是一组事件且满足：

$$\bigcup_{k=1}^{n} B_k = \Omega, \; B_j B_k = \varnothing, \; j \neq k$$

则称 $\{B_k : 1 \leq k \leq n\}$ 是样本空间的一个划分.

全概率公式 设 $\{B_k : 1 \leq k \leq n\}$ 是样本空间的一个划分，且 $P(B_k) > 0$，$1 \leq k \leq n$，则对任一事件 A 有：

$$P(A) = \sum_{k=1}^{n} P(A \mid B_k) P(B_k)$$

贝叶斯（Bayes）公式 设 $\{B_k : 1 \leqslant k \leqslant n\}$ 是样本空间的一个划分，且 $P(B_k) > 0, 1 \leqslant k \leqslant n, P(A) > 0$，则

$$P(B_k \mid A) = \frac{P(A \mid B_k) P(B_k)}{\sum_{j=1}^{n} P(A \mid B_j) P(B_j)}, 1 \leqslant k \leqslant n$$

对事件 A，B，如果有

$$P(AB) = P(A) P(B)$$

则称事件 A 与事件 B 相互独立，简称事件 A，B 独立．若事件 A，B 独立，且 $P(B) > 0$，则 $P(A \mid B) = P(A)$．若事件 A，B 独立，则 $\bar{A}$ 与 B 独立，A 与 $\bar{B}$ 独立，$\bar{A}$ 与 $\bar{B}$ 独立．

对事件 A，B，C，如果以下 4 个等式均成立，

$$P(AB) = P(A) P(B)$$
$$P(AC) = P(A) P(C)$$
$$P(BC) = P(B) P(C)$$
$$P(ABC) = P(A) P(B) P(C)$$

则称事件 A，B，C 相互独立．若只有前 3 个等式成立，则称 A，B，C 两两独立．两两独立和相互独立是不同的概念．

§1.2 例题讲解

例 1 已知 A，B，C 是三个事件，且 $P(AB) = 0, P(AC) = P(BC) = \frac{1}{6}, P(A) = P(B) = P(C) = \frac{1}{4}$，求 A，B，C 全不发生的概率．

解：
$$P(\bar{A} \bar{B} \bar{C}) = 1 - P(A \cup B \cup C)$$
$$= 1 - [P(A) + P(B) + P(C) - P(AB) - P(AC) - P(BC) + P(ABC)]$$
$$= \frac{7}{12} - P(ABC)$$

因为 $ABC \subset AB, 0 \leqslant P(ABC) \leqslant P(AB) = 0$，所以 $P(ABC) = 0, P(\bar{A} \bar{B} \bar{C}) = \frac{7}{12}$．

注意： 一种错误的解法是，$P(AB) = 0 \Rightarrow AB = \varnothing \Rightarrow ABC = \varnothing \Rightarrow P(ABC) = 0$．概率是 0 的事件是

有可能发生的. 由 $P(AB) = 0$ 得不到 $AB = \varnothing$.

例2 一口袋装有6个球，其中4个白球、2个红球. 从袋中取球两次，每次随机地取一个. 考虑两种取球方式：

放回抽样 第一次取一个球，观察其颜色后放回袋中，搅匀后再取一个球；

不放回抽样 第一次取一个球不放回袋中，第二次从剩余的球中再取一个球.

分别就上述两种方式求：

（1）取到的两个都是白球的概率；

（2）取到的两个球中至少有一个是白球的概率.

解： 从袋中取两个球，每一种取法就是一个基本事件.

设 $A = $ "取到的两个都是白球"，$B = $ "取到的两个球中至少有一个是白球".

放回抽样：样本点总数是 $n = 6^2$ 是排列数.

$$P(A) = \frac{4^2}{6^2} \approx 0.444, \quad P(B) = 1 - P(\bar{B}) = 1 - \frac{2^2}{6^2} \approx 0.889$$

注意：$P(B) \neq \frac{P_4^1 P_6^1}{6^2} = \frac{P_4^1 P_4^1 + P_4^1 P_2^1}{6^2}$，这种算法只考虑了第一次是白球，漏算了第一次是红球，第二次是白球的情形.

R 程序和输出：

```
>urn<-c(1,1,1,1,0,0)
>sims<-10000
>success<-NULL
>for(i in 1:sims){
+draw<-sample(urn,2,replace=T)
+success[i]<-sum(draw)==2
+}
>mean(success)
[1]0.4437
>
>success2<-NULL
>for(i in 1:sims){
+draw<-sample(urn,2,replace=T)
+success2[i]<-sum(draw)>0
+}
```

```
>mean(success2)
[1]0.8867
```

不放回抽样：

$$P(A) = \frac{C_4^2}{C_6^2} = 0.4, \quad P(B) = 1 - P(\bar{B}) = 1 - \frac{C_2^2}{C_6^2} \approx 0.933$$

B 的概率也可以如下计算，

$$P(B) = \frac{C_4^2 + C_4^1 C_2^1}{C_6^2} \approx 0.933$$

 R 程序和输出：

```
>urn<-c(1,1,1,1,0,0)
>sims<-10000
>success<-NULL
>for(i in 1:sims){
+draw<-sample(urn,2,replace=F)
+success[i]<-sum(draw)==2
+}
>mean(success)
[1]0.3951
>
>success2<-NULL
>for(i in 1:sims){
+draw<-sample(urn,2,replace=F)
+success2[i]<-sum(draw)>0
+}
>mean(success2)
[1]0.9305
```

例3 将 n 个球随机地放入 $N(N \geq n)$ 个盒子中去，求每个盒子至多有一个球的概率（设盒子的容量不限）．

解：n 只球看成是 n 个不同的球，N 个盒子也看成是 N 个不同的盒子，设每个球都以等可能性放在各个盒子中，所以每个球都有 N 种不同放法，n 个球总共有 N^n 种放法．

N^n 是从 N 个不同元素中取 n 个元素允许重复的排列,每一种放法即为一种排列,并且是一基本事件. 每个盒子中至多有一个球的概率为

$$p = \frac{N \times (N-1) \times \cdots \times [N-(n-1)]}{N^n} = \frac{P_N^n}{N^n}$$

至少有两个球放在同一盒子中的概率为

$$q = 1 - p = 1 - \frac{P_N^n}{N^n}$$

注意:该数学模型可用于许多实际问题,如生日问题、住房问题、车站下车问题等. $n(n \leqslant 365)$ 个人在 365 天的生日,可看成是 n 个球放入 365 个盒子中. 随机取 $n(n \leqslant 365)$ 人他们的生日各不相同的概率为

$$P(A) = \frac{365 \times 364 \times \cdots \times (365-n+1)}{365^n}$$

因而,n 个人中至少有两人生日相同的概率为

$$1 - P(A) = 1 - \frac{365 \times 364 \times \cdots \times (365-n+1)}{365^n} = 1 - \frac{P_{365}^n}{365^n}$$

可以计算"在一个有 64 人的班级里,至少有两人生日相同"的概率为 99.7%.

 R 程序和输出:

```
>n<-64
>1-prod((365:(365-n+1))/365)
[1]0.9971905
>
>
>sim<-10000
>x<-numeric(sim)
>for(i in 1:sim)
+{a<-sample(1:365,n,replace=T)
+x[i]<-n-length(unique(a))
+}
>1-mean(x==0)
[1]0.9963
```

例4 在 1~2 000 的整数中随机地取一个数,问取到的整数既不能被 6 整除,又不

能被 8 整除的概率是多少?

解:设事件 A 为"取到的整数能被 6 整除",事件 B 为"取到的整数能被 8 整除",则所求的概率为

$$P(\overline{A}\overline{B}) = 1 - P(A \cup B) = 1 - [P(A) + P(B) - P(AB)]$$

由于 $2000 \div 6 = 333.3$,所以能被 6 整除的整数为:6,12,18,…,1998 共 333 个,$P(A) = \dfrac{333}{2000}$,同理可得,$P(B) = \dfrac{250}{2000}$,$P(AB) = \dfrac{83}{2000}$. 于是所求的概率为

$$p = 1 - \left(\dfrac{333}{2000} + \dfrac{250}{2000} - \dfrac{83}{2000}\right) = \dfrac{3}{4}$$

 R 程序和输出:

```
>sim<-10000
>x<-numeric(sim)
>for(i in 1:sim)
+{a<-sample(1:2000,1)
+x[i]<-(a%%6!=0)&(a%%8!=0)
+}
>sum(x)/sim
[1]0.7522
```

例5 在线段 AD 上任意取两个点 B,C,在 B,C 处折断此线段而得三折线,求此三折线能构成三角形的概率.

解:设线段 AD 的长度为 L,AB 长度为 x,BC 长度为 y,则 CD 长度为 $L-x-y$. 此题是几何概型问题.

$$D = \{(x,y) \mid 0 < x < L, 0 < y < L, 0 < L-x-y < L\}$$

三条折线能构成三角形,则两边之和大于第三边,即

$$A = \{(x,y) \mid x+y > L-x-y, L-y > y, L-x > x,$$
$$(x,y) \in D\}$$

所求概率如图 1-6 所示为:

$$P = \dfrac{S_A}{S_D} = \dfrac{1}{4}$$

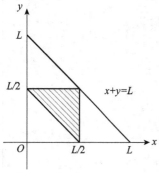

图 1-6

R 程序和输出：

```
>sim<-10000
>L<-1
>t<-numeric(sim)
>for(i in 1:sim)
+{a<-runif(1)
+b<-runif(1)
+x<-min(a,b)
+y<-max(a,b)-min(a,b)
+z<-1-max(a,b)
+t[i]<-(x+y>z)&(x+z>y)&(y+z>x)
+}
>sum(t)/sim
[1]0.2463
```

例 6 已知 A，B 是两个事件，且 $P(A) = \dfrac{3}{5}$，$P(B) = \dfrac{1}{2}$，$P(B \mid A) = \dfrac{1}{3}$，求 $P(\bar{A} \cup \bar{B} \mid A \cup B)$.

解：
$$P(\bar{A} \cup \bar{B} \mid A \cup B) = \frac{P[(\bar{A} \cup \bar{B})(A \cup B)]}{P(A \cup B)}$$
$$= \frac{P\{[\bar{A}(A \cup B)] \cup [\bar{B}(A \cup B)]\}}{P(A \cup B)}$$
$$= \frac{P(\bar{A}B \cup \bar{B}A)}{P(A \cup B)}$$

利用乘法公式可得，
$$P(AB) = P(A)P(B \mid A) = \frac{3}{5} \times \frac{1}{3} = \frac{1}{5}$$

$$P(A \cup B) = P(A) + P(B) - P(AB) = \frac{3}{5} + \frac{1}{2} - \frac{1}{5} = \frac{9}{10}$$

$$P(\bar{A}B \cup \bar{B}A) = P(\bar{A}B) + P(\bar{B}A) = P(B) - P(AB) + P(A) - P(AB) = \frac{7}{10}$$

所以，
$$P(\bar{A} \cup \bar{B} \mid A \cup B) = \frac{7}{9}$$

例7 用某种方法普查肝癌,设:$A = \{$用此方法判断被检查者患有肝癌$\}$,$D = \{$被检查者确实患有肝癌$\}$,已知$P(A|D) = 0.95$,$P(\bar{A}|\bar{D}) = 0.90$,而且已知$P(D) = 0.0004$,今随机选一人用此方法做肝癌检查.

(1) 求用此方法判断被检查者患有肝癌的概率;

(2) 已知现有一人用此法检验患有肝癌,求此人真正患有肝癌的概率.

解:随机选一人,选到的人可能是真正患有肝癌,也可能是不患有肝癌,即D和$\bar{D}$,结果是用此方法判断被检查者患有肝癌.

(1) 已知原因求结果,使用全概率公式,用此方法判断被检查者患有肝癌的概率为

$$\begin{aligned} P(A) &= P(D)P(A|D) + P(\bar{D})P(A|\bar{D}) \\ &= 0.0004 \times 0.95 + (1 - 0.0004) \times (1 - 0.90) \\ &= 0.10034 \end{aligned}$$

(2) 已知结果发生求原因,使用贝叶斯公式,此人真正患有肝癌的概率为

$$\begin{aligned} P(D|A) &= \frac{P(D)P(A|D)}{P(D)P(A|D) + P(\bar{D})P(A|\bar{D})} \\ &= \frac{0.0004 \times 0.95}{0.0004 \times 0.95 + (1 - 0.0004) \times (1 - 0.90)} \\ &\approx 0.0038 \end{aligned}$$

例8 若随机事件A与事件B相互独立,求证:$\bar{A}$与$\bar{B}$也相互独立.

证明:

$$\begin{aligned} P(\bar{A}\bar{B}) &= P(\overline{A \cup B}) \\ &= 1 - P(A \cup B) \\ &= 1 - [P(A) + P(B) - P(AB)] \\ &= 1 - P(A) - P(B) + P(A)P(B) \\ &= [1 - P(A)][1 - P(B)] \\ &= P(\bar{A})P(\bar{B}) \end{aligned}$$

所以$\bar{A}$与$\bar{B}$也相互独立.

例9 袋中装有4个外形相同的球,其中3个球分别涂有红色、白色、黑色,另一个球涂有红、白、黑3种颜色.现从袋中任意取出一球,令:$A = \{$取出的球涂有红色$\}$,$B = \{$取出的球涂有白色$\}$,$C = \{$取出的球涂有黑色$\}$,求证:A,B,C两两独立,但不相互独立.

证明：
$$P(A) = P(B) = P(C) = \frac{1}{2}$$

$$P(AB) = P(BC) = P(AC) = \frac{1}{4}$$

$$P(ABC) = \frac{1}{4}$$

所以
$$P(AB) = P(A)P(B), \quad P(BC) = P(B)P(C), \quad P(AC) = P(A)P(C)$$
但是
$$P(ABC) \neq P(A)P(B)P(C)$$
这表明，A，B，C 这三个事件是两两独立的，但不是相互独立的.

例 10 三门火炮向同一目标射击，设三门火炮击中目标的概率分别为 0.3，0.6，0.8. 若有一门火炮击中目标，目标被摧毁的概率为 0.2；若两门火炮击中目标，目标被摧毁的概率为 0.6；若三门火炮击中目标，目标被摧毁的概率为 0.9. 试求目标被摧毁的概率.

解：设 $A = \{目标被摧毁\}$，$B_i = \{有 i 门火炮击中目标\}$，$i = 1, 2, 3$，$C_j = \{第 j$ 门火炮击中目标$\}$，$j = 1, 2, 3$. 由全概率公式，得

$$P(A) = \sum_{i=1}^{3} P(B_i) P(A \mid B_i)$$

其中，
$$\begin{aligned}
P(B_1) &= P(C_1 \bar{C}_2 \bar{C}_3) + P(\bar{C}_1 C_2 \bar{C}_3) + P(\bar{C}_1 \bar{C}_2 C_3) \\
&= P(C_1)P(\bar{C}_2)P(\bar{C}_3) + P(\bar{C}_1)P(C_2)P(\bar{C}_3) + P(\bar{C}_1)P(\bar{C}_2)P(C_3) \\
&= 0.3 \times 0.4 \times 0.2 + 0.7 \times 0.6 \times 0.2 + 0.7 \times 0.4 \times 0.8 \\
&= 0.332
\end{aligned}$$

$$\begin{aligned}
P(B_2) &= P(C_1 C_2 \bar{C}_3) + P(C_1 \bar{C}_2 C_3) + P(\bar{C}_1 C_2 C_3) \\
&= P(C_1)P(C_2)P(\bar{C}_3) + P(C_1)P(\bar{C}_2)P(C_3) + P(\bar{C}_1)P(C_2)P(C_3) \\
&= 0.3 \times 0.6 \times 0.2 + 0.3 \times 0.4 \times 0.8 + 0.7 \times 0.6 \times 0.8 \\
&= 0.468
\end{aligned}$$

$$P(B_3) = P(C_1 C_2 C_3) = 0.3 \times 0.6 \times 0.8 = 0.144$$

所以，$P(A) = 0.332 \times 0.2 + 0.468 \times 0.6 + 0.144 \times 0.9 = 0.476\,8$.

例11 一次掷5颗骰子,求下列事件概率:(1) $A = \{$恰有2颗骰子点数相同$\}$;(2) $B = \{$有2颗骰子点数相同,另外3颗骰子同另一个点数$\}$.

解:一次掷5颗骰子,共有 6^5 种可能(样本点总数).

(1) 5颗骰子选2颗同点数,有 C_5^2 种可能,其相同的点数有 C_6^1 种可能;其余3颗骰子都不同点数,有 P_5^3 种可能,因此随机事件 A 含 $C_5^2 C_6^1 P_5^3$ 个样本点. 所以,

$$P(A) = \frac{C_5^2 C_6^1 P_5^3}{6^5} = \frac{25}{54} \approx 0.462\,9$$

(2) 将5颗骰子分成两组,一组2颗,一组3颗,有分法 C_5^2 种. 再将6个点数取2个,分别分给两个组,有 P_6^2 种不同的分法. 因此随机事件 B 含有 $C_5^2 P_6^2$ 个样本点. 所以,

$$P(B) = \frac{C_5^2 P_6^2}{6^5} = \frac{25}{648} \approx 0.038\,6$$

 R 程序和输出:

```
> sim <- 10000
> A <- numeric(sim)
> B <- numeric(sim)
> for(i in 1:sim)
+ {
+ dice <- sample(1:6,5,replace = T)
+ A[i] <- (length(unique(dice)) == 4)
+ B[i] <- (length(unique(dice)) == 2 & abs(length(dice[dice == unique(dice)
  [1]]) -
+ length(dice[dice == unique(dice)[2]])) == 1)
+ }
> mean(A)
[1] 0.4695
> mean(B)
[1] 0.0385
```

例12 袋中有3个红球与7个黑球,甲、乙两人轮流从袋中取球,甲先取,然后乙取,然后甲再取,取后不放回,如此继续直到取出红球为止. 求甲先取到红球的概率.

解：设 C 表示甲先取到红球，所求概率为 $P(C)$. 令 A_i 表示甲在第 i 次摸球中摸到红球，$i = 1, 3, 5, \cdots$，B_j 表示乙在第 j 次摸球中摸到红球，$j = 2, 4, 6, \cdots$，则

$$C = A_1 \cup \bar{A}_1 \bar{B}_2 A_3 \cup \bar{A}_1 \bar{B}_2 \bar{A}_3 \bar{B}_4 A_5 \cup \bar{A}_1 \bar{B}_2 \bar{A}_3 \bar{B}_4 \bar{A}_5 \bar{B}_6 A_7$$

因此，

$$P(C) = P(A_1 \cup \bar{A}_1 \bar{B}_2 A_3 \cup \bar{A}_1 \bar{B}_2 \bar{A}_3 \bar{B}_4 A_5 \cup \bar{A}_1 \bar{B}_2 \bar{A}_3 \bar{B}_4 \bar{A}_5 \bar{B}_6 A_7)$$
$$= P(A_1) + P(\bar{A}_1 \bar{B}_2 A_3) + P(\bar{A}_1 \bar{B}_2 \bar{A}_3 \bar{B}_4 A_5) + P(\bar{A}_1 \bar{B}_2 \bar{A}_3 \bar{B}_4 \bar{A}_5 \bar{B}_6 A_7)$$
$$= \frac{3}{10} + \frac{7}{10} \times \frac{6}{9} \times \frac{3}{8} + \frac{7}{10} \times \frac{6}{9} \times \frac{5}{8} \times \frac{4}{7} \times \frac{3}{6} + \frac{7}{10} \times \frac{6}{9} \times \frac{5}{8} \times \frac{4}{7} \times \frac{3}{6} \times \frac{2}{5} \times \frac{3}{4}$$
$$= \frac{7}{12} \approx 0.5833$$

 R 程序和输出：

```
>sim<-10000
>balls<-c(rep("r",3),rep("b",7))
>jia<-numeric(sim)
>for(i in 1:sim){
+a<-min(which(sample(balls,10,replace=F)=="r"))
+if(a%%2==1){jia[i]<-1}
+}
>mean(jia)
[1]0.584
```

例 13 设盒中有 12 个新乒乓球，每次比赛时取出 3 个，用后放回. 求第 3 次比赛时取到的 3 个球都是新球的概率.

解：设 A 表示"第 3 次比赛时取到 3 个新球"这一事件，$B_i(i = 0,1,2,3)$ 表示"第 2 次比赛时取到 i 个新球"这一事件，则

$$P(B_i) = \frac{C_9^i C_3^{3-i}}{C_{12}^3}, \quad P(A \mid B_i) = \frac{C_{9-i}^3}{C_{12}^3}, i = 0,1,2,3$$

由全概率公式，得

$$P(A) = \sum_{i=0}^{3} P(B_i) P(A \mid B_i) = 0.146$$

R 程序和输出：

```
>sim<-10000
>b1<-c(rep("used",3),rep("new",9))
>t<-numeric(sim)
>for(i in 1:sim){
+a<-sample(b1,3,replace=F)
+if(length(a[a=="new"])==3){b2<-c(rep("used",6),rep("new",6))}
+if(length(a[a=="new"])==2){b2<-c(rep("used",5),rep("new",7))}
+if(length(a[a=="new"])==1){b2<-c(rep("used",4),rep("new",8))}
+if(length(a[a=="new"])==0){b2<-c(rep("used",3),rep("new",9))}
+
+three<-sample(b2,3,replace=F)
+if(length(three[three=="new"])==3){t[i]<-1}
+}
>mean(t)
[1]0.1453
```

§1.3 习题解答

1. 写出下列随机试验的样本空间：

(1) 记录一个小班一次数学考试的平均分数（设以百分制计分）；

(2) 同时投掷两颗骰子，记录两颗骰子的点数之和；

(3) 对某工厂出产的产品进行全面检查，合格品的产品上记上"正品"，不合格品记上"次品"，如连续检查出 2 个次品就停止检查，检查 4 个产品也停止检查，记录检查的结果；

(4) 在单位圆内任取一点，记录它的坐标；

(5) 测量一汽车通过某定点的速度.

解：(1) $S = \{t \mid 0 \leqslant t \leqslant 100\}$；

(2) $S = \{2,3,4,5,6,7,8,9,10,11,12\}$；

(3) 查出合格品记为"1"，查出次品记为"0"，

$S = \{00,100,0100,0101,1010,0110,1100,0111,1011,1101,1110,1111\}$；

(4) $S = \{(x,y) \mid x^2 + y^2 < 1\}$；

第1章 概率与随机事件

(5) $S = \{v \mid v \geq 0\}$.

2. 在图书馆里任选一本书，设事件 $A = \{$数学书$\}$，$B = \{$英文版的书$\}$，$C = \{21$ 世纪出版的书$\}$，问：

(1) $A \cap B \cap \bar{C}$ 表示什么事件？

(2) 在什么条件下有 $A \cap B \cap C = A$？

(3) $\bar{C} \subset B$ 是什么意思？

(4) $\bar{A} = B$ 是否表示馆中的所有数学书都不是英文版的？

解：(1) 21 世纪之前出版的英文数学书；

(2) $A \subset B \cap C$，即图书馆里的数学书都是 21 世纪出版的英文书；

(3) 21 世纪之前出版的书都是英文版的；

(4) 是. $\bar{A} = B$ 等价 $A = \bar{B}$，可以解释为图书馆里所有数学书都不是英文版的，而且所有非英文的书都是数学书.

3. 设 A, B 是两个事件且 $P(A) = 0.6, P(B) = 0.7$.

(1) 在什么条件下，$P(AB)$ 取得最大值，最大值是多少？

(2) 在什么条件下，$P(AB)$ 取得最小值，最小值是多少？

解：(1) $AB \subset A, AB \subset B, P(AB) \leq P(A) = 0.6, P(AB) \leq P(B) = 0.7, P(AB)$ 的最大值是 0.6，当 $A \subset B$ 时，$AB = A, P(AB) = P(A) = 0.6$.

(2) $P(A \cup B) = P(A) + P(B) - P(AB), P(AB) = P(A) + P(B) - P(A \cup B) = 1.3 - P(A \cup B) \geq 0.3$，当 $A \cup B = S, P(A \cup B) = 1$ 时，$P(AB)$ 取得最小值 0.3.

4. 设 A, B, C 是三个事件且 $P(A) = P(B) = P(C) = \dfrac{1}{4}, P(AB) = P(BC) = 0$，$P(AC) = \dfrac{1}{8}$，求 A, B, C 至少有一个发生的概率.

解：$ABC \subset AB, 0 \leq P(ABC) \leq P(AB) = 0, P(ABC) = 0$. 根据加法公式得

$$P(A \cup B \cup C) = P(A) + P(B) + P(C) - P(AB) - P(AC) - P(BC) + P(ABC)$$
$$= \dfrac{1}{4} + \dfrac{1}{4} + \dfrac{1}{4} - 0 - 0 - \dfrac{1}{8} + 0$$
$$= \dfrac{5}{8}$$

注意：$P(AB) = 0$ 不能得出 $AB = \varnothing$.

5. 一部五卷的选集，按任意的次序放在书架上，试求下列事件的概率：

(1) 第一卷及第五卷出现在两端；

（2）第一卷及第五卷都不出现在两端；

（3）第三卷正好出现在正中，自左向右或自右向左的卷号顺序恰好为1，2，3，4，5的概率是多少？

解：(1) $P = \dfrac{2! \times 3!}{5!} = \dfrac{1}{10}$;

(2) $P = \dfrac{P_3^2 \times 3!}{5!} = \dfrac{3}{10}$;

(3) $P = \dfrac{2}{5!} = \dfrac{1}{60}$.

 R 程序和输出：

```
> #########(1)
> sim <- 10000
> t <- numeric(sim)
> for(i in 1:sim)
+ {a <- sample(1:5, 5, replace = F)
+ t[i] <- a[1] * a[5] == 5)
+ }
> sum(t)/sim
[1] 0.1033
> #########(2)
> sim <- 10000
> t <- numeric(sim)
> for(i in 1:sim)
+ {a <- sample(1:5, 5, replace = F)
+ t[i] <- (a[1]!=1)&(a[1]!=5)&(a[5]!=1)&(a[5]!=5)
+ }
> sum(t)/sim
[1] 0.3122
> #########(3)
> sim <- 10000
> t <- numeric(sim)
> for(i in 1:sim)
+ {a <- sample(1:5, 5, replace = F)
```

```
+ t[i] <- (identical(a,1:5))|(identical(a,5:1))
+ }
> sum(t)/sim
[1] 0.0166
```

6. 一部产品中有 n 个正品，m 个次品，逐个进行检查，若已查明前 $k(k<n)$ 个都是正品，求第 $k+1$ 次检查时仍为正品的概率.

解：设 $A=$ 前 k 个产品都是正品，$B=$ 第 $k+1$ 次是正品. 这是不放回抽样问题，故第 $k+1$ 次检查时仍为正品的概率为

$$P(B\mid A)=\frac{P(AB)}{P(A)}=\frac{P(k+1\text{次都是正品})}{P(k\text{次都是正品})}=\frac{\dfrac{C_n^{k+1}}{C_{n+m}^{k+1}}}{\dfrac{C_n^k}{C_{n+m}^k}}=\frac{n-k}{n+m-k}$$

7. 用火车运载两类产品：甲类 n 件，乙类 m 件，共 $n+m$ 件，有消息证实，在路途中有两件产品被损坏，求损坏的是不同类型产品的概率.

解：

$$P=\frac{C_n^1 C_m^1}{C_{n+m}^2}=\frac{2mn}{(n+m)(n+m-1)}$$

 R 程序和输出：

```
> n <- 30
> m <- 20
> P <- 2*m*n/((n+m)*(n+m-1))
> P
[1] 0.4897959
>
> sim <- 10000
> train <- c(rep(1,m),rep(0,n))
> t <- numeric(sim)
> for(i in 1:sim)
+ {a <- sample(train,2,replace=F)
+ t[i] <- (sum(a)==1)
+ }
```

```
> sum(t)/sim
[1]0.4963
```

8. 从一副扑克牌（52张）中任取13张，求正好有5张黑桃、3张红心、3张方块、2张草花的概率.

解：
$$P = \frac{C_{13}^5 C_{13}^3 C_{13}^3 C_{13}^2}{C_{52}^{13}} \approx 0.012\,9$$

 R 程序和输出：

```
> comb <- function(n,x){
+ return(factorial(n)/(factorial(x)*factorial(n-x)))}
> P <- comb(13,5)*comb(13,3)*comb(13,3)*comb(13,2)/comb(52,13)
> P
[1]0.01293071
>
> sim <-10000
> poker <-1:52
> t <- numeric(sim)
> for(i in 1:sim)
+ {a <- sample(poker,13,replace = F)
+ t[i] <- (length(a[a <=13])==5)&(length(a[13 < a&a <=26])==3)
+ &(length(a[26 < a&a <=39])==3)&(length(a[39 < a])==2)
+ }
> sum(t)/sim
[1]0.0124
```

9. 房间有10个人，分别佩戴了1~10号的纪念章，现任选3人，记录其纪念章的号码，试求：

（1）最小号码为5的概率；

（2）最大号码为5的概率.

解： （1）5必须选，另外两个号码从6~10中选，$P = \dfrac{1 \times C_5^2}{C_{10}^3} = \dfrac{1}{12} \approx 0.083\,3.$

（2）5 必须选，另外两个号码从 1~4 中选，$P = \dfrac{1 \times C_4^2}{C_{10}^3} = \dfrac{1}{20} = 0.05.$

 R 程序和输出：

```
> room <- 1:10
> sim <- 10000
> t1 <- numeric(sim)
> for(i in 1:sim)
+ {a <- sample(room,3,replace=F)
+   t1[i] <- (min(a)==5)
+ }
> sum(t1)/sim
[1]0.0808
>
> t2 <- numeric(sim)
> for(i in 1:sim)
+ {a <- sample(room,3,replace=F)
+   t2[i] <- (max(a)==5)
+ }
> sum(t2)/sim
[1]0.0491
```

10. 设有 r（$r \leqslant 365$）个人且每人的生日在一年 365 天中的每一天的可能性均等，问这 r 个人有不同生日的概率是多少？

解：这是分球入盒问题，可以把人看成球，每一天看成盒子，有不同生日就是每个盒子至多有一个球. 则这 r 个人有不同生日的概率为

$$P = \dfrac{P_{365}^r}{365^r}$$

 R 程序和输出：

```
> r <- 20
> prod((365:(365-r+1))/365)
[1]0.5885616
```

```
>
> sim <- 10000
> x <- numeric(sim)
> for(i in 1:sim)
+ {a <- sample(1:365,r,replace = T)
+   x[i] <- r - length(unique(a))
+ }
> mean(x == 0)
[1] 0.5889
```

11. 在两个箱子中装有同样的球，其区别只是颜色不同，第一个箱子中有白球 5 个，黑球 11 个，红球 8 个；第二个箱子中有白球 10 个，黑球 8 个，红球 6 个. 从两个箱子中任意各取一个球，求这两个球为同一颜色的概率.

解：

$$P(两球颜色相同) = P(同为白色) + P(同为黑色) + P(同为红色)$$

$$= \frac{5}{24} \times \frac{10}{24} + \frac{11}{24} \times \frac{8}{24} + \frac{8}{24} \times \frac{6}{24}$$

$$= \frac{31}{96} \approx 0.3229$$

 R 程序和输出：

```
> box1 <- c(rep(0,5),rep(1,11),rep(2,8))
> box2 <- c(rep(0,10),rep(1,8),rep(2,6))
>
> sim <- 10000
> x <- numeric(sim)
> for(i in 1:sim)
+ {a <- sample(box1,1)
+ b <- sample(box2,1)
+ x[i] <- (a == b)
+ }
> mean(x)
[1] 0.3228
```

12. 袋中有 5 个白球，3 个红球，从中任取 4 个球，试求恰好取到 3 个白球的概率.

解：恰好取到 3 个白球，就是从 5 个白球中取 3 个白球，而且从 3 个红球中取 1 个红球.

$$P = \frac{C_5^3 C_3^1}{C_8^4} = \frac{3}{7} \approx 0.4286$$

 R 程序和输出：

```
> box <- c(rep(0,5),rep(1,3))
> sim <- 10000
> x <- numeric(sim)
> for(i in 1:sim)
+ {a <- sample(box,4,replace = F)
+ x[i] <- (sum(a) == 1)
+ }
> mean(x)
[1] 0.4269
```

13. 将一枚均匀硬币掷 5 次，求正面至少出现一次的概率.

解：

$$P(至少一次正面) = 1 - P(全是反面) = 1 - \left(\frac{1}{2}\right)^5 = \frac{31}{32} = 0.96875$$

 R 程序和输出：

```
> coin <- 0:1
> sim <- 10000
> x <- numeric(sim)
> for(i in 1:sim)
+ {a <- sample(coin,5,replace = T)
+ x[i] <- (sum(a) > 0)
+ }
> mean(x)
[1] 0.9665
```

14. 已知 $P(\overline{A}) = 0.3$，$P(B) = 0.4$，$P(A\overline{B}) = 0.5$，求 $P(B | A \cup \overline{B})$.

解：
$$P(B \mid A \cup \bar{B}) = \frac{P[B \cap (A \cup \bar{B})]}{P(A \cup \bar{B})}$$
$$= \frac{P(A \cap B)}{P(A \cup \bar{B})}$$
$$= \frac{P(A) - P(A\bar{B})}{P(A) + P(\bar{B}) - P(A\bar{B})}$$
$$= \frac{1 - 0.3 - 0.5}{1 - 0.3 + 1 - 0.4 - 0.5}$$
$$= 0.25$$

15. 从 n 双不同的鞋子中任取 $2r(2r < n)$ 只，试求下列事件的概率：

(1) 没有成对的鞋子；

(2) 只有一双鞋子；

(3) 恰有两双鞋子；

(4) 有 r 双鞋子．

解：(1) 从 n 双中任取 $2r$ 双，再从每双中任取一只，所以
$$P = \frac{C_n^{2r} 2^{2r}}{C_{2n}^{2r}}$$

也可以这样思考，n 双鞋子一共 $2n$ 只，按顺序选取 $2r$ 只，有 P_{2n}^{2r} 种取法，不成对的取法是，先任取一只，有 $2n$ 种取法，第二只不能取与第一只成对的，所以有 $2n - 2$ 种取法，同样第三只有 $2n - 4$ 种取法，……第 $2r$ 只有 $2n - 2(2r - 1)$ 种取法，所以
$$P = \frac{2n \times (2n - 2) \times (2n - 4) \times \cdots \times [2n - 2(2r - 1)]}{P_{2n}^{2r}} = \frac{C_n^{2r} 2^{2r}}{C_{2n}^{2r}}$$

(2) 先从 n 双中任选一双，再从剩下的 $n - 1$ 双中选 $2r - 2$ 双，然后从该 $2r - 2$ 双中的每一双任取一只，所以
$$P = \frac{C_n^1 C_{n-1}^{2r-2} 2^{2r-2}}{C_{2n}^{2r}}$$

(3) 先从 n 双中任选两双，再从剩下的 $n - 2$ 双中选 $2r - 4$ 双，然后从该 $2r - 4$ 双中的每一双任取一只，所以
$$P = \frac{C_n^2 C_{n-2}^{2r-4} 2^{2r-4}}{C_{2n}^{2r}}$$

(4) 从 n 双中取 r 双即可，所以
$$P = \frac{C_n^r}{C_{2n}^{2r}}$$

R 程序和输出：

```
> n <- 10
> r <- 3
> left <- 1:n
> right <- 1:n
> shoes <- c(left,right)
> com <- function(n,k){factorial(n)/(factorial(k)*factorial(n-k))}
> P1 <- com(n,2*r)*2^(2*r)/com(2*n,2*r)
> P1
[1] 0.3467492
> sim <- 10000
> x <- numeric(sim)
> for(i in 1:sim)
+ {a <- sample(shoes,2*r,replace=F)
+ x[i] <- 2*r-length(unique(a))
+ }
> mean(x==0)
[1] 0.3524
> ######(2)
> P2 <- com(n,1)*com(n-1,2*r-2)*2^(2*r-2)/com(2*n,2*r)
> P2
[1] 0.5201238
> mean(x==1)
[1] 0.5165
> ######(3)
> P3 <- com(n,2)*com(n-2,2*r-4)*2^(2*r-4)/com(2*n,2*r)
> P3
[1] 0.130031
> mean(x==2)
[1] 0.1281
> ######(4)
> P4 <- com(n,r)/com(2*n,2*r)
> P4
```

```
[1]0.003095975
>mean(x==r)
[1]0.003
```

16. 若每个人的呼吸道中带有感冒病毒的概率为 0.002，求在 1 500 人看电影的电影院中存在感冒病毒的概率.

解：设 A_i ($i=1,\cdots,1\,500$) 表示第 i 人的呼吸道带有感冒病毒，

$$
\begin{aligned}
P(\bigcup_{i=1}^{1\,500} A_i) &= 1 - P(\overline{\bigcup_{i=1}^{1\,500} A_i}) \\
&= 1 - P(\bigcap_{i=1}^{1\,500} \overline{A_i}) \\
&= 1 - \prod_{i=1}^{1\,500} P(\overline{A_i}) \\
&= 1 - \prod_{i=1}^{1\,500} [1 - P(A_i)] \\
&= 1 - 0.998^{1\,500} \approx 0.950\,4
\end{aligned}
$$

 R 程序和输出：

```
>ganmao<-c(0,1)
>weight<-c(0.998,0.002)
>sim<-10000
>x<-numeric(sim)
>for(i in 1:sim)
+{a<-sample(ganmao,1 500,replace=T,weight)
+x[i]<-(sum(a)>0)
+ }
>mean(x)
[1]0.9522
```

17. 电话号码由 8 个数字组成，每个数字可以是 0，1，2，…，9 中的任意一个数，求电话号码的后面 4 个数是由完全不同的数字组成的概率.

解：仅考虑后 4 位的情况，$P = \dfrac{P_{10}^4}{10^4} = 0.504$.

R 程序和输出：

```
> phone <- 0:9
> sim <- 10000
> x <- numeric(sim)
> for(i in 1:sim)
+ {a <- sample(phone,8,replace = T)
+ x[i] <- (length(unique(a[5:8]))) == 4)
+ }
> mean(x)
[1] 0.5031
```

18. 据以往资料表明，某一三口之家患某种传染病的概率有以下规律：P(孩子得病) $=0.6$，P(母亲得病 | 孩子得病) $=0.5$，P(父亲得病 | 母亲及孩子得病) $=0.4$. 求母亲及孩子得病，但父亲未得病的概率.

解：设 A, B, C 分别表示孩子、母亲和父亲得病，根据乘法定理得

$$P(AB\bar{C}) = P(A)P(B|A)P(\bar{C}|AB)$$
$$= P(A)P(B|A)[1 - P(C|AB)]$$
$$= 0.6 \times 0.5 \times (1 - 0.4)$$
$$= 0.18$$

19. 已知在 10 只产品中有两只次品，在其中取两次，每次任取一只，作不放回抽样，求下列事件的概率：

（1）两只都是正品；
（2）两只都是次品；
（3）一只是正品，一只是次品；
（4）第二次取出的是次品.

解：（1）方法一：$P = \dfrac{8 \times 7}{10 \times 9} = \dfrac{28}{45}$.

方法二：$P = \dfrac{C_8^2}{C_{10}^2} = \dfrac{28}{45}$.

（2）方法一：$P = \dfrac{2 \times 1}{10 \times 9} = \dfrac{1}{45}$.

方法二：$P = \dfrac{C_2^2}{C_{10}^2} = \dfrac{1}{45}$.

（3）方法一：$P = \dfrac{8 \times 2 + 2 \times 8}{10 \times 9} = \dfrac{16}{45}$.

方法二：$P = \dfrac{C_8^1 C_2^1}{C_{10}^2} = \dfrac{16}{45}$.

方法三：$P = 1 - \dfrac{28}{45} - \dfrac{1}{45} = \dfrac{16}{45}$.

（4）方法一：考虑两次抽取的情况，第一次可能是正品，也可能是次品. $P = P($正次$) + P($次次$) = \dfrac{8 \times 2}{10 \times 9} + \dfrac{2 \times 1}{10 \times 9} = \dfrac{1}{5}$.

方法二：仅考虑第二次抽取的情况，$P = \dfrac{2}{10} = \dfrac{1}{5}$.

R 程序和输出：

```
> product <- c(0,0,rep(1,8))
> sim <- 10000
> x1 = x2 = x3 = x4 <- numeric(sim)
> for(i in 1:sim)
+ {a <- sample(product,2,replace = F)
+ x1[i] <- (sum(a) == 2)
+ x2[i] <- (sum(a) == 0)
+ x3[i] <- (sum(a) == 1)
+ x4[i] <- (a[2] == 0)
+ }
> mean(x1)
[1] 0.6238
> mean(x2)
[1] 0.0202
> mean(x3)
[1] 0.356
> mean(x4)
[1] 0.1995
```

20. 某产品有 4% 的废品，而在 100 件合格品中有 75 件一等品，求任取一件产品是一等品的概率.

解：设 A 表示产品是一等品，B 表示产品是合格品. 根据乘法定理得
$$P(A) = P(B)P(A\mid B) = (1 - 0.04) \times 0.75 = 0.72$$

21. 袋中有 10 个白球，5 个黄球，10 个黑球，从中随机地抽取一个，已知它不是黑的，问它是黄球的概率有多少？

解：设 A, B, C 分别表示取到白、黄、黑球，则
$$P(A) = \frac{2}{5},\ P(B) = \frac{1}{5},\ P(C) = \frac{2}{5},$$

$$P(B\mid \overline{C}) = \frac{P(B\overline{C})}{P(\overline{C})} = \frac{P[B \cap (A \cup B)]}{1 - P(C)} = \frac{P(B)}{1 - P(C)} = \frac{\frac{1}{5}}{1 - \frac{2}{5}} = \frac{1}{3}$$

 R 程序和输出：

```
>box<-c(rep(0,10),rep(1,5),rep(2,10))
>sim<-10000
>x1=x2<-numeric(sim)
> for(i in 1:sim)
+    {a<-sample(box,1)
+    x1[i]<-(a!=2)
+    x2[i]<-(a==1)
+    }
>sum(x2)/sum(x1)
[1]0.3299039
```

22. 一间宿舍中有 4 位同学的眼镜都放在架子上，去上课时，每人任取一副眼镜，求每个人都没有拿到自己眼镜的概率.

解：设 $A_i\ (i=1,2,3,4)$ 表示第 i 个同学拿到自己的眼镜，
$$P(\overline{A}_1\overline{A}_2\overline{A}_3\overline{A}_4) = P(\overline{A_1 \cup A_2 \cup A_3 \cup A_4})$$
$$= 1 - P(A_1 \cup A_2 \cup A_3 \cup A_4)$$
$$= 1 - \left[\sum_{i=1}^{4} P(A_i) - \sum_{1\leq i<j\leq 4} P(A_iA_j) + \sum_{1\leq i<j<k\leq 4} P(A_iA_jA_k) - P(A_1A_2A_3A_4)\right]$$
$$= 1 - \left(\sum_{i=1}^{4} \frac{3!}{4!} - \sum_{1\leq i<j\leq 4} \frac{2!}{4!} + \sum_{1\leq i<j<k\leq 4} \frac{1}{4!} - \frac{1}{4!}\right)$$

$$= 1 - \left(1 - \frac{1}{2!} + \frac{1}{3!} - \frac{1}{4!}\right)$$
$$= \frac{3}{8}$$

 R 程序和输出:

```
>glasses<-1:4
>sim<-10000
>x<-numeric(sim)
>for(i in 1:sim)
+{a<-sample(glasses,4,replace=F)
+   x[i]<-(sum((a==glasses))==0)
+ }
>mean(x)
[1]0.3745
```

23. 有甲、乙两批种子,发芽率分别为 0.8 和 0.7,在两批种子中各随机抽取一粒,试求:

(1) 两粒种子都能发芽的概率;

(2) 至少有一粒种子能发芽的概率;

(3) 恰好有一粒种子能发芽的概率.

解: 设 A, B 分别表示取自甲、乙批种子的一粒种子发芽.

(1) $P(AB) = P(A)P(B) = 0.8 \times 0.7 = 0.56$.

(2) $P(A \cup B) = P(A) + P(B) - P(AB) = 0.8 + 0.7 - 0.56 = 0.94$.

(3) $P(A\bar{B}) + P(\bar{A}B) = P(A)[1 - P(B)] + [1 - P(A)]P(B) = 0.38$.

24. 某公共汽车站每隔 5 min 有一辆汽车到站,乘客到达车站的时间是任意的,求一位乘客的候车时间不超过 3 min 的概率.

解: 这是几何概型问题, $S = \{x \mid 0 \leqslant x \leqslant 5\}$, $A = \{x \mid 0 \leqslant x \leqslant 3\}$, $P = \frac{3}{5}$.

 R 程序和输出:

```
>sim<-10000
>x<-numeric(sim)
>for(i in 1:sim)
```

```
+ {a <- runif(1,0,5)
+ x[i] <- (a <=3)
+ }
> mean(x)
[1]0.5994
```

25. 三个人独立地去破译一个密码，他们能译出的概率分别为 $\frac{1}{5}$，$\frac{1}{3}$，$\frac{1}{4}$. 问能将此密码译出的概率为多少？

解：设 A，B，C 分别表示三人能译出密码，$P(A) = \frac{1}{5}$，$P(B) = \frac{1}{3}$，$P(C) = \frac{1}{4}$，密码能译出的概率为

$$\begin{aligned} P(A \cup B \cup C) &= 1 - P(\overline{A \cup B \cup C}) \\ &= 1 - P(\overline{A}\overline{B}\overline{C}) \\ &= 1 - P(\overline{A})P(\overline{B})P(\overline{C}) \\ &= 1 - \left(1 - \frac{1}{5}\right) \times \left(1 - \frac{1}{3}\right) \times \left(1 - \frac{1}{4}\right) = \frac{3}{5} \end{aligned}$$

26. 设某地有甲、乙、丙三种报纸，该地成年人中有 20% 读甲报，16% 读乙报，15% 读丙报，其中有 8% 兼读甲报和乙报，5% 兼读甲报和丙报，4% 兼读乙报和丙报，还有 2% 读所有报纸，问成年人中有百分之几至少读一种报纸？

解：设 A，B，C 分别表示该地成年人读甲、乙、丙三种报纸，$P(A)=0.2$，$P(B)=0.16$，$P(C)=0.15$，$P(AB)=0.08$，$P(AC)=0.05$，$P(BC)=0.04$，$P(ABC)=0.02$，由加法公式得

$$\begin{aligned} P(A \cup B \cup C) &= P(A) + P(B) + P(C) - P(AB) - P(AC) - P(BC) + P(ABC) \\ &= 0.2 + 0.16 + 0.15 - 0.08 - 0.05 - 0.04 + 0.02 \\ &= 0.36 \\ &= 36\% \end{aligned}$$

27. 已知男人中有 5% 是色盲患者，女人中有 0.25% 是色盲患者，今从男女人数相等的人群中随机地挑选一人，恰好是色盲患者，问此人是男性的概率.

解：设 B 表示选中的是色盲患者，A_1 表示此人是男性，A_2 表示此人是女性，$P(A_1) = P(A_2) = \frac{1}{2}$，由贝叶斯公式得

$$P(A_1 \mid B) = \frac{P(A_1 B)}{P(B)}$$

$$= \frac{P(A_1)P(B \mid A_1)}{P(A_1)P(B \mid A_1) + P(A_2)P(B \mid A_2)}$$

$$= \frac{\frac{1}{2} \times 0.05}{\frac{1}{2} \times 0.05 + \frac{1}{2} \times 0.0025}$$

$$= \frac{20}{21}$$

28. 一学生接连参加同一课程的两次考试,第一次及格的概率为 p,若第一次及格则第二次及格的概率也为 p,若第一次不及格则第二次及格的概率为 $p/2$.

(1) 若至少有一次及格他才能取得某种资格,求他取得该资格的概率;

(2) 若已知他第二次已经及格,求他第一次及格的概率.

解:设 A_1,A_2 分别表示第一、二次及格,$P(A_1)=p$,$P(A_2 \mid A_1)=p$,$P(A_2 \mid \overline{A}_1)=\dfrac{p}{2}$.

(1)
$$P(A_1 \cup A_2) = P(A_1) + P(A_2) - P(A_1 A_2)$$

$$= P(A_1) + P(A_2 \overline{A}_1)$$

$$= P(A_1) + P(\overline{A}_1)P(A_2 \mid \overline{A}_1)$$

$$= p + (1-p) \times \frac{p}{2}$$

$$= \frac{p(3-p)}{2}$$

(2)
$$P(A_1 \mid A_2) = \frac{P(A_1 A_2)}{P(A_2)}$$

$$= \frac{P(A_1)P(A_2 \mid A_1)}{P(A_1 A_2) + P(\overline{A}_1 A_2)}$$

$$= \frac{P(A_1)P(A_2 \mid A_1)}{P(A_1)P(A_2 \mid A_1) + P(\overline{A}_1)P(A_2 \mid \overline{A}_1)}$$

$$= \frac{p \times p}{p \times p + (1-p) \times \dfrac{p}{2}}$$

$$= \frac{2p}{p+1}$$

29. 对以往数据的分析结果表明,当机器调整良好时,产品的合格率为90%,而当机器发生某一故障时,其合格率为30%,每天早上机器开动时,机器调整良好的概率为75%. 试求已知某日早上第一件产品是合格品时,机器调整得良好的概率是多少?

解:设 A 表示产品合格,B 表示机器调整良好,$P(A\mid B) = 0.9$,$P(A\mid \bar{B}) = 0.3$,$P(B) = 0.75$,由贝叶斯公式得

$$P(B\mid A) = \frac{P(B)P(A\mid B)}{P(B)P(A\mid B) + P(\bar{B})P(A\mid \bar{B})}$$

$$= \frac{0.75 \times 0.9}{0.75 \times 0.9 + 0.25 \times 0.3}$$

$$= 0.9$$

30. 已知 $P(A) = 0.3$,$P(B) = 0.4$,$P(A\mid B) = 0.5$,求:

(1) $P(AB)$,$P(A\cup B)$;

(2) $P(B\mid A)$;

(3) $P(B\mid A\cup B)$;

(4) $P(\bar{A}\cup \bar{B}\mid A\cup B)$.

解:(1) $P(AB) = P(B)P(A\mid B) = 0.4 \times 0.5 = 0.2$.

$P(A\cup B) = P(A) + P(B) - P(AB) = 0.3 + 0.4 - 0.2 = 0.5$.

(2) $P(B\mid A) = \dfrac{P(AB)}{P(A)} = \dfrac{0.2}{0.3} = \dfrac{2}{3}$.

(3) $P(B\mid A\cup B) = \dfrac{P[B\cap(A\cup B)]}{P(A\cup B)} = \dfrac{P(B)}{P(A\cup B)} = \dfrac{0.4}{0.5} = \dfrac{4}{5}$.

(4) $P(\bar{A}\cup \bar{B}\mid A\cup B) = \dfrac{P[(\bar{A}\cup \bar{B})\cap (A\cup B)]}{P(A\cup B)} = \dfrac{P[(A\cup B)\cap \overline{AB}]}{P(A\cup B)}$

$= \dfrac{P(A\cup B) - P(AB)}{P(A\cup B)} = \dfrac{0.5 - 0.2}{0.5} = \dfrac{3}{5}$.

31. 要验收一批(100件)乐器,用如下方案验收:从该批乐器中随机地抽取3件测试(设3件乐器的测试是相互独立的),如果3件中至少有一件在测试中被认为音色不纯,则这批乐器就被拒绝接收. 设一件音色不纯的乐器经测试查出其为音色不纯的概率为0.95,而一件音色纯的乐器经测试被误认为不纯的概率为0.01. 如果已知这100件乐器中恰有4件是音色不纯的,试问这批乐器被接收的概率是多少?

解:设 B_i ($i = 0, 1, 2, 3$) 表示取出的3件乐器中恰有 i 件音色不纯,事件 A 表示这批乐器被接收. 由全概率公式得

$$P(A) = P(B_0)P(A \mid B_0) + P(B_1)P(A \mid B_1) + P(B_2)P(A \mid B_2) + P(B_3)P(A \mid B_3)$$

$$= \frac{C_{96}^3}{C_{100}^3} \times 0.99^3 + \frac{C_{96}^2 C_4^1}{C_{100}^3} \times 0.99^2 \times 0.05 + \frac{C_{96}^1 C_4^2}{C_{100}^3} \times 0.99 \times 0.05^2 + \frac{C_4^3}{C_{100}^3} \times 0.05^3$$

$$\approx 0.8629$$

32. 设任意三个事件 A, B, C, 试证明：

$$P(A \cup B \cup C) = P(A) + P(B) + P(C) - P(AB) - P(BC) - P(AC) + P(ABC)$$

证明：

$$P(A \cup B \cup C) = P(A) + P(B \cup C) - P[A \cap (B \cup C)]$$
$$= P(A) + P(B) + P(C) - P(BC) - P[AB \cup AC]$$
$$= P(A) + P(B) + P(C) - P(BC) - [P(AB) + P(AC) - P(ABC)]$$
$$= P(A) + P(B) + P(C) - P(AB) - P(BC) - P(AC) + P(ABC)$$

33. 设 $0 < P(A) < 1$, $0 < P(B) < 1$, $P(A \mid B) + P(\bar{A} \mid \bar{B}) = 1$. 问 A 与 B 是否独立？

解：

$$P(A \mid B) + P(\bar{A} \mid \bar{B}) = 1 \Leftrightarrow P(A \mid B) = P(A \mid \bar{B})$$

$$\Leftrightarrow \frac{P(AB)}{P(B)} = \frac{P(A\bar{B})}{P(\bar{B})}$$

$$\Leftrightarrow \frac{P(AB)}{P(B)} = \frac{P(AB) + P(A\bar{B})}{P(B) + P(\bar{B})} = P(A)$$

$$\Leftrightarrow P(AB) = P(A)P(B)$$

故 A 与 B 独立.

34. 两台车床加工同样的零件，第一台出现废品的概率是 0.03，第二台出现废品的概率是 0.02，加工出来的零件放在一起，并且已知第一台加工的零件比第二台加工的零件多一倍，求：

（1）任意取出一个零件是合格品的概率；

（2）如果任取的零件是废品，求它是由第二台车床加工的概率.

解：设 A 表示任取一件是合格品，B_i ($i = 1, 2$) 表示零件由第 i 台生产.

（1）$P(A) = P(B_1)P(A \mid B_1) + P(B_2)P(A \mid B_2) = \frac{2}{3} \times 0.97 + \frac{1}{3} \times 0.98 \approx 0.9733$

（2）$P(B_2 \mid \bar{A}) = \dfrac{P(B_2)P(\bar{A} \mid B_2)}{1 - P(A)} = \dfrac{\frac{1}{3} \times 0.02}{1 - 0.9733} \approx 0.2525$

35. 甲、乙两名战士打靶，甲战士的命中率为 0.9，乙战士的命中率为 0.85，两人同时射击同一目标，各打一枪，求目标被击中的概率.

解：设 A 表示甲击中目标，B 表示乙击中目标.
$$P(A \cup B) = P(A) + P(B) - P(AB)$$
$$= P(A) + P(B) - P(A)P(B)$$
$$= 0.9 + 0.85 - 0.9 \times 0.85 = 0.985$$

36. （配对问题）某人写了 n 封不同的信，欲寄往 n 个不同的地址. 现将这 n 封信随意地插入 n 个具有不同通信地址的信封里，求至少有一封信插对信封的概率.

解：设 A_i（$i=1,\cdots,n$）表示第 i 封信插对信封，
$$P(A_1 \cup \cdots \cup A_n) = \sum_{i=1}^{n} P(A_i) - \sum_{1 \leq i<j \leq n} P(A_i A_j) + \sum_{1 \leq i<j<k \leq n} P(A_i A_j A_k) - \cdots + (-1)^{n-1} \times$$
$$P(A_1 A_2 A_3 \cdots A_n)$$
$$= C_n^1 \times \frac{(n-1)!}{n!} - C_n^2 \frac{(n-2)!}{n!} + C_n^3 \frac{(n-3)!}{n!} - \cdots + (-1)^{n-1} \frac{1}{n!}$$
$$= 1 - \frac{1}{2!} + \frac{1}{3!} - \cdots + (-1)^{n-1} \frac{1}{n!}$$

R 程序和输出：

```
>n<-10
>p<-0
>i<-1
>while(i<=n){p<-p+(-1)^(i-1)/factorial(i)
+i<-i+1
+}
>p
[1]0.6321205
>
>letters<-1:n
>sim<-10000
>x<-numeric(sim)
>for(i in 1:sim)
+{a<-sample(letters,n,replace=F)
+ x[i]<-(sum((a==letters))>0)
+ }
>mean(x)
[1]0.6346
```

37. 设一枚深水炸弹击沉潜艇的概率为 $\frac{1}{3}$，击伤的概率为 $\frac{1}{2}$，击不中的概率为 $\frac{1}{6}$，并假设击伤两次也会导致潜水艇下沉，求施放 4 枚深水炸弹能击沉潜水艇的概率.（提示：先求出击不沉的概率.）

解：先求击不沉的概率 P，击不沉等价于恰有一炸弹击伤或者四枚都没有击中，而且击沉与击不沉这两事件互不相容. $P = C_4^1 \times \frac{1}{2} \times \left(\frac{1}{6}\right)^3 + \left(\frac{1}{6}\right)^4 = \frac{13}{1\,296}$，击沉的概率为 $1 - \frac{13}{1\,296} = \frac{1\,283}{1\,296}$.

38. 将 A, B, C 三个字母之一输入信道，输出为原字母的概率为 α，而输出为其他字母的概率都是 $(1-\alpha)/2$. 今将字母串 AAAA, BBBB, CCCC 之一输入信道，输入 AAAA, BBBB, CCCC 的概率分别为 p_1, p_2, p_3（$p_1 + p_2 + p_3 = 1$）. 已知输出为 ABCA，问输入的是 AAAA 的概率是多少？（设信道传输各个字母是相互独立的.）

解：设 A_i（$i = 1, 2, 3$）表示输入为 AAAA, BBBB, CCCC，B 表示输出为 ABCA.

$$P(B \mid A_1) = \alpha^2 \left(\frac{1-\alpha}{2}\right)^2, \quad P(B \mid A_2) = P(B \mid A_3) = \alpha \left(\frac{1-\alpha}{2}\right)^3$$

由贝叶斯公式得

$$P(A_1 \mid B) = \frac{P(A_1)P(A \mid A_1)}{P(A_1)P(A \mid A_1) + P(A_2)P(A \mid A_2) + P(A_3)P(A \mid A_3)}$$

$$= \frac{2\alpha p_1}{(3\alpha - 1)p_1 + 1 - \alpha}$$

39. 假设一厂家生产的每台仪器，可以直接出厂的概率为 0.70；需进一步调试的概率为 0.30，经调试后可以出厂的概率为 0.80；定为不合格品不能出厂的概率为 0.20. 现该厂新生产了 n（$n \geq 2$）台仪器（假设各台仪器的生产过程相互独立），求：

（1）全部能出厂的概率 α；

（2）其中恰好有两件不能出厂的概率 β；

（3）其中至少有两件不能出厂的概率 θ.

解：A 表示仪器可以出厂，$P(A) = 0.7 + 0.3 \times 0.8 = 0.94$.

(1) $\alpha = 0.94^n$

(2) $\beta = C_n^{n-2} \times 0.94^{n-2} \times 0.06^2$

(3) $\theta = 1 - C_n^1 \times 0.94^{n-1} \times 0.06 - 0.94^n$

第 2 章 随机变量及其分布

§2.1 知识点归纳

2.1.1 随机变量的概念

对于随机试验，相比较于试验结果，我们往往更关心随机试验的某个函数. 设随机试验 E 的样本空间为 Ω，若对于每一个 $\omega \in \Omega$，都有唯一的实数 $X(\omega)$ 与之对应，则称 $X(\omega)$ 为随机变量，并简记为 X，随机变量一般用大写字母 X，Y，Z，$\cdots$ 或小写希腊字母 ξ，η，ζ，$\cdots$ 表示.

X 是定义在样本空间 Ω 上的实值、单值函数，它的取值随试验结果而改变；因为随机试验的每一个结果的出现都有一定的概率，所以随机变量 X 的取值也有一定的概率；随试验结果的不同，X 取不同的值，试验前可以知道它的所有取值范围，但不确定取什么值；随机变量在某一范围内取值，表示一个随机事件.

对于随机变量，按其可能取的值，通常分为两类讨论. 一类是离散型随机变量，其特征是只能取有限个或可列无限个值；另一类是非离散型随机变量，在非离散型随机变量中，通常只关心连续型随机变量，它的全部取值充满某个区间.

2.1.2 离散型随机变量的概率分布

如果随机变量 X 只可能取有限个或可列无限个值，那么称此随机变量为离散型随机变量.

设离散型随机变量 X 所有可能取值为 x_1，x_2，$\cdots$，X 取各个值的概率，即事件 $\{X = x_k\}$ 的概率为

$$P(X = x_k) = p_k, \ k = 1, 2, \cdots$$

称此式为离散型随机变量 X 的分布律、分布列或概率分布，也可如下表示：

X	x_1	x_2	$\cdots$	x_k	$\cdots$
P	p_1	p_2	$\cdots$	p_k	$\cdots$

分布律具有以下性质:

(1) 非负性, $p_k \geq 0$, $k = 1, 2, \cdots$;

(2) 规范性, $\sum_{k=1}^{+\infty} p_k = 1$.

下面介绍几种常见的离散型随机变量的概率分布.

1. 0-1 分布

若随机变量 X 只可能取 0 和 1 两个值, 概率分布为

$$P(X = 1) = p, \quad P(X = 0) = q = 1 - p$$

其中 $0 < p < 1$, 则称 X 服从 0-1 分布 (p 为参数), 或两点分布或伯努利分布, 记作 $X \sim B(1, p)$.

2. 二项分布

如果一次试验中结果只有两个: A 与 $\bar{A}$, 该试验称为伯努利试验, 把伯努利试验独立地重复做 n 次, 称为 n 重伯努利试验. 伯努利试验中 A 发生的次数是一个随机变量, 它服从二项分布.

若随机变量 X 的概率分布为

$$P(X = k) = C_n^k p^k (1-p)^{n-k}, \quad k = 0, 1, \cdots, n, \quad 0 < p < 1$$

则称 X 服从参数为 (n, p) 的二项分布, 记作 $X \sim B(n, p)$.

二项分布的分布律先随着 k 的增大而增大, 达到最大值后, 再随着 k 的增大而减小. 使得 $P(X = k)$ 达到最大值的 k_0 称为该二项分布的最可能次数. 如果 $(n+1)p$ 是整数, 则 $k_0 = (n+1)p$ 或 $k_0 = (n+1)p - 1$; 如果 $(n+1)p$ 不是整数, 则 $k_0 = [(n+1)p]$.

3. 泊松分布

如果随机变量 X 的概率分布为

$$P(X = k) = \frac{\lambda^k}{k!} e^{-\lambda}, \quad k = 0, 1, 2, \cdots$$

其中常数 $\lambda > 0$, 则称 X 服从参数为 λ 的泊松分布, 记为 $X \sim P(\lambda)$. 泊松分布是二项分布的极限分布.

在 n 重伯努利试验中, 记事件 A 在一次试验中发生的概率为 p_n (与试验次数 n 有关), 如果 $\lim_{n \to +\infty} np_n = \lambda > 0$, 则有

$$\lim_{n \to +\infty} C_n^k p^k (1-p)^{n-k} = \frac{\lambda^k}{k!} e^{-\lambda}, \quad k = 0, 1, 2, \cdots$$

4. 几何分布

在伯努利试验中，每次试验事件 A 发生的概率为 p，设 X 为事件 A 首次发生时的试验次数，则 X 服从参数 p 的几何分布，其概率分布为

$$P(X=k) = p(1-p)^{k-1}, \quad k=1,2,\cdots$$

5. 超几何分布

若随机变量 X 的分布律为

$$P(X=k) = \frac{C_M^k C_{N-M}^{n-k}}{C_N^n}, \quad k=0,1,\cdots,\min\{M,n\}$$

其中 N，M，n 均为自然数，则称随机变量 X 服从参数为 (N,M,n) 的超几何分布.

2.1.3 随机变量的分布函数

设 X 为随机变量，x 是任意实数，称函数 $F(x) = P(X \leqslant x)$ 为随机变量 X 的分布函数. 对任意实数 x_1，x_2 $(x_1 \leqslant x_2)$，有 $P(x_1 < X \leqslant x_2) = F(x_2) - F(x_1)$.

分布函数具有以下基本性质：

(1) 单调不减，即当 $x_1 < x_2$ 时，$F(x_1) \leqslant F(x_2)$；

(2) 对任意 $x \in (-\infty, +\infty)$，$F(x)$ 右连续；

(3) $0 \leqslant F(x) \leqslant 1$ 且 $F(-\infty) = 0$，$F(+\infty) = 1$.

对于离散型随机变量，其分布函数 $F(x) = \sum_{x_k \leqslant x} p_k$ 是阶梯函数，在 $x = x_k (k=1,2,\cdots)$ 处有跳跃，其跳跃值为 $P(X=x_k) = p_k$.

2.1.4 连续型随机变量及其概率密度函数

设 X 为随机变量，如果存在非负函数 $f(x)$，使得对任意实数 x 有

$$F(x) = \int_{-\infty}^{x} f(t)\,dt$$

则称 X 为连续型随机变量，$f(x)$ 为概率密度函数，简称概率密度或密度函数.

概率密度函数具有下列性质：

(1) 非负性，$f(x) \geqslant 0$；

(2) 规范性，$\int_{-\infty}^{+\infty} f(x)\,dx = 1$.

连续型随机变量 X 有下列性质：

(1) 连续型随机变量 X 的分布函数 $F(x)$ 在实数域内处处连续，而且若 $f(x)$ 在 x 处连续，则 $F'(x) = f(x)$；

(2) 连续型随机变量取任意指定实数值 a 的概率为 0, 即 $P(X=a)=0$;
(3) 对任意两个常数 $a,b(a<b)$, 有

$$P(a \leq X < b) = P(a < X < b) = P(a < X \leq b) = P(a \leq X \leq b) = \int_a^b f(x)\mathrm{d}x$$

更一般地, 对于实数轴上任意一个集合 G, $P(X \in G) = \int_G f(x)\mathrm{d}x$.

常见的几种连续性随机变量如下.

1. 均匀分布

若连续型随机变量 X 的概率密度为

$$f(x) = \begin{cases} \dfrac{1}{b-a}, & a < x < b \\ 0, & 其他 \end{cases}$$

则称 X 在区间 (a,b) 上服从均匀分布, 记作 $X \sim \mathrm{U}(a,b)$. 均匀分布表示等可能取值, 随机变量在区间内的取值只依赖于子区间的长度, 和子区间的位置无关.

均匀分布的分布函数为

$$F(x) = \begin{cases} 0, & x < a \\ \dfrac{x-a}{b-a}, & a \leq x < b \\ 1, & b \leq x \end{cases}$$

2. 指数分布

若连续型随机变量 X 的概率密度为

$$f(x) = \begin{cases} \lambda \mathrm{e}^{-\lambda x}, & x > 0 \\ 0, & x \leq 0 \end{cases}$$

则称 X 服从指数分布, 记作 $X \sim \mathrm{E}(\lambda)$. 指数分布的分布函数为

$$F(x) = \begin{cases} 1 - \mathrm{e}^{-\lambda x}, & x > 0 \\ 0, & x \leq 0 \end{cases}$$

无记忆性: 若 X 服从参数为 λ 的指数分布, 则对任意 $s,t > 0$, 有

$$P(X > s + t \mid X > s) = P(X > t)$$

3. 正态分布

若连续型随机变量 X 的概率密度为

$$f(x) = \frac{1}{\sqrt{2\pi}\sigma} \mathrm{e}^{-\frac{(x-\mu)^2}{2\sigma^2}}, \quad -\infty < x < +\infty$$

其中 $\sigma > 0$, $\mu \in \mathbf{R}$ 为参数, 则称 X 服从正态分布, 记作 $X \sim \mathrm{N}(\mu,\sigma^2)$. 正态分布的概率

密度呈现单峰对称性.

当 $\mu=0$，$\sigma^2=1$ 时，称 X 服从标准正态分布，即 $X \sim N(0,1)$. 此时概率密度和分布函数分别用 $\varphi(x)$ 和 $\Phi(x)$ 表示，

$$\varphi(x) = \frac{1}{\sqrt{2\pi}} e^{-\frac{x^2}{2}}$$

$$\Phi(x) = \int_{-\infty}^{x} \varphi(t)\,dt$$

对任意 x，有 $\Phi(-x) = 1 - \Phi(x)$. 标准正态分布的分布函数值可查附录 A 得到.

若 $X \sim N(\mu, \sigma^2)$，则

(1) $Y = aX + b \sim N(a\mu + b, a^2\sigma^2)$，其中 $a \neq 0$，b 为常数；

(2) $Y = \dfrac{X-\mu}{\sigma} \sim N(0,1)$.

设 X 的分布函数为 $F(x)$，实数 x_α 满足

$$P(X > x_\alpha) = \alpha, 0 < \alpha < 1$$

则称 x_α 为 X 的上 α 分位点. 标准正态分布 $N(0,1)$ 的上 α 分位点通常记为 z_α. 由 $\varphi(x)$ 的对称性，可知 $z_{1-\alpha} = -z_\alpha$.

2.1.5 随机变量函数的分布

设 X 是离散型随机变量，其分布律为

X	x_1	x_2	$\cdots$	x_k	$\cdots$
P	p_1	p_2	$\cdots$	p_k	$\cdots$

设 $Y = g(X)$，则 Y 也是离散型随机变量，它的取值为 $y_1, y_2, \cdots$，其中 $y_k = g(x_k)(k=1,2,\cdots)$，若 $y_1, y_2, \cdots$ 各不相同，则由 $P(Y=y_k) = P(X=x_k) = p_k (k=1,2,\cdots)$ 可知，Y 的分布律为

Y	y_1	y_2	$\cdots$	y_k	$\cdots$
P	p_1	p_2	$\cdots$	p_k	$\cdots$

若 $y_1, y_2, \cdots$ 中有相同的项，则把这些相同的项合并为一项，并把相应的概率加起来作为合并后此项的概率，即可得 Y 的分布律.

对于连续型随机变量，可以采用分布函数法来计算 $Y=g(X)$ 的分布函数和概率密度.

首先求 $Y = g(X)$ 的分布函数，

$$F_Y(y) = P(Y \leq y) = P(g(X) \leq y) = \int_{g(x) \leq y} f_X(x) \, \mathrm{d}x$$

再利用分布函数和概率密度的关系可得

$$f_Y(y) = F_Y'(y)$$

对于连续型随机变量，如果 $g(x)$ 是严格单调函数，可以采用公式法来计算 $Y = g(X)$ 的概率密度. 设随机变量 X 的概率密度为 $f_X(x)$，$y = g(x)$ 是严格单调可导函数，则 $Y = g(X)$ 是连续型随机变量，其概率密度为

$$f_Y(y) = \begin{cases} f_X(h(y)) \, | h'(y) | , & \alpha < y < \beta \\ 0, & 其他 \end{cases}$$

其中 $h(y)$ 为 $g(x)$ 的反函数，$\alpha = \min\{g(-\infty), g(+\infty)\}$，$\beta = \max\{g(-\infty), g(+\infty)\}$.

§2.2 例题讲解

例 1 一张考卷上有 5 道选择题，每道题列出 4 个可能答案，其中只有一个答案是正确的. 某学生靠猜测至少能答对 4 道题的概率是多少？

解：每答一道题相当于做一次伯努利试验，则答 5 道题相当于做 5 重伯努利试验. 令 $A = \{$答对一道题$\}$，则 $P(A) = \dfrac{1}{4}$.

设 X 表示该学生靠猜测能答对的题数，则 $X \sim B\left(5, \dfrac{1}{4}\right)$.

$$P(X = k) = C_5^k \times \left(\frac{1}{4}\right)^k \times \left(1 - \frac{1}{4}\right)^{5-k}, \quad k = 0, 1, \cdots, 5$$

所以，至少能答对 4 道题的概率为

$$P(X \geq 4) = P(X = 4) + P(X = 5) = C_5^4 \times \left(\frac{1}{4}\right)^4 \times \frac{3}{4} + \left(\frac{1}{4}\right)^5 = \frac{1}{64}$$

R 程序和输出：

```
>dbinom(4,5,1/4)+dbinom(5,5,1/4)
[1]0.015625
```

例 2 对同一目标进行射击，设每次射击的命中率均为 0.23，问至少需进行多少次射击，才能使至少命中一次目标的概率不少于 0.95？

解：设需进行 n 次射击，才能使至少命中一次目标的概率不少于 0.95. 每次射击只

关心命中还是不命中目标,进行 n 次射击,可看成是一 n 重伯努利试验. 令 $A = \{$一次射击命中目标$\}$,则 $P(A) = 0.23$. 设 X 表示命中的次数,则 $X \sim B(n, 0.23)$.

$$P(X = k) = C_n^k \times 0.23^k \times (1 - 0.23)^{n-k}, \quad k = 0, 1, \cdots, n$$

至少命中一次目标的概率为

$$P(X \geq 1) = 1 - P(X = 0) = 1 - 0.77^n \geq 0.95$$

解得,$n \geq \dfrac{\ln 0.05}{\ln 0.77} = 11.46$. 即至少需进行 12 次射击,才能使至少命中一次目标的概率不少于 0.95.

 R 程序和输出:

```
>n<-1
>while(1-dbinom(0,n,0.23)<0.95){n<-n+1}
>n
[1]12
```

例 3 对同一目标进行 400 次独立射击,设每次射击时的命中率均为 0.02.

(1) 试求 400 次射击最可能命中几次?

(2) 求至少命中两次目标的概率.

解:令 $A = \{$一次射击命中目标$\}$,则 $P(A) = p = 0.02$. 设 X 表示 400 次射击中命中目标的次数,则 $X \sim B(400, 0.02)$.

(1) 由于 $(n+1)p = (400+1) \times 0.02 = 8.02$ 不是整数,取整得 $k_0 = 8$,即最可能命中 8 次.

(2) 至少命中两次目标的概率为

$$P(X \geq 2) = 1 - P(X = 0) - P(X = 1) = 1 - 0.98^{400} - C_{400}^1 \times 0.02 \times 0.98^{399}$$
$$\approx 0.9972$$

注意:灵活使用概率的逆公式,可以简化运算.

 R 程序和输出:

```
>k<-0:400
>prob<-dbinom(0:400,400,0.02)
>k[prob==max(prob)]
```

```
[1]8
>1-dbinom(0,400,0.23)-dbinom(1,400,0.23)
[1]1
```

例4 某运输公司有 500 辆汽车参加保险,在一年内每辆汽车出事故的概率为 0.006,每辆参加保险的汽车每年交保险费 800 元,若一辆车出事故保险公司最多赔偿 50 000 元. 试计算,保险公司一年赚钱不小于 200 000 元的概率.

解: 设 $A = \{$某辆汽车出事故$\}$,则 $P(A) = p = 0.006$. 设 X 表示运输公司一年内出事故的车数,则 $X \sim B(500, 0.006)$.

保险公司一年内共收保费 $800 \times 500 = 400\,000$ 元,赔偿费为 $50\,000X$ 元,若赚钱不小于 200 000 元,即 $800 \times 500 - 50\,000X \geq 200\,000$,$X \leq 4$. 即在这一年中出事故的车辆数不能超过 4 辆.

因此所求概率为 $P(X \leq 4) = \sum_{k=0}^{4} [C_{500}^{k} \times 0.006^{k} \times (1-0.006)^{500-k}]$. 直接计算比较困难. 由于 $n = 500$ 比较大,$p = 0.006$ 比较小,上式可以采用泊松分布来近似计算. 取 $\lambda = np = 500 \times 0.006 = 3$.

$$P(X \leq 4) \approx \sum_{k=0}^{4} \frac{3^k}{k!} e^{-3} \approx 0.815\,3$$

 R 程序和输出:

```
>pbinom(4,500,0.006)
[1]0.8157701
>ppois(4,3)
[1]0.8152632
```

例5 对同一目标进行射击,设每次射击时的命中率为 0.64,射击进行到击中目标时为止,令 X 表示所需射击次数. 试求随机变量 X 的分布律,并求至少进行 2 次射击才能击中目标的概率.

解: X 的取值为 1,2,$\cdots$,每次射击是一次伯努利试验,试验的次数是随机变量,X 服从参数为 0.64 的几何分布. 其分布律为

$$P(X = k) = 0.36^{k-1} \times 0.64, \quad k = 1, 2, \cdots$$

至少进行 2 次射击才能击中目标的概率为

第2章 随机变量及其分布

$$P(X \geq 2) = \sum_{k=2}^{+\infty} 0.36^{k-1} \times 0.64 = 0.64 \times \frac{0.36}{1-0.36} = 0.36$$

或可以采用逆公式进行如下计算

$$P(X \geq 2) = 1 - P(X = 1) = 1 - 0.64 = 0.36$$

例6 设随机变量 X 的分布函数为

$$F(x) = A + B\arctan x, \quad x \in \mathbf{R}$$

求（1）常数 A，B；（2）$P\left(\frac{\sqrt{3}}{3} < X < 1\right)$.

解：（1）由分布函数的性质，有

$$0 = \lim_{x \to -\infty} F(x) = \lim_{x \to -\infty} (A + B\arctan x) = A - \frac{\pi}{2}B$$

$$1 = \lim_{x \to +\infty} F(x) = \lim_{x \to +\infty} (A + B\arctan x) = A + \frac{\pi}{2}B$$

所以，$A = \frac{1}{2}$，$B = \frac{1}{\pi}$. X 的分布函数为

$$F(x) = \frac{1}{2} + \frac{1}{\pi}\arctan x, \quad x \in \mathbf{R}$$

(2)

$$P\left(\frac{\sqrt{3}}{3} < X < 1\right) = F(1^-) - F\left(\frac{\sqrt{3}}{3}\right)$$

$$= \lim_{x \to 1^-}\left(\frac{1}{2} + \frac{1}{\pi}\arctan x\right) - \lim_{x \to \frac{\sqrt{3}}{3}}\left(\frac{1}{2} + \frac{1}{\pi}\arctan x\right)$$

$$= \frac{1}{4} - \frac{1}{6} = \frac{1}{12}$$

例7 一个靶子是半径为 2 m 的圆盘，设击中靶上任一同心圆盘上的点的概率与该圆盘的面积成正比，并设射击都能中靶，以 X 表示弹着点与圆心的距离. 试求随机变量 X 的分布函数.

解：$0 \leq X \leq 2$，$F(x) = P(X \leq x)$，

当 $x < 0$，$X \leq x$ 是不可能事件，$F(x) = P(X \leq x) = P(\varnothing) = 0$.

当 $0 \leq x \leq 2$，$F(x) = P(X < 0) + P(0 \leq X \leq x) = 0 + kx^2$. 令 $x = 2$，由题得 $P(0 \leq X \leq 2) = 1$，$k = \frac{1}{4}$. 于是当 $0 \leq x \leq 2$，$F(x) = \frac{x^2}{4}$.

当 $x > 2$，$X \leq x$ 是必然事件，$F(x) = P(X \leq x) = 1$. 综上，随机变量 X 的分布函数为

$$F(x) = \begin{cases} 0, & x < 0 \\ \dfrac{x^2}{4}, & 0 \le x \le 2 \\ 1, & x > 2 \end{cases}$$

例 8 设 X 是连续型随机变量,其密度函数为

$$f(x) = \begin{cases} c(4x - 2x^2), & 0 < x < 2 \\ 0, & \text{其他} \end{cases}$$

求(1)常数 c;(2)$P(X > 1)$,$P(-3 \le X < 1)$;(3)X 的分布函数.

解:(1)由密度函数的性质得

$$1 = \int_{-\infty}^{+\infty} f(x) \, \mathrm{d}x = \int_0^2 c(4x - 2x^2) \, \mathrm{d}x = \frac{8}{3}c$$

所以,$c = \dfrac{3}{8}$,

$$f(x) = \begin{cases} \dfrac{3}{8}(4x - 2x^2), & 0 < x < 2 \\ 0, & \text{其他} \end{cases}$$

(2) $P(X > 1) = \int_1^{+\infty} f(x) \, \mathrm{d}x = \int_1^2 \dfrac{3}{8}(4x - 2x^2) \, \mathrm{d}x = \dfrac{1}{2}$;

$P(-3 \le x < 1) = \int_{-3}^1 f(x) \, \mathrm{d}x = \int_0^1 \dfrac{3}{8}(4x - 2x^2) \, \mathrm{d}x = \dfrac{1}{2}$.

(3) $F(x) = \int_{-\infty}^x f(t) \, \mathrm{d}t$.

当 $x \le 0$ 时,$F(x) = \int_{-\infty}^x f(t) \, \mathrm{d}t = \int_{-\infty}^x 0 \, \mathrm{d}t = 0$;

当 $0 < x < 2$ 时,$F(x) = \int_{-\infty}^x f(t) \, \mathrm{d}t = \int_0^x \dfrac{3}{8}(4t - 2t^2) \, \mathrm{d}t = \dfrac{1}{4}(3x^2 - x^3)$;

当 $x \ge 2$ 时,$F(x) = \int_{-\infty}^x f(t) \, \mathrm{d}t = \int_0^2 \dfrac{3}{8}(4t - 2t^2) \, \mathrm{d}t = 1$.

综上,$F(x) = \begin{cases} 0, & x \le 0 \\ \dfrac{1}{4}(3x^2 - x^3), & 0 < x < 2 \\ 1, & x \ge 2 \end{cases}$

例 9 某电子元件的寿命 X(单位:小时)是以

$$f(x) = \begin{cases} \dfrac{100}{x^2}, & x > 100 \\ 0, & x \le 100 \end{cases}$$

为密度函数的连续型随机变量. 求 5 个同类型的元件在使用的前 150 小时内恰有 2 个需要更换的概率.

解: 某元件在使用的前 150 小时内是否需要更换是一次伯努利试验, 检验 5 个元件的使用寿命可以看作是在做 5 重伯努利试验. 所以, 关键是求一个元件在使用的前 150 小时内需要更换的概率. 设 $A = \{$任一元件在使用的前 150 小时内需要更换$\}$. 则

$$p = P(A) = P(X \leqslant 150) = \int_{-\infty}^{150} f(x)\,\mathrm{d}x = \int_{100}^{150} \frac{100}{x^2}\,\mathrm{d}x = \frac{1}{3}$$

令 Y 表示 5 个元件中使用寿命不超过 150 小时的元件数, 则 $Y \sim B\left(5, \dfrac{1}{3}\right)$.

$$P(Y = 2) = C_5^2 \times \left(\frac{1}{3}\right)^2 \times \left(\frac{2}{3}\right)^3 \approx 0.329\,2$$

R 程序和输出:

```
>dbinom(2,5,1/3)
[1]0.3292181
```

例 10 设某类日光灯管的使用寿命 X (单位: 小时) 是以 $\lambda = \dfrac{1}{2\,000}$ 为参数的指数随机变量.

(1) 任取一根这种日光灯管, 求能正常使用 1 000 小时以上的概率;

(2) 有一根这种日光灯管, 已经正常使用了 1 500 小时, 求至少能再使用 1 000 小时的概率.

解: X 的概率密度函数为 $f(x) = \begin{cases} \dfrac{1}{2\,000} \mathrm{e}^{-\frac{x}{2\,000}}, & x > 0 \\ 0, & x \leqslant 0 \end{cases}$

(1) $P(X \geqslant 1\,000) = \displaystyle\int_{1\,000}^{+\infty} f(x)\,\mathrm{d}x = \int_{1\,000}^{+\infty} \frac{1}{2\,000} \mathrm{e}^{-\frac{x}{2\,000}}\,\mathrm{d}x = \mathrm{e}^{-\frac{1}{2}}.$

(2) 根据指数分布的无记忆性, $P(X \geqslant 1\,500 + 1\,000 \mid X \geqslant 1\,500) = P(X \geqslant 1\,000) = \mathrm{e}^{-\frac{1}{2}}$.

R 程序和输出:

```
>1 - pexp(1000,rate = 1/2000)
[1]0.6065307
```

例11 设随机变量 $X \sim N(d, 0.5^2)$，若使 $P(X \geq 80) \geq 0.99$，则 d 至少应为多少？

解：$P(X \geq 80) = 1 - P(X \leq 80) = 1 - \Phi\left(\dfrac{80-d}{0.5}\right) = \Phi\left(\dfrac{d-80}{0.5}\right) \geq 0.99$

又因为 $\Phi(2.33) = 0.99$，所以，

$$\Phi\left(\dfrac{d-80}{0.5}\right) \geq \Phi(2.33) \Rightarrow \dfrac{d-80}{0.5} \geq 2.33 \Rightarrow d \geq 81.16$$

R 程序和输出：

```
>d<-1
>while(1-pnorm(80,d,0.5)<0.99){d<-d+0.01}
>d
[1]81.17
```

例12 设离散型随机变量 X 的分布律为

$$P\left(X = \dfrac{k\pi}{2}\right) = pq^k, \quad k = 0, 1, 2, \cdots, \quad p + q = 1, \quad 0 < p < 1,$$

试求随机变量 $Y = \sin X$ 的分布律.

解：Y 的所有可能取值为 $0, 1, -1$.

$$P(Y = 0) = P\left[\bigcup_{m=0}^{+\infty}\left(X = 2m \times \dfrac{\pi}{2}\right)\right]$$

$$= \sum_{m=0}^{+\infty} P\left(X = 2m \times \dfrac{\pi}{2}\right)$$

$$= \sum_{m=0}^{+\infty} pq^{2m}$$

$$= \dfrac{p}{1-q^2}$$

$$P(Y = 1) = P\left[\bigcup_{m=0}^{+\infty}\left(X = 2m\pi + \dfrac{\pi}{2}\right)\right]$$

$$= P\left\{\bigcup_{m=0}^{+\infty}\left[X = (4m+1)\dfrac{\pi}{2}\right]\right\}$$

$$= \sum_{m=0}^{+\infty} pq^{4m+1}$$

$$= \dfrac{pq}{1-q^4}$$

$$P(Y = -1) = P\left[\bigcup_{m=0}^{+\infty}\left(X = 2m\pi + \frac{3\pi}{2}\right)\right]$$

$$= P\left\{\bigcup_{m=0}^{+\infty}\left[X = (4m+3)\frac{\pi}{2}\right]\right\}$$

$$= \sum_{m=0}^{+\infty} pq^{4m+3}$$

$$= \frac{pq^3}{1-q^4}$$

所以，随机变量 Y 的分布律为

Y	-1	0	1
P	$\dfrac{pq^3}{1-q^4}$	$\dfrac{p}{1-q^2}$	$\dfrac{pq}{1-q^4}$

例 13 设随机变量 $X \sim U(0,1)$，求 $Y = e^X$ 的密度函数.

解：X 的密度函数为 $f(x) = \begin{cases} 1, & 0 < x < 1 \\ 0, & 其他 \end{cases}$

方法 1：$y = e^x$ 是严格递增函数，其反函数为 $x = \ln y$，$\dfrac{dx}{dy} = \dfrac{1}{y}$，当 X 的取值为 $(0, 1)$ 时，Y 的取值为 $(1, e)$.

Y 的密度函数为 $f_Y(y) = \begin{cases} 1 \times \left|\dfrac{1}{y}\right|, & 1 < y < e \\ 0, & 其他 \end{cases} = \begin{cases} \dfrac{1}{y}, & 1 < y < e \\ 0, & 其他 \end{cases}$.

方法 2：先求随机变量 Y 的分布函数

$$F(y) = P(Y \leq y) = P(e^X \leq y)$$

因为 $0 < X < 1$，所以 $1 < e^X < e$.

当 $y \leq 1$ 时，$F(y) = P(e^X \leq y) = P(\varnothing) = 0$.

当 $1 < y < e$ 时，$F(y) = P(e^X \leq y) = P(0 < X < \ln y) = \int_0^{\ln y} f_X(x)dx = \ln y$.

当 $y \geq e$ 时，$F(y) = P(e^X \leq y) = P(\Omega) = 1$.

随机变量 Y 的分布函数为 $F_Y(y) = \begin{cases} 0, & y \leq 1 \\ \ln y, & 1 < y < e \\ 1, & y \geq e \end{cases}$

随机变量 Y 的密度函数为 $f_Y(y) = F_Y'(y) = \begin{cases} \dfrac{1}{y}, & 1 < y < e \\ 0, & 其他 \end{cases}$

R 程序和输出：

```
> x = seq(0,5,0.01)
> truth <- rep(0,length(x))
> truth[1 < x&x < exp(1)] <- 1/x[1 < x&x < exp(1)]
> plot(density(exp(runif(10000))),main = NA,ylim = c(0,1),lwd = 3,lty = 3)
> lines(x,truth,col = "red",lwd = 2)
> legend("topright",c("True Density","Estimated Density"),
+ col = c("red","black"),lwd = 3,lty = c(1,3))
```

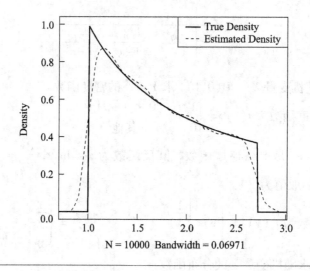

例 14 假设 5 名男同学和 5 名女同学在一次考试中的成绩各不相同，将这 10 名同学的成绩按照大小排成一列. 令 X 表示女同学得到的最高名次，求 X 的分布列.

解： X 的取值为 1，2，3，4，5，6，并且 $P(X = 1) = \dfrac{5 \times 9!}{10!} = \dfrac{1}{2}$，$P(X = 2) = \dfrac{5 \times 5 \times 8!}{10!} = \dfrac{5}{18}$，$P(X = 3) = \dfrac{P_5^2 \times 5 \times 7!}{10!} = \dfrac{5}{36}$，$P(X = 4) = \dfrac{P_5^3 \times 5 \times 6!}{10!} = \dfrac{5}{84}$，$P(X = 5) = \dfrac{P_5^4 \times 5 \times 5!}{10!} = \dfrac{5}{252}$，$P(X = 6) = \dfrac{P_5^5 \times 5!}{10!} = \dfrac{1}{252}$. 即 X 的分布列为

X	1	2	3	4	5	6
P	$\dfrac{1}{2}$	$\dfrac{5}{18}$	$\dfrac{5}{36}$	$\dfrac{5}{84}$	$\dfrac{5}{252}$	$\dfrac{1}{252}$

第2章 随机变量及其分布

 R 程序和输出：

```
>students<-c(rep(1,5),rep(0,5))
>X<-replicate(10000,min(which(sample(students,10,replace=F)==0)))
>table(X)/length(X)
X
     1        2        3        4        5        6
0.5047   0.2736   0.1412   0.0580   0.0186   0.0039
```

例 15 将 3 个球随机地放入 4 个杯子中，令 X 表示杯子中球的最大个数，求 X 的分布列.

解： X 的取值为 1，2，3，并且 $P(X=1) = \dfrac{P_4^3}{4^3} = \dfrac{3}{8}$，$P(X=3) = \dfrac{4}{4^3} = \dfrac{1}{16}$，$P(X=2) = 1 - P(X=1) - P(X=3) = 1 - \dfrac{3}{8} - \dfrac{1}{16} = \dfrac{9}{16}$. 所以，随机变量 X 的分布列为

X	1	2	3
P	$\dfrac{3}{8}$	$\dfrac{9}{16}$	$\dfrac{1}{16}$

 R 程序和输出：

```
>balls<-function(k){
+sim<-10000
+t<-numeric(sim)
+for(i in 1:sim){
+a<-sample(1:4,3,replace=T)
+t[i]<-(max(length(a[a==1]),length(a[a==2]),length(a[a==3]),
+length(a[a==4]))==k)
+}
+mean(t)
+}
>c(balls(1),balls(2),balls(3))
[1]0.3721    0.5632    0.0634
```

例16 根据某市交管局统计,该市某一条道路在一天内发生交通事故的概率为 0.002 5. 试用二项分布的泊松逼近定理近似计算,在 200 天内,该条道路发生交通事故的天数,(1) 不超过 3 天的概率,(2) 介于 10 天到 12 天之间的概率.

解:设 X 表示所指的道路在 200 天内发生交通事故的天数,则 $X \sim B(200, 0.002\,5)$.

采用二项分布的泊松逼近定理,取 $\lambda = 200 \times 0.002\,5 = 0.5$,则有

$$P(X = k) \approx \frac{0.5^k}{k!}e^{-0.5}, \quad k = 0,1,2,\cdots$$

(1) 设 A 表示 200 天内发生事故的天数不超过 3 天,则

$$P(A) \approx \sum_{k=0}^{3} \frac{0.5^k}{k!}e^{-0.5} \approx 0.998\,2$$

(2) 设 B 表示 200 天内发生事故的天数介于 10 天至 12 天之间,则

$$P(B) \approx \sum_{k=10}^{12} \frac{0.5^k}{k!}e^{-0.5} \approx 1.709\,5 \times 10^{-10}$$

R 程序和输出:

```
>####(1)
>pbinom(3,200,0.0025)
[1]0.9982877
>ppois(3,0.5)
[1]0.9982484
>####(2)
>dbinom(10,200,0.0025)+dbinom(11,200,0.0025)+dbinom(12,200,0.0025)
[1]1.390604e-10
>dpois(10,0.5)+dpois(11,0.5)+dpois(12,0.5)
[1]1.709547e-10
```

§2.3 习题解答

1. 一盒子中有 4 个球,球上分别标有号码 0, 1, 1, 2,有放回地取 2 个球,以 X 表示两次抽球号码的乘积,求 X 的分布列.

解: $\{0,1,1,2\} \times \{0,1,1,2\} = \{0,1,2,4\}$, $P(X=0) = \frac{1}{4} + \frac{1}{4} - \frac{1}{4} \times \frac{1}{4} = \frac{7}{16}$,

$P(X=1) = P(两次都是1) = \frac{1}{2} \times \frac{1}{2} = \frac{1}{4}$, $P(X=2) = P[(1,2)或者(2,1)] = \frac{2}{4} \times \frac{1}{4} + \frac{1}{4} \times \frac{2}{4} = \frac{1}{4}$, $P(X=4) = P[(2,2)] = \frac{1}{4} \times \frac{1}{4} = \frac{1}{16}$.

X	0	1	2	4
P	$\frac{7}{16}$	$\frac{1}{4}$	$\frac{1}{4}$	$\frac{1}{16}$

R 程序和输出：

```
>ball<-c(0,1,1,2)
>a<-replicate(10000,prod(sample(ball,2,replace=T)))
>table(a)/length(a)
a
0         1         2         4
0.4356    0.2515    0.2506    0.0623
```

2. 将一均匀骰子抛掷 n 次，将所得的 n 个点数的最小值记为 X，最大值记为 Y，分别求出 X 和 Y 的分布律.

解：(1) $P(X=k) = P(所有点数取值于[k,6]) - P(所有点数取值于[k+1, 6]) = \frac{(6-k+1)^n}{6^n} - \frac{(6-k)^n}{6^n}$, $k=1, 2, 3, 4, 5, 6$.

(2) $P(Y=k) = P(所有点数取值于[1, k]) - P(所有点数取值于[1, k-1]) = \frac{k^n}{6^n} - \frac{(k-1)^n}{6^n}$, $k=1, 2, 3, 4, 5, 6$.

R 程序和输出：

```
>die<-1:6
>n<-3
>a<-replicate(10000,min(sample(die,n,replace=T)))
>table(a)/length(a)
a
1         2         3         4         5         6
0.4107    0.2849    0.1712    0.0931    0.0351    0.0050
```

```
>
>b<-replicate(10000,max(sample(die,n,replace=T)))
>table(b)/length(b)
b
     1       2       3       4       5       6
0.0037  0.0304  0.0899  0.1728  0.2861  0.4171
```

3. 据报道,有10%的人对某药有胃肠道反应. 为考察某厂的产品质量, 现在任选5人服用此药. 试求:

(1) k ($k=0, 1, 2, 3, 4, 5$) 个人有反应的概率;

(2) 不多于2人有反应的概率;

(3) 至少1人有反应的概率.

解: 令 X 表示有反应的人数, $X \sim B(5, 0.1)$.

(1) $P(X=k) = C_5^k \times 0.1^k \times 0.9^{5-k}$

X	0	1	2	3	4	5
P	0.590 49	0.328 05	0.072 9	0.008 1	0.000 45	0.000 01

(2) $P(X \leqslant 2) = P(X=0) + P(X=1) + P(X=2) = 0.991\ 44$.

(3) $P(X \geqslant 1) = 1 - P(X=0) = 0.409\ 51$.

R 程序和输出:

```
>dbinom(0:5,5,0.1)
[1]0.59049  0.32805  0.07290  0.00810  0.00045  0.00001
>pbinom(2,5,0.1)
[1]0.99144
>1-pbinom(0,5,0.1)
[1]0.40951
```

4. 某厂生产的每件产品直接出产的概率为 0.7, 需进一步调试的概率为 0.3, 经调试后可能出产的概率为 0.8. 被认定不合格的概率为 0.2. 设每件产品的生产过程相互独立, 试求该厂生产的 m 件中,

(1) 全部能出厂的概率;

(2) 其中至少有两件不能出厂的概率.

解：A 表示仪器可以出厂，则 $P(A) = 0.7 + 0.3 \times 0.8 = 0.94$.

(1) 0.94^m.

(2) 设 X 表示不能出厂的产品数目，$X \sim B(m, 0.06)$.

$P(X \geq 2) = 1 - P(X = 0) - P(X = 1) = 1 - 0.94^m - m \times 0.06 \times 0.94^{m-1}$

5. 一个完全不懂英语的人去参加英语考试．假设此考试有 5 道选择题，每题有 4 个选择，其中只有一个答案正确．试求他至少能答对 3 题而及格的概率.

解：X 表示答对的题数，$X \sim B\left(5, \dfrac{1}{4}\right)$.

$P(X \geq 3) = P(X = 3) + P(X = 4) + P(X = 5)$

$= C_5^3 \times \left(\dfrac{1}{4}\right)^3 \times \left(1 - \dfrac{1}{4}\right)^2 + C_5^4 \times \left(\dfrac{1}{4}\right)^4 \times \left(1 - \dfrac{1}{4}\right)^1 + C_5^5 \times \left(\dfrac{1}{4}\right)^5 \times \left(1 - \dfrac{1}{4}\right)^0$

≈ 0.10

R 程序和输出：

```
>n<-10000
>x<-rbinom(n,5,1/4)
>length(x[x>=3])/length(x)
[1]0.0973
>dbinom(3,5,1/4)+dbinom(4,5,1/4)+dbinom(5,5,1/4)
[1]0.1035156
```

6. 一个房间有 3 扇同样大小的窗子，其中只有一扇是打开的．有一只鸟自开着的窗子飞入了房间，它只能从开着的窗子飞出去．鸟在房子里飞来飞去，试图飞出房间．假定鸟是没有记忆的，鸟飞向各扇窗子是随机的．

(1) 以 X 表示鸟为了飞出房间试飞的次数，求 X 的分布律；

(2) 户主声称，他养的一只鸟是有记忆的，它飞向任一窗子的次数不多于一次，以 Y 表示这只聪明的鸟为了飞出房间试飞的次数，如户主所说是确实的，求 Y 的分布律；

(3) 求试飞次数 X 小于 Y 的概率及试飞次数 Y 小于 X 的概率.

解：(1) X 服从几何分布，$P(X = k) = \left(\dfrac{2}{3}\right)^{k-1} \times \dfrac{1}{3}, k = 1, 2, 3, \cdots$

(2) Y 取值是 1, 2, 3,

$P(Y = 1) = \dfrac{1}{3}$

$P(Y=2) = \frac{2}{3} \times \frac{1}{2} = \frac{1}{3}$,第一次飞向另 2 扇中的一扇,第二次飞出去.

$P(Y=3) = \frac{2}{3} \times \frac{1}{2} \times 1 = \frac{1}{3}$

(3) X 和 Y 是独立的随机变量,

$$P(X < Y) = P(X=1, Y=2) + P(X=1, Y=3) + P(X=2, Y=3)$$
$$= P(X=1)P(Y=2) + P(X=1)P(Y=3) + P(X=2)P(Y=3)$$
$$= \frac{8}{27}$$

$$P(X = Y) = P(X=1, Y=1) + P(X=2, Y=2) + P(X=3, Y=3)$$
$$= P(X=1)P(Y=1) + P(X=2)P(Y=2) + P(X=3)P(Y=3)$$
$$= \frac{19}{81}$$

$$P(X > Y) = 1 - \frac{8}{27} - \frac{19}{81} = \frac{38}{81}$$

7. 设随机变量 X 服从参数为 λ 的泊松分布,并且已知 $P(X=1) = P(X=2)$,试求 $P(X=4)$.

解:$\frac{\lambda^1}{1!}e^{-\lambda} = \frac{\lambda^2}{2!}e^{-\lambda}$,解得,$\lambda = 2$,所以 $P(X=4) = \frac{2^4}{4!} \times e^{-2} \approx 0.09$.

 R 程序和输出:

```
>dpois(4,2)
[1]0.09022352
```

8. 某急救中心在长度为 t 的时间间隔内收到的紧急呼救的次数 X 服从参数为 $t/2$ 的泊松分布,而与时间间隔的起点无关(时间以小时计).

(1) 求某一天中午 12 时至下午 3 时没有收到紧急呼救的概率;

(2) 求某一天中午 12 时至下午 5 时至少收到一次紧急呼救的概率.

解:(1) $X \sim P(3/2)$,$P(X=0) = e^{-3/2} \approx 0.2231$.

(2) $Y \sim P(5/2)$,$P(Y \geqslant 1) = 1 - P(Y=0) = 1 - e^{-5/2} \approx 0.9179$.

 R 程序和输出:

```
>dpois(0,3/2)
```

```
[1]0.2231302
>1-dpois(0,5/2)
[1]0.917915
```

9. 设昆虫生产 k 个卵的概率为 $p_k \dfrac{\lambda^k}{k!}\mathrm{e}^{-\lambda}(k=0,1,2,\cdots)$，又设一个虫卵能孵化为昆虫的概率等于 p. 若孵化的概率是相互独立的，问此昆虫的下一代有 l 条的概率是多少?

解：令 X 表示产卵数目，Y_k 表示 k 个卵中孵化为昆虫的数目.

$$\begin{aligned}
P &= \sum_{k=l}^{+\infty} P(X=k, Y_k=l) \\
&= \sum_{k=l}^{+\infty} P(X=k) P(Y_k=l \mid X=k) \\
&= \sum_{k=l}^{+\infty} \frac{\lambda^k}{k!} \mathrm{e}^{-\lambda} C_k^l p^l (1-p)^{k-l} \\
&= \frac{(\lambda p)^l}{l!} \mathrm{e}^{-\lambda} \sum_{k=l}^{+\infty} \frac{\lambda^{k-l}}{(k-l)!}(1-p)^{k-l} \\
&= \frac{(\lambda p)^l}{l!} \mathrm{e}^{-\lambda} \mathrm{e}^{\lambda(1-p)} \\
&= \frac{(\lambda p)^l}{l!} \mathrm{e}^{-\lambda p}
\end{aligned}$$

10. 某高速公路一天的事故数 X 服从参数 $\lambda=3$ 的泊松分布，求一天没有发生事故的概率.

解：$P(X=0) = \dfrac{3^0}{0!}\mathrm{e}^{-3} = \mathrm{e}^{-3} \approx 0.04978$.

R 程序和输出：

```
>dpois(0,3)
[1]0.04978707
```

11. 社会上定期发行某种奖券，每券 1 元，中奖率为 $p\;(0<p<1)$，某人每次购买一张奖券，如没中奖下次再继续购买一张，直到中奖为止，求该人购买次数 X 的分布律和分布函数.

解：X 服从几何分布，$P(X=k) = (1-p)^{k-1}p, \ k = 1, 2, \cdots$

分布函数为

$$F(x) = \begin{cases} 0, & x < 1 \\ p, & 1 \leq x < 2 \\ (1-p)p + p, & 2 \leq x < 3 \\ (1-p)^{k-1}p + \cdots + p, & k \leq x < k+1 \\ \vdots & \vdots \end{cases} = \begin{cases} 0, & x < 1 \\ 1 - (1-p)^{[x]}, & x \geq 1 \end{cases}$$

12. 设 K 在 $(0, 5)$ 服从均匀分布，求 x 的方程
$$4x^2 + 4Kx + K + 2 = 0$$
有实根的概率.

解：
$$\begin{aligned} P &= P[(4K)^2 - 4 \times 4 \times (K+2) \geq 0] \\ &= P[(K-2)(K+1) \geq 0] \\ &= P(K \geq 2) \\ &= \int_2^5 \frac{1}{5} dx \\ &= \frac{3}{5} \end{aligned}$$

R 程序和输出：

```
>K <- runif(10000,0,5)
>
>length(K[(4*K)^2 -16*(K+2)>=0])/length(K)
[1]0.5986
```

13. 已知随机变量 X 的概率密度为 $f(x) = Ae^{-|x|} \ (x \in \mathbf{R})$. 求 (1) A；(2) $P(0 < X < 1)$；(3) X 的分布函数.

解：(1) $1 = \int_{-\infty}^{+\infty} f(x) dx = \int_{-\infty}^{+\infty} Ae^{-|x|} dx = 2A \int_0^{\infty} e^{-x} dx = 2A \Rightarrow A = \frac{1}{2}$.

(2) $P(0 < X < 1) = \int_0^1 \frac{1}{2} e^{-x} dx = \frac{1}{2}(1 - e^{-1})$.

(3) 当 $x < 0$, $F(x) = \int_{-\infty}^x f(t) dt = \int_{-\infty}^x \frac{1}{2} e^t dt = \frac{1}{2} e^x$

当 $x \geq 0$, $F(x) = \int_{-\infty}^{x} f(t)\mathrm{d}t = \int_{-\infty}^{0} \frac{1}{2}\mathrm{e}^{t}\mathrm{d}t + \int_{0}^{x} \frac{1}{2}\mathrm{e}^{-t}\mathrm{d}t = \frac{1}{2} + \frac{1}{2}(1 - \mathrm{e}^{-x})$

$$F(x) = \begin{cases} \dfrac{1}{2}\mathrm{e}^{x}, & x < 0 \\ 1 - \dfrac{1}{2}\mathrm{e}^{-x}, & x \geq 0 \end{cases}$$

14. 设顾客在某银行的窗口等待服务的时间 X（单位：min）服从指数分布，其概率密度为

$$f(x) = \begin{cases} \dfrac{1}{5}\mathrm{e}^{-\frac{x}{5}}, & x > 0 \\ 0, & x \leq 0 \end{cases}$$

某顾客在窗口等待服务，若超过 10 min，他就离开，他一个月要到银行 5 次。以 Y 表示一个月内他未等到服务而离开窗口的次数。写出 Y 的分布律，并求 $P(Y \geq 1)$。

解：$P(X > 10) = \int_{10}^{+\infty} \dfrac{1}{5}\mathrm{e}^{-x/5}\mathrm{d}x = \mathrm{e}^{-2}$，因此 $Y \sim \mathrm{B}(5, \mathrm{e}^{-2})$。

$$P(Y = k) = C_5^k \mathrm{e}^{-2k}(1 - \mathrm{e}^{-2})^{5-k}, \quad k = 0,1,2,3,4,5$$

$$P(Y \geq 1) = 1 - P(Y = 0) = 1 - (1 - \mathrm{e}^{-2})^5 \approx 0.5167$$

R 程序和输出：

```
>dbinom(0:5,5,exp(-2))
[1]4.833244e-01  3.782440e-01  1.184037e-01  1.853227e-02  1.450313e-03
[6]4.539993e-05
>1-dbinom(0,5,exp(-2))
[1]0.5166756
```

15. 某校一年级新生的英语成绩 $X \sim \mathrm{N}(75, 10^2)$，已知 95 分以上的有 21 人，如果按成绩高低选前 130 人进入快班。问分快班分数线应如何确定（若下线分数有相同者，再补充其他规定，此处略）。

解：设新生总数为 n，快班分数线为 c，

$$\frac{21}{n} \approx P(X > 95) = P\left(Z > \frac{95 - 75}{10}\right) = 1 - \Phi(2) = 0.0228$$

$$\frac{130}{n} \approx P(X > c) = P\left(Z > \frac{c-75}{10}\right) = 1 - \Phi\left(\frac{c-75}{10}\right)$$

解上面两个方程得 $\Phi\left(\frac{c-75}{10}\right) = 0.8859$, $\frac{c-75}{10} = 1.08$, $c = 86$.

 R 程序和输出:

```
> n <- 21/(1 - pnorm(2))
> qnorm(1 - 130/n) * 10 + 75
[1] 85.76579
```

16. 已知随机变量 X 的分布律为

X	-2	-1	0	1	2	4
P	0.2	0.1	0.3	0.1	0.2	0.1

试求关于 t 的一元二次方程 $3t^2 + 2Xt + (X+1) = 0$ 有实根的概率.

解:
$$\begin{aligned} P &= P[(2X)^2 - 4 \times 3 \times (X+1) \geq 0] \\ &= P[X^2 - 3X - 3 \geq 0] \\ &= P(X = -2) + P(X = -1) + P(X = 4) \\ &= 0.4 \end{aligned}$$

 R 程序和输出:

```
> x <- c(-2,-1,0,1,2,4)
> weight <- c(0.2,0.1,0.3,0.1,0.2,0.1)
> toss <- sample(x,10000,replace = T,weight)
>
> length(toss[toss^2 - 3 * toss - 3 >= 0])/length(toss)
[1] 0.4087
```

17. 某产品的质量指标 $X \sim N(160, \sigma^2)$, 若要求 $P(120 < X < 200) \geq 0.80$, 问允许 σ 最多为多少?

解：

$$P(120 < X < 200) = P\left(\frac{120-160}{\sigma} < \frac{X-160}{\sigma} < \frac{200-160}{\sigma}\right)$$

$$= P\left(-\frac{40}{\sigma} < Z < \frac{40}{\sigma}\right)$$

$$= 2\Phi\left(\frac{40}{\sigma}\right) - 1$$

$$\geq 0.80$$

所以 $\Phi\left(\frac{40}{\sigma}\right) \geq 0.90 \Rightarrow \frac{40}{\sigma} \geq 1.28 \Rightarrow \sigma \leq 31.25$.

R 程序和输出：

```
> sigma <- 1
> while(2*pnorm(40/sigma)-1 >= 0.8){
+ sigma <- sigma + 0.01
+ }
> sigma
[1] 31.22
```

18. 在电源电压不足 200 V、为 200~240 V 和超过 240 V 这三种情况下，某种电子元件损坏的概率分别为 0.1，0.001，0.2，假设电源电压 X 服从正态分布 $N(220, 25^2)$，求：

（1）该电子元件损坏的概率 α；

（2）该电子元件损坏时，电源电压为 200~240 V 的概率 β.

解： 设 A 为电子元件损坏，$B_i (i=1,2,3)$ 分别表示电压不足 200 V、为 200~240 V、超过 240 V.

$$P(B_1) = P(X < 200) = P\left(\frac{X-220}{25} < \frac{200-220}{25}\right) = P(Z < -0.8) = 0.2119$$

$$P(B_2) = P(200 \leq X \leq 240) = P(-0.8 \leq Z \leq 0.8) = 0.5762$$

$$P(B_3) = P(X > 240) = P\left(\frac{X-220}{25} > \frac{240-220}{25}\right) = P(Z > 0.8) = 0.2119$$

（1）由全概率公式得

$$\alpha = \sum_{i=1}^{3} P(B_i)P(A|B_i) = 0.2119 \times 0.1 + 0.5762 \times 0.001 + 0.2119 \times 0.2$$

$$\approx 0.06415$$

(2) 由贝叶斯公式得

$$P(B_2 \mid A) = \frac{P(B_2)P(A \mid B_2)}{P(A)} = \frac{0.5762 \times 0.001}{0.06415} \approx 0.00898$$

 R 程序和输出：

```
>pb1<-pnorm(200,220,25)
>pb2<-pnorm(240,220,25)-pnorm(200,220,25)
>pb3<-1-pnorm(240,220,25)
>alpha<-pb1*0.1+pb2*0.001+pb3*0.2
>alpha
[1]0.06413291
>pb2*0.001/alpha
[1]0.008985858
```

19. 一门大炮对目标进行轰击，既定此目标必须被击中 r 次才能被摧毁. 若每次击中目标的概率为 $p(0 < p < 1)$ 且各次轰击相互独立，一次次地轰击直到摧毁目标为止. 求所需轰击次数 X 的概率分布.

解：该随机变量是负二项分布. X 的取值为 $r, r+1, r+2, \cdots$

$$P(X = k) = C_{k-1}^{r-1} p^{r-1}(1-p)^{k-r} p = C_{k-1}^{r-1} p^r (1-p)^{k-r}$$

最后一次是击中目标，前面 $k-1$ 中有 $r-1$ 次击中目标.

20. 已知某型号电子管的使用寿命 X 为连续型随机变量，其密度函数为

$$f(x) = \begin{cases} \dfrac{c}{x^2}, & x > 1\,000 \\ 0, & \text{其他} \end{cases}$$

(1) 求常数 c；

(2) 计算 $P(X \le 1\,700 \mid 1\,500 < X < 2\,000)$；

(3) 已知一设备装有 3 个这样的电子管，每个电子管能否正常工作相互独立，求在使用的最初 1 500 h 内只有一个损坏的概率.

解：(1) $1 = \int_{-\infty}^{+\infty} f(x)\,\mathrm{d}x = \int_{1\,000}^{+\infty} \dfrac{c}{x^2}\,\mathrm{d}x = \left[-\dfrac{c}{x}\right]_{1\,000}^{+\infty} = \dfrac{c}{1\,000} \Rightarrow c = 1\,000.$ 所以密度函数为

$$f(x) = \begin{cases} \dfrac{1\,000}{x^2}, & x > 1\,000 \\ 0, & x \le 1\,000 \end{cases}$$

(2)
$$P(X \leqslant 1700 \mid 1500 < X < 2000) = \frac{P(1500 < X \leqslant 1700)}{P(1500 < X < 2000)}$$
$$= \frac{\int_{1500}^{1700} \frac{1000}{x^2} dx}{\int_{1500}^{2000} \frac{1000}{x^2} dx}$$
$$= \frac{\frac{1}{15} - \frac{1}{17}}{\frac{1}{15} - \frac{1}{20}}$$
$$= \frac{8}{17}$$

(3) 设 Y 表示最初 1 500 h 内损坏的电子管个数，Y 服从二项分布，其中 $p = P(X < 1500) = \int_{1000}^{1500} \frac{1000}{x^2} dx = \frac{1}{3}$，故 $Y \sim B(3, \frac{1}{3})$.
$$P(Y = 1) = C_3^2 \times \left(\frac{1}{3}\right)^1 \times \left(1 - \frac{1}{3}\right)^2 = \frac{4}{9}$$

 R 程序和输出：

```
>####(3)
>dbinom(1,3,1/3)
[1]0.4444444
```

21. 设测量的误差 $X \sim N(7.5, 100)$（单位：m），问要进行多少次独立测量才能使至少有一次的误差的绝对值不超过 10 m 的概率大于 0.9？

解： 设进行 n 次独立测量. 令 Y 表示误差绝对值不超过 10 m 的次数，Y 服从二项分布，其中 $p = P(|X| \leqslant 10) = P\left(\frac{-10-7.5}{10} \leqslant Z \leqslant \frac{10-7.5}{10}\right) = \Phi(0.25) - \Phi(-1.75) = \Phi(0.25) + \Phi(1.75) - 1 = 0.5586$，所以 $Y \sim B(n, 0.5586)$.
$$P(Y \geqslant 1) = 1 - P(Y = 0) = 1 - (1 - 0.5586)^n > 0.9 \Rightarrow n > 2.82$$
故至少要进行 3 次测量才满足要求.

R 程序和输出：

```
>p<-pnorm(10,7.5,10)-pnorm(-10,7.5,10)
>n<-1
>while(1-dbinom(0,n,p)<=0.9){n<-n+1}
>n
[1]3
```

22. 设连续型随机变量 X 的密度函数为

$$f(x) = \begin{cases} Ax, & 1 < x \leq 2 \\ B, & 2 < x \leq 3 \\ 0, & \text{其他} \end{cases}$$

并且 $P[X \in (1,2)] = P[X \in (2,3)]$，求 (1) 常数 A, B；(2) X 的分布函数．

解： (1) $1 = \int_{-\infty}^{+\infty} f(x)\mathrm{d}x = \int_1^2 Ax\mathrm{d}x + \int_2^3 B\mathrm{d}x = \frac{3}{2}A + B$

$$\int_1^2 Ax\mathrm{d}x = \int_2^3 B\mathrm{d}x \Rightarrow \frac{3}{2}A = B$$

解上面两个方程得，$A = \frac{1}{3}$，$B = \frac{1}{2}$．

$$f(x) = \begin{cases} \dfrac{1}{3}x, & 1 < x \leq 2 \\ \dfrac{1}{2}, & 2 < x \leq 3 \\ 0, & \text{其他} \end{cases}$$

(2)

当 $x \leq 1$，$F(x) = \int_{-\infty}^x f(t)\mathrm{d}t = 0$；

当 $1 < x \leq 2$，$F(x) = \int_{-\infty}^1 0\mathrm{d}t + \int_1^x \frac{1}{3}t\mathrm{d}t = \frac{1}{6}(x^2-1)$；

当 $2 < x \leq 3$，$F(x) = \int_{-\infty}^1 0\mathrm{d}t + \int_1^2 \frac{1}{3}t\mathrm{d}t + \int_2^x \frac{1}{2}\mathrm{d}t = \frac{1}{2}(x-1)$；

当 $x > 3$，$F(x) = \int_{-\infty}^1 0\mathrm{d}t + \int_1^2 \frac{1}{3}t\mathrm{d}t + \int_2^3 \frac{1}{2}\mathrm{d}t = 1$；

所以，

$$F(x) = \begin{cases} 0, & x \leq 1 \\ \dfrac{x^2-1}{6}, & 1 < x \leq 2 \\ \dfrac{x-1}{2}, & 2 < x \leq 3 \\ 1, & x > 3 \end{cases}$$

23. 设 X 的分布列为

X	-1	0	1	2	$\dfrac{5}{2}$
P	0.2	0.1	0.1	0.3	0.3

求 X^2 和 $2X$ 的分布列.

解：X^2 和 $2X$ 的分布列为

X^2	0	1	4	$\dfrac{25}{4}$
P	0.1	0.3	0.3	0.3

$2X$	-2	0	2	4	5
P	0.2	0.1	0.1	0.3	0.3

 R 程序和输出：

```
> x <- c(-1,0,1,2,2.5)
> weight <- c(0.2,0.1,0.1,0.3,0.3)
> toss <- sample(x,10000,replace = T,weight)
> table(toss^2)/length(toss^2)

     0       1       4    6.25
0.1022  0.3028  0.3000  0.2950
>
> table(2*toss)/length(2*toss)

    -2       0       2       4       5
0.2037  0.1022  0.0991  0.3000  0.2950
>
```

24. 从 A 到 B 地有两条线路，第一条线路路程较短，但交通拥挤，所需时间（单位：min）服从正态分布 $N(50, 100)$，第二条线路路程较长，但意外阻塞较少，所需时间（单位：min）服从正态分布 $N(60, 16)$.

(1) 若只有 70 min 可用，应走哪条线路？

(2) 若只有 65 min 可用，又应走哪条线路？

解：(1) $P(T_1 \le 70) = P\left(Z \le \dfrac{70-50}{10}\right) = \Phi(2) = 0.9772$

$$P(T_2 \le 70) = P\left(Z \le \dfrac{70-60}{4}\right) = \Phi(2.5) = 0.9938$$

所以选第二条路线.

(2) $P(T_1 \le 65) = P\left(Z \le \dfrac{65-50}{10}\right) = \Phi(1.5) = 0.9332$

$$P(T_2 \le 65) = P\left(Z \le \dfrac{65-60}{4}\right) = \Phi(1.25) = 0.8944$$

所以选第一条路线.

25. 设 $X \sim U(-1, 2)$，求 $Y = |X|$ 的密度函数.

解：$X \sim f(x) = \begin{cases} \dfrac{1}{3}, & -1 < x < 2 \\ 0, & \text{其他} \end{cases}$，故 $F_Y(y) = P(Y \le y) = P(|X| \le y)$.

当 $y < 0$，$F_Y(y) = P(\varnothing) = 0$；

当 $0 \le y < 1$，$F_Y(y) = \displaystyle\int_{-y}^{y} f(x)\,\mathrm{d}x = \int_{[-y,y] \cap (-1,2)} \dfrac{1}{3}\mathrm{d}x = \int_{-y}^{y} \dfrac{1}{3}\mathrm{d}x = \dfrac{2y}{3}$；

当 $1 \le y < 2$，$F_Y(y) = \displaystyle\int_{-y}^{y} f(x)\,\mathrm{d}x = \int_{[-y,y] \cap (-1,2)} \dfrac{1}{3}\mathrm{d}x = \int_{-1}^{y} \dfrac{1}{3}\mathrm{d}x = \dfrac{y+1}{3}$；

当 $2 \le y$，$F_Y(y) = \displaystyle\int_{-y}^{y} f(x)\,\mathrm{d}x = \int_{[-y,y] \cap (-1,2)} \dfrac{1}{3}\mathrm{d}x = \int_{-1}^{2} \dfrac{1}{3}\mathrm{d}x = 1$；

将 $F_Y(y)$ 对 y 求导得其密度函数为

$$Y \sim f_Y(y) = \begin{cases} \dfrac{2}{3}, & 0 \le y < 1 \\ \dfrac{1}{3}, & 1 \le y < 2 \\ 0, & \text{其他} \end{cases}$$

R 程序和输出：

```
>x = seq(0,5,0.01)
>truth <- rep(0,length(x))
>truth[0 <= x&x < 1] <- 2/3
>truth[1 <= x&x < 2] <- 1/3
>plot(density(abs(runif(10000,-1,2))),main = NA,
+ylim = c(0,1),lwd = 3,lty = 3)
>lines(x,truth,col = "red",lwd = 2)
>legend("topright",c("True Density","Estimated Density"),
+col = c("red","black"),lwd = 3,lty = c(1,3))
```

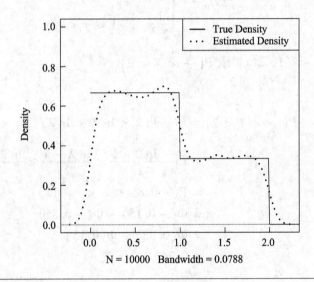

26. 设 X 的密度函数为

$$f(x) = \begin{cases} 0, & x < 0 \\ \dfrac{1}{2}, & 0 \leqslant x < 1 \\ \dfrac{1}{2x^2}, & 1 \leqslant x < +\infty \end{cases}$$

求 $Y = \dfrac{1}{X}$ 的密度函数.

解： $F_Y(y) = P(Y \leq y) = P\left(\dfrac{1}{X} \leq y\right).$

当 $y < 0$, $F_Y(y) = 0$;

当 $0 \leq y < 1$, $F_Y(y) = P\left(\dfrac{1}{X} \leq y\right) = P\left(X \geq \dfrac{1}{y}\right) = \displaystyle\int_{1/y}^{+\infty} \dfrac{1}{2x^2} dx = \dfrac{y}{2}$;

当 $1 \leq y < +\infty$, $F_Y(y) = \displaystyle\int_{1/y}^{1} \dfrac{1}{2} dx + \int_{1}^{+\infty} \dfrac{1}{2x^2} dx = 1 - \dfrac{1}{2y}.$

将 $F_Y(y)$ 对 y 求导得其密度函数为

$$Y \sim f_Y(y) = \begin{cases} 0, & y < 0 \\ \dfrac{1}{2}, & 0 \leq y < 1 \\ \dfrac{1}{2y^2}, & 1 \leq y < +\infty \end{cases}$$

27. 设 $\ln X \sim N(1, 2^2)$, 求 $P\left(\dfrac{1}{2} < X < 2\right).$

解：

$$P\left(\dfrac{1}{2} < X < 2\right) = P(-\ln 2 < \ln X < \ln 2)$$

$$= P\left(\dfrac{-\ln 2 - 1}{2} < \dfrac{\ln X - 1}{2} < \dfrac{\ln 2 - 1}{2}\right)$$

$$= P(-0.85 < Z < -0.15)$$

$$= \Phi(-0.15) - \Phi(-0.85)$$

$$= \Phi(0.85) - \Phi(0.15)$$

$$= 0.242\ 7$$

 R 程序和输出：

```
>plnorm(2,1,2)-plnorm(1/2,1,2)
[1]0.2404146
```

28. 设随机变量的密度函数为

$$f(x) = \begin{cases} 0, & x < 0 \\ 2x^3 e^{-x^2}, & x \geq 0 \end{cases}$$

求：(1) $Y = 2X + 3$；(2) $Y = X^2$；(3) $Y = \ln X$ 的密度函数。

解：

(1) $y = 2x + 3$ 是严格递增函数，其反函数为 $x = \dfrac{y-3}{2}$，$\dfrac{dx}{dy} = \dfrac{1}{2}$，

当 X 的取值为 $(0, +\infty)$，Y 的取值为 $(3, +\infty)$，

$$Y \sim f_Y(y) = \begin{cases} f_X\left(\dfrac{y-3}{2}\right) \times \left|\dfrac{1}{2}\right| &, y > 3 \\ 0 &, y \leq 3 \end{cases}$$

$$= \begin{cases} \left(\dfrac{y-3}{2}\right)^3 e^{-\left(\dfrac{y-3}{2}\right)^2} &, y > 3 \\ 0 &, y \leq 3 \end{cases}$$

(2) $y = x^2$ 在该区间是严格递增函数，其反函数为 $x = \sqrt{y}$，$\dfrac{dx}{dy} = \dfrac{1}{2\sqrt{y}}$，

当 X 的取值为 $(0, +\infty)$，Y 的取值为 $(0, +\infty)$.

$$Y \sim f_Y(y) = \begin{cases} f_X(\sqrt{y}) \times \left|\dfrac{1}{2\sqrt{y}}\right| &, y > 0 \\ 0 &, y \leq 0 \end{cases}$$

$$= \begin{cases} \dfrac{1}{\sqrt{y}}(\sqrt{y})^3 e^{-(\sqrt{y})^2} &, y > 0 \\ 0 &, y \leq 0 \end{cases}$$

$$= \begin{cases} y e^{-y} &, y > 0 \\ 0 &, y \leq 0 \end{cases}$$

(3) $y = \ln x$ 在该区间是严格递增函数，其反函数为 $x = e^y$，$\dfrac{dx}{dy} = e^y$，

当 X 的取值为 $(0, +\infty)$，Y 的取值为 $(-\infty, +\infty)$.

$$Y \sim f_Y(y) = f_X(e^y) \times |e^y|$$

$$= 2e^{3y} e^{-e^{2y}} \times e^y$$

$$= 2e^{4y} e^{-e^{2y}} \quad (-\infty < y < +\infty)$$

说明： 对于 X 的密度函数，只需要考虑非零的情形.

29. 设随机变量的概率密度为

$$f(x) = \begin{cases} \dfrac{2x}{\pi^2} &, 0 < x < \pi \\ 0 &, \text{其他} \end{cases}$$

求 $Y = \sin X$ 的概率密度.

解: $y = \sin x$ 不是严格增或减函数, 如图 2-1 所示, 不可以直接采用公式法计算 Y 的概率密度.

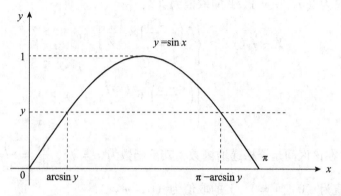

图 2-1

先求 Y 的分布函数 $F_Y(y) = P(Y \leq y) = P(\sin X \leq y)$

当 $y \leq 0$, $F_Y(y) = 0$;

当 $0 < y < 1$,

$$F_Y(y) = P(\sin X \leq y)$$
$$= P(0 < X < \arcsin y) + P(\pi - \arcsin y < X < \pi)$$
$$= \int_0^{\arcsin y} \frac{2x}{\pi^2} dx + \int_{\pi - \arcsin y}^{\pi} \frac{2x}{\pi^2} dx$$
$$= \frac{2\arcsin y}{\pi}$$

当 $1 \leq y$, $F_Y(y) = 1$.

将 $F_Y(y)$ 对 y 求导得其概率密度, $Y \sim f_Y(y) = \begin{cases} \dfrac{2}{\pi \sqrt{1-y^2}}, & 0 < y < 1 \\ 0, & 其他 \end{cases}$

30. 假设随机变量 X 的绝对值不大于 1,
$$P(X = -1) = \frac{1}{8}, \quad P(X = 1) = \frac{1}{4}$$

在事件 $\{-1 < X < 1\}$ 出现的条件下, X 在 $(-1, 1)$ 内任一子区间上取值的条件概率与该子区间的长度成正比. 试求 X 的分布函数 $F(x) = P(X \leq x)$.

解：当 $x < -1$，$F(x) = 0$，

当 $x = -1$，$F(-1) = P(X \leq -1) = P(X = -1) = \dfrac{1}{8}$，

当 $-1 < x < 1$ 时，
$$P(-1 < X \leq x) = P(-1 < X < 1) \times P(-1 < X \leq x \mid -1 < X < 1)$$
$$= \dfrac{5}{8} \times c(x+1)$$

其中 $P(-1 < X < 1) = 1 - \dfrac{1}{8} - \dfrac{1}{4} = \dfrac{5}{8}$. 考虑在 X 取值属于 $(-1, 1)$ 内时候，事件 $\{-1 < X < 1\}$ 发生的概率，
$$1 = P(-1 < X < 1 \mid -1 < X < 1) = c[1 - (-1)] \Rightarrow c = \dfrac{1}{2}$$

因此，$P(-1 < X \leq x \mid -1 < X < 1) = \dfrac{x+1}{2}$.

当 $-1 < x < 1$ 时，
$$P(-1 < X \leq x) = P(-1 < X < 1) \times P(-1 < X \leq x \mid -1 < X < 1)$$
$$= \dfrac{5}{8} \times \dfrac{x+1}{2}$$
$$= \dfrac{5x+5}{16}$$

$$F(x) = P(-1 < X \leq x) + P(X \leq -1) = \dfrac{5x+5}{16} + F(-1) = \dfrac{5x+7}{16}$$

当 $x \geq 1$，$F(x) = P(X \leq x) = 1$.

所以 $F(x) = \begin{cases} 0, & x < -1 \\ \dfrac{5x+7}{16}, & -1 \leq x < 1 \\ 1, & x \geq 1 \end{cases}$

31. 设随机变量 X 服从指数分布，求随机变量 $Y = \min\{X, 2\}$ 的分布函数.

解：$X \sim f_X(x) = \begin{cases} \lambda e^{-\lambda x}, & x > 0 \\ 0, & x \leq 0 \end{cases}$，

$$F_Y(y) = P(Y \leq y) = P(\min\{X, 2\} \leq y)$$

当 $y < 0$，$F_Y(y) = 0$

当 $0 \leq y < 2$，

$$F_Y(y) = P(\min\{X,2\} \leq y)$$
$$= P(X \leq y)$$
$$= \int_0^y \lambda e^{-\lambda x} dx$$
$$= 1 - e^{-\lambda y}$$

当 $y \geq 2$,$F_Y(y) = 1$.

所以 $F_Y(y) = \begin{cases} 0, & y < 0 \\ 1 - e^{-\lambda y}, & 0 \leq y < 2 \\ 1, & y \geq 2 \end{cases}$

注意:习题 30 和习题 31 中的随机变量既不是离散型,也不是连续型.

第 3 章 多维随机变量及其分布

§3.1 知识点归纳

3.1.1 二维随机变量

定义 3.1 设 E 是一个随机试验,它的样本空间是 $S = \{e\}$,$X_1 = X_1(e)$,$X_2 = X_2(e)$,$\cdots$,$X_n = X_n(e)$ 是定义在 S 上的随机变量,由它们构成的一个 n 维随机向量 $(X_1, X_2, \cdots, X_n)$ 叫作 n 维随机向量或 n 维随机变量.

定义 3.2 设 (X, Y) 是二维随机变量,对任意实数 x,y,二元函数
$$F(x,y) = P(X \leqslant x, Y \leqslant y)$$
称为二维随机变量 (X, Y) 的分布函数,或称为随机变量 X 与 Y 的联合分布函数.

如果将 (X, Y) 看成平面上的随机点的坐标,分布函数 $F(x,y)$ 在 (x,y) 处的函数值就是随机点 (X,Y) 落在以点 (x,y) 为顶点而位于该点左下方的无穷矩形域内的概率,如图 3-1 所示.

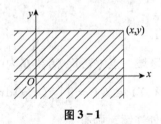

图 3-1

性质 3.1 二元联合分布函数具有以下性质:

(1) $F(x,y)$ 是变量 x,y 的不减函数,即对于任意固定的 y,当 $x_1 < x_2$ 时,$F(x_1, y) \leqslant F(x_2, y)$;对于任意固定的 x,当 $y_1 < y_2$ 时,$F(x, y_1) \leqslant F(x, y_2)$.

(2) $0 \leqslant F(x,y) \leqslant 1$ 且 $F(x,-\infty) = 0, F(-\infty,y) = 0, F(+\infty,+\infty) = 1$.

(3) $F(x,y)$ 关于 x 右连续，关于 y 也右连续．

(4) 对于任意的实数 $x_1 < x_2, y_1 < y_2$，有
$$P(x_1 < X \leqslant x_2, y_1 < Y \leqslant y_2) = F(x_2,y_2) - F(x_1,y_2) - F(x_2,y_1) + F(x_1,y_1) \geqslant 0.$$

定义 3.3 若二维随机变量 (X,Y) 所有可能取到的不同值是有限对或者可列无限多对，则称 (X,Y) 为离散型二维随机变量．设其所有可能取值为 (x_i, y_j)，$i,j = 1, 2, \cdots$，令
$$p_{ij} = P(X = x_i, Y = y_j)$$
则称 $p_{ij}(i,j = 1,2,\cdots)$ 为 (X,Y) 的分布律，或称为 X 与 Y 的联合分布律．

二维离散型随机变量 (X,Y) 的分布函数和分布律的关系为
$$F(x,y) = P(X \leqslant x, Y \leqslant y) = \sum_{x_i \leqslant x} \sum_{y_j \leqslant y} p_{ij}$$

性质 3.2 二维离散型随机变量的分布律具有以下性质：

(1) $0 \leqslant p_{ij} \leqslant 1$，$i, j = 1, 2, \cdots$

(2) $\sum_{i=1}^{+\infty} \sum_{j=1}^{+\infty} p_{ij} = 1$.

定义 3.4 对于二维随机变量 (X,Y) 的分布函数 $F(x,y)$，如果存在非负的函数 $f(x,y)$，使得对于任意 x, y 有
$$F(x,y) = \int_{-\infty}^{x} \int_{-\infty}^{y} f(s,t) \mathrm{d}s \mathrm{d}t$$
则称 (X,Y) 为连续型二维随机变量，函数 $f(x,y)$ 称为 (X,Y) 的密度函数，或称为 X 与 Y 的联合概率密度函数．

性质 3.3 二维连续型随机变量的联合概率密度函数具有以下性质：

(1) $f(x,y) \geqslant 0$;

(2) $\int_{-\infty}^{+\infty} \int_{-\infty}^{+\infty} f(x,y) \mathrm{d}x \mathrm{d}y = 1$.

(3) 设 G 是 xOy 平面上的区域，点 (X,Y) 落在 G 内的概率为
$$P[(X,Y) \in G] = \iint_G f(x,y) \mathrm{d}x \mathrm{d}y$$

(4) 若 $f(x,y)$ 在点 (x,y) 处连续，则有
$$f(x,y) = \frac{\partial^2 F(x,y)}{\partial x \partial y}$$

常见的两种二维连续型随机变量：

(1) 若 (X,Y) 的联合概率密度函数为

$$f(x,y) = \begin{cases} \dfrac{1}{A}, & (x,y) \in G \\ 0, & \text{其他} \end{cases}$$

A 为有界区域 G 的面积,则称 (X,Y) 服从区域 G 上的均匀分布.

(2) 若 (X,Y) 的联合概率密度函数为

$$f(x_1,x_2) = \dfrac{1}{2\pi\sigma_1\sigma_2\sqrt{1-\rho^2}}\exp\left\{\dfrac{-1}{2(1-\rho^2)}\left[\dfrac{(x-\mu_1)^2}{\sigma_1^2}\right.\right.$$
$$\left.\left. - \dfrac{2\rho(x-\mu_1)(y-\mu_2)}{\sigma_1\sigma_2} + \dfrac{(y-\mu_2)^2}{\sigma_2^2}\right]\right\}, x,y \in \mathbf{R}$$

其中 μ_1,μ_2,σ_1,σ_2,ρ 都是常数且 $\sigma_1>0$,$\sigma_2>0$,$-1<\rho<1$,则称 (X,Y) 服从二维正态分布,记为 $(X,Y) \sim N(\mu_1,\mu_2,\sigma_1,\sigma_2,\rho)$.

3.1.2 边缘分布

定义 3.5 若二维随机变量 (X,Y) 的联合分布函数 $F(x,y)$ 已知,那么它的两个分量 X 与 Y 的分布函数可以求得,

$$F_X(x) = P(X \leqslant x) = F(x,+\infty) = \lim_{y \to +\infty} F(x,y)$$
$$F_Y(y) = P(Y \leqslant y) = F(+\infty,y) = \lim_{x \to +\infty} F(x,y)$$

称 $F_X(x)$ 与 $F_Y(y)$ 为联合分布函数 $F(x,y)$ 的边缘分布函数.

设二维离散型随机变量 (X,Y) 的联合分布律为

$$P(X = x_i, Y = y_j) = p_{ij}, \quad i,j = 1,2,\cdots$$

则 X 的边缘分布律为

$$P(X = x_i) = \sum_{j=1}^{+\infty} p_{ij}, \quad i = 1,2,\cdots$$

同理,Y 的边缘分布律为

$$P(Y = y_j) = \sum_{i=1}^{+\infty} p_{ij}, \quad j = 1,2,\cdots$$

设二维连续型随机变量 (X,Y) 的联合概率密度函数为 $f(x,y)$,则 X 的边缘概率密度函数为

$$f_X(x) = \int_{-\infty}^{+\infty} f(x,y)\mathrm{d}y$$

同理,Y 的边缘概率密度函数为

$$f_Y(y) = \int_{-\infty}^{+\infty} f(x,y)\mathrm{d}x$$

二维正态分布的两个边缘分布是一维正态分布,并且不依赖于参数 ρ,由两个边缘分布,一般不能确定联合分布.

3.1.3 条件分布

定义3.6 设二维离散型随机变量 (X,Y) 的联合分布律为
$$P(X=x_i, Y=y_j) = p_{ij}, \ i,j = 1,2,\cdots$$
则 X 的边缘分布律为
$$P(X=x_i) = \sum_{j=1}^{+\infty} p_{ij}, \ i=1,2,\cdots$$
同理, Y 的边缘分布律为
$$P(Y=y_j) = \sum_{i=1}^{+\infty} p_{ij}, \ j=1,2,\cdots$$
在给定的条件 $Y=y_j$ 下,若 $P(Y=y_j) > 0$,则称
$$P(X=x_i \mid Y=y_j) = \frac{P(X=x_i, Y=y_j)}{P(Y=y_j)}, \ i=1,2,\cdots$$
为在 $Y=y_j$ 条件下随机变量 X 的条件分布律.

同理,给定的条件 $X=x_i$ 下,若 $P(X=x_i) > 0$,则称
$$P(Y=y_j \mid X=x_i) = \frac{P(X=x_i, Y=y_j)}{P(X=x_i)}, \ j=1,2,\cdots$$
为在 $X=x_i$ 条件下随机变量 Y 的条件分布律.

性质3.4 条件分布律具有如下的性质:
(1) $P(X=x_i \mid Y=y_j) \geq 0$;
(2) $\sum_{i=1}^{+\infty} P(X=x_i \mid Y=y_j) = 1$.

定义3.7 设二维连续型随机变量 (X,Y) 的联合概率密度函数为 $f(x,y)$, X 的边缘概率密度函数为 $f_X(x)$, Y 的边缘概率密度函数为 $f_Y(y)$,对于固定的 y,若 $f_Y(y) > 0$,则称
$$f_{X \mid Y}(x \mid y) = \frac{f(x,y)}{f_Y(y)}$$
为在 $Y=y$ 条件下随机变量 X 的条件概率密度函数. 此时,条件分布函数为
$$F_{X \mid Y}(x \mid y) = \int_{-\infty}^{x} f_{X \mid Y}(u \mid y) \mathrm{d}u$$
同理,对于固定的 x,若 $f_X(x) > 0$,则称

$$f_{Y|X}(y\mid x) = \frac{f(x,y)}{f_X(x)}$$

为在 $X=x$ 条件下随机变量 Y 的条件概率密度函数. 此时, 条件分布函数为

$$F_{Y|X}(y\mid x) = \int_{-\infty}^{y} f_{X|Y}(x\mid v)\,\mathrm{d}v$$

性质 3.5 条件概率密度函数具有如下的性质:

(1) $f_{X|Y}(x\mid y) \geqslant 0$;

(2) $\int_{-\infty}^{+\infty} f_{X|Y}(x\mid y)\,\mathrm{d}x = 1$.

注意: 联合分布唯一确定边缘分布和条件分布, 边缘分布和条件分布都不能唯一确定联合分布, 但一个条件分布和对应的边缘分布一起, 可以唯一确定联合分布, $f(x,y) = f_X(x)f_{Y|X}(y\mid x)$.

3.1.4 相互独立的随机变量

定义 3.8 设 $F(x,y)$ 及 $F_X(x)$, $F_Y(y)$ 分别是二维随机变量 (X,Y) 的联合分布函数及边缘分布函数, 若对于所有的 x, y, 有 $F(x,y) = F_X(x)F_Y(y)$, 则称 X 与 Y 是相互独立的.

当 (X,Y) 是离散型随机变量时, X 与 Y 相互独立的条件等价于对于 (X,Y) 的所有可能取值 (x_i, y_j) 有

$$P(X = x_i, Y = y_j) = P(X = x_i)P(Y = y_j)$$

当 (X,Y) 是连续型随机变量时, X 与 Y 相互独立的条件等价于等式

$$f(x,y) = f_X(x)f_Y(y)$$

在平面上几乎处处成立.

两个随机变量的独立性可以推广到 n 个随机变量的情况.

定义 3.9 若对于所有的 x_1, x_2, $\cdots$, x_n, $F(x_1, x_2, \cdots, x_n) = F_{X_1}(x_1)F_{X_2}(x_2)\cdots F_{X_n}(x_n)$, 则称 X_1, X_2, $\cdots$, X_n 是相互独立的.

定义 3.10 若对于所有的 x_1, $x_2, \cdots, x_m$; y_1, $y_2, \cdots, y_n$ 有

$$F(x_1, x_2, \cdots, x_m, y_1, y_2, \cdots, y_n) = F_1(x_1, x_2, \cdots, x_m)F_2(y_1, y_2, \cdots, y_n)$$

其中 F_1, F_2, F 分别为随机变量 $(X_1, \cdots, X_m)$, $(Y_1, \cdots, Y_n)$, $(X_1, \cdots, X_m, Y_1, \cdots, Y_n)$ 的分布函数, 则称 $(X_1, \cdots, X_m)$ 和 $(Y_1, \cdots, Y_n)$ 是相互独立的.

定理 3.1 设 $(X_1, \cdots, X_m)$ 和 $(Y_1, \cdots, Y_n)$ 相互独立, 则 $X_i(i=1,2,\cdots,m)$ 和 $Y_j(j=1,2,\cdots,n)$ 相互独立. 又若 h, g 是连续函数, 则 $h(X_1, \cdots, X_m)$ 和 $g(Y_1, \cdots, Y_n)$ 也相互独立.

设二维正态随机变量 $(X_1, X_2) \sim N(\mu_1, \mu_2, \sigma_1^2, \sigma_2^2, \rho)$，可以得出

(1) $X_1 \sim N(\mu_1, \sigma_1^2), X_2 \sim N(\mu_2, \sigma_2^2), \rho_{X,Y} = \rho$；

(2) $X_2 \mid X_1 = x \sim N\left(\mu_2 + \rho \dfrac{\sigma_2}{\sigma_1}(x - \mu_1), \sigma_2^2(1 - \rho^2)\right)$；

(3) $X_1 \mid X_2 = y \sim N\left(\mu_1 + \rho \dfrac{\sigma_1}{\sigma_2}(y - \mu_2), \sigma_1^2(1 - \rho^2)\right)$；

(4) X_1 与 X_2 相互独立等价于 X_1 与 X_2 不相关；

(5) 如果 a_1, a_2 不全为零，则

$$a_1 X_1 + a_2 X_2 \sim N(a_1 \mu_1 + a_2 \mu_2, a_1^2 \sigma_1^2 + a_2^2 \sigma_2^2 + 2 a_1 a_2 \rho \sigma_1 \sigma_2)$$

注意：X_1 和 X_2 即使不独立也成立.

3.1.5 多维随机变量函数的分布

离散型卷积公式：设 X, Y 相互独立，其分布律分别为

$$P(X = k) = p(k), \ k = 0, 1, 2, \cdots$$
$$P(Y = r) = q(r), \ r = 0, 1, 2, \cdots$$

则 $Z = X + Y$ 的分布律为

$$P(Z = i) = \sum_{k=0}^{i} p(k) q(i - k), \ i = 0, 1, 2, \cdots$$

对于连续型随机变量的函数的分布，当已知 (X, Y) 的密度函数为 $f(x, y)$，求 $Z = g(X, Y)$ 的密度函数时，可先求出 Z 的分布函数，再求导得到密度函数.

随机变量之和的密度函数：设 (X, Y) 的密度函数为 $f(x, y)$，则 $Z = X + Y$ 的密度函数为

$$f_Z(z) = \int_{-\infty}^{+\infty} f(z - y, y) \, \mathrm{d}y = \int_{-\infty}^{+\infty} f(x, z - x) \, \mathrm{d}x$$

特别地，当 X 和 Y 相互独立时，

$$f_Z(z) = \int_{-\infty}^{+\infty} f_X(z - y) f_Y(y) \, \mathrm{d}y = \int_{-\infty}^{+\infty} f_X(x) f_Y(z - x) \, \mathrm{d}x$$

随机变量之差的密度函数：设 (X, Y) 的密度函数为 $f(x, y)$，则 $Z = X - Y$ 的密度函数为

$$f_Z(z) = \int_{-\infty}^{+\infty} f(z + y, y) \, \mathrm{d}y$$

随机变量之积的密度函数：设 (X, Y) 的密度函数为 $f(x, y)$，则 $Z = XY$ 的密度函数为

$$f_Z(z) = \int_{-\infty}^{+\infty} f\left(x, \frac{z}{x}\right)\frac{\mathrm{d}x}{|x|} = \int_{-\infty}^{+\infty} f\left(\frac{z}{y}, y\right)\frac{\mathrm{d}y}{|y|}$$

随机变量之商的密度函数：设 (X,Y) 的密度函数为 $f(x,y)$，则 $Z = X/Y$ 的密度函数为

$$f_Z(z) = \int_{-\infty}^{+\infty} f(zy, y)|y|\mathrm{d}y$$

极值的分布：设 $X_1, \cdots, X_n$ 相互独立，且具有相同的分布函数 $F(x)$，令 $M = \max\{X_1, \cdots, X_n\}$，$N = \min\{X_1, \cdots, X_n\}$，则

$$F_M(z) = [F(z)]^n$$
$$F_N(z) = 1 - [1 - F(z)]^n$$

§3.2 例题讲解

例1 将两个球等可能地放入编号为 1, 2, 3 的三个盒子中，令 X 表示放入 1 号盒中的球数；Y 表示放入 2 号盒中的球数. 求 (X,Y) 的联合分布律.

解： X 的所有可能取值为 0, 1, 2；Y 的所有可能取值为 0, 1, 2. 根据古典概型概率公式可得

$$P(X=0,Y=0) = \frac{1}{3^2} = \frac{1}{9},\ P(X=0,Y=1) = \frac{2}{3^2} = \frac{2}{9},\ P(X=0,Y=2) = \frac{1}{3^2} = \frac{1}{9},$$

$$P(X=1,Y=0) = \frac{2}{3^2} = \frac{2}{9},\ P(X=1,Y=1) = \frac{2}{3^2} = \frac{2}{9},\ P(X=1,Y=2) = P(\varnothing) = 0,$$

$$P(X=2,Y=0) = \frac{1}{3^2} = \frac{1}{9},\ P(X=2,Y=1) = P(\varnothing) = 0,\ P(X=2,Y=2) = (\varnothing) = 0.$$

由此得 (X, Y) 的联合分布律为

X \ Y	0	1	2
0	$\frac{1}{9}$	$\frac{2}{9}$	$\frac{1}{9}$
1	$\frac{2}{9}$	$\frac{2}{9}$	0
2	$\frac{1}{9}$	0	0

R 程序和输出：

```
>p <- function(x,y){
+x <- x
+y <- y
+ball1 <- 1:3
+ball2 <- 1:3
+sim <- 10 000
+t <- numeric(sim)
+for(i in 1:sim){
+a <- sample(ball1,1,replace = T)
+b <- sample(ball2,1,replace = T)
+box <- c(a,b)
+t[i] <- (length(box[box == 1]) == x)&(length(box[box == 2]) == y)
+}
+mean(t)
+}
>p(0,0)
[1]0.1133
>p(0,1)
[1]0.2244
>p(0,2)
[1]0.1105
>p(1,0)
[1]0.2201
>p(1,1)
[1]0.2264
>p(1,2)
[1]0
>p(2,0)
[1]0.11
>p(2,1)
[1]0
>p(2,2)
[1]0
```

例 2 设随机变量 X 在 1，2，3，4 四个数中等可能地取值，另一个随机变量 Y 在 $1 \sim X$ 中等可能地取一整数值. 试求 (X, Y) 的分布律.

解：由题意知，$X=i$，$Y=j$ 的取值情况是：$i=1,2,3,4$，且是等可能的；然后 j 取不大于 i 的正整数.

当 $i<j$ 时，$P(X=i,Y=j)=0$，

当 $i \geqslant j$ 时，$P(X=i,Y=j)=P(X=i)P(Y=j|X=i)=\dfrac{1}{4}\times\dfrac{1}{i}=\dfrac{1}{4i}$，

其中 $i=1,2,3,4$. 由此得 (X,Y) 的联合分布律为

X \ Y	1	2	3	4
1	$\dfrac{1}{4}$	0	0	0
2	$\dfrac{1}{8}$	$\dfrac{1}{8}$	0	0
3	$\dfrac{1}{12}$	$\dfrac{1}{12}$	$\dfrac{1}{12}$	0
4	$\dfrac{1}{16}$	$\dfrac{1}{16}$	$\dfrac{1}{16}$	$\dfrac{1}{16}$

R 程序和输出：

```
> p <- function(i,j){
+ num1 <- 1:4
+ sim <- 10000
+ t <- numeric(sim)
+ for(k in 1:sim){
+ X <- sample(num1,1,replace=T)
+ Y <- sample(1:X,1,replace=T)
+ t[k] <- (X==i)&(Y==j)
+ }
+ mean(t)
+ }
> p(1,1)
[1] 0.2493
> p(1,2)
[1] 0
> p(1,3)
[1] 0
> p(1,4)
[1] 0
> p(2,1)
```

```
[1]0.124
>p(2,2)
[1]0.1275
>p(2,3)
[1]0
>p(2,4)
[1]0
>p(3,1)
[1]0.083
>p(3,2)
[1]0.0811
>p(3,3)
[1]0.0822
>p(3,4)
[1]0
>p(4,1)
[1]0.0608
>p(4,2)
[1]0.0644
>p(4,3)
[1]0.0636
>p(4,4)
[1]0.0628
```

例3 设二维连续型随机变量 (X,Y) 的联合概率密度函数为

$$f(x,y) = \begin{cases} cxe^{-y}, & 0 < x < y < +\infty \\ 0, & 其他 \end{cases}$$

求：(1) 常数 c；(2) (X,Y) 的联合分布函数；(3) $P(0<X<1, 0<Y<2)$.

解：(1) 如图 3-2 所示，根据概率密度函数的性质，可得

$$\begin{aligned}
1 &= \int_{-\infty}^{+\infty}\int_{-\infty}^{+\infty} f(x,y)\,dxdy \\
&= \iint_{0<x<y<+\infty} cxe^{-y}\,dxdy \\
&= \int_{0}^{+\infty}\left(\int_{x}^{+\infty} cxe^{-y}\,dy\right)dx \\
&= \int_{0}^{+\infty} cxe^{-x}\,dx \\
&= c
\end{aligned}$$

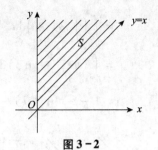

图 3-2

所以，$c=1$. $f(x,y) = \begin{cases} x\mathrm{e}^{-y}, & 0<x<y<+\infty \\ 0, & \text{其他} \end{cases}$

(2) 如图 3-3 所示，可得

①当 $x \leq 0$ 或 $y \leq 0$，$F(x,y)=0$.

②当 $0<x<y<+\infty$，
$$F(x,y) = P(X \leq x, Y \leq y)$$
$$= \int_{-\infty}^{x} \int_{-\infty}^{y} f(u,v) \mathrm{d}u \mathrm{d}v$$
$$= \int_{0}^{x} \left(\int_{u}^{y} u\mathrm{e}^{-v} \mathrm{d}v \right) \mathrm{d}u$$
$$= \int_{0}^{x} (u\mathrm{e}^{-u} - u\mathrm{e}^{-y}) \mathrm{d}u$$
$$= 1 - \mathrm{e}^{-x}(x+1) - \frac{1}{2}x^2 \mathrm{e}^{-y}$$

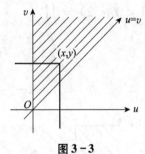

图 3-3

③如图 3-4 所示，当 $0<y<x<+\infty$，
$$F(x,y) = P(X \leq x, Y \leq y)$$
$$= \int_{-\infty}^{x} \int_{-\infty}^{y} f(u,v) \mathrm{d}u \mathrm{d}v$$

$$= \int_0^y \left(\int_u^y u\mathrm{e}^{-v} \mathrm{d}v \right) \mathrm{d}u$$

$$= \int_0^y (u\mathrm{e}^{-u} - u\mathrm{e}^{-y}) \mathrm{d}u$$

$$= 1 - \mathrm{e}^{-y}(y + 1) - \frac{1}{2}y^2 \mathrm{e}^{-y}$$

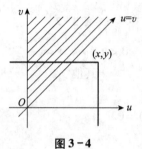

图 3-4

所以,

$$F(x,y) = \begin{cases} 1 - \mathrm{e}^{-x}(x + 1) - \frac{1}{2}x^2\mathrm{e}^{-y}, & 0 < x < y < +\infty \\ 1 - \mathrm{e}^{-y}(y + 1) - \frac{1}{2}y^2\mathrm{e}^{-y}, & 0 < y < x < +\infty \\ 0, & \text{其他} \end{cases}$$

(3) 如图 3-5 所示,可得

$$P(0 < X < 1, 0 < Y < 2) = \iint_{0<x<1,0<y<2} f(x,y) \mathrm{d}x\mathrm{d}y$$

$$= \int_0^1 \left(\int_x^2 x\mathrm{e}^{-y} \mathrm{d}y \right) \mathrm{d}x$$

$$= 1 - 2\mathrm{e}^{-1} - \frac{1}{2}\mathrm{e}^{-2}$$

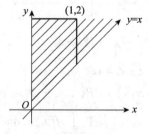

图 3-5

R 程序和输出：

```
>c <-1/integrate(function(x){sapply(x,function(x)
+{integrate(function(y)x*exp(-y),x,Inf)$val})},0,Inf)$val
>c
[1]1
>P <- integrate(function(x){sapply(x,function(x)
+{ integrate(function(y)x*exp(-y),x,2)$val})},0,1)$val
>P
[1]0.196 573 5
```

例 4 设随机变量 X 在 1，2，3，4 四个数中等可能地取值，另一个随机变量 Y 在 $1 \sim X$ 中等可能地取一整数值．试求 (X,Y) 关于 X 和 Y 的边缘分布律．

解：(X, Y) 的联合分布律为

X \ Y	1	2	3	4
1	$\frac{1}{4}$	0	0	0
2	$\frac{1}{8}$	$\frac{1}{8}$	0	0
3	$\frac{1}{12}$	$\frac{1}{12}$	$\frac{1}{12}$	0
4	$\frac{1}{16}$	$\frac{1}{16}$	$\frac{1}{16}$	$\frac{1}{16}$

$$P(X = 1) = \frac{1}{4} + 0 + 0 + 0 = \frac{1}{4}$$

$$P(X = 2) = \frac{1}{8} + \frac{1}{8} + 0 + 0 = \frac{1}{4}$$

$$P(X = 3) = \frac{1}{12} + \frac{1}{12} + \frac{1}{12} + 0 = \frac{1}{4}$$

$$P(X = 4) = \frac{1}{16} + \frac{1}{16} + \frac{1}{16} + \frac{1}{16} = \frac{1}{4}$$

X 的边缘分布律为

X	1	2	3	4
P	$\frac{1}{4}$	$\frac{1}{4}$	$\frac{1}{4}$	$\frac{1}{4}$

$$P(Y=1) = \frac{1}{4} + \frac{1}{8} + \frac{1}{12} + \frac{1}{16} = \frac{25}{48}$$

$$P(Y=2) = 0 + \frac{1}{8} + \frac{1}{12} + \frac{1}{16} = \frac{13}{48}$$

$$P(Y=3) = 0 + 0 + \frac{1}{12} + \frac{1}{16} = \frac{7}{48}$$

$$P(Y=4) = 0 + 0 + 0 + \frac{1}{16} = \frac{1}{16}$$

Y 的边缘分布律为

Y	1	2	3	4
P	$\frac{25}{48}$	$\frac{13}{48}$	$\frac{7}{48}$	$\frac{1}{16}$

 R 程序和输出：

```
>px <- function(i){
+ num1 <- 1:4
+ sim <- 10000
+ t <- numeric(sim)
+ for(k in 1:sim){
+ X <- sample(num1,1,replace = T)
+ Y <- sample(1:X,1,replace = T)
+ t[k] <- (X == i)
+ }
+ mean(t)
+ }
> c(px(1),px(2),px(3),px(4))
[1] 0.2490 0.2484 0.2512 0.2547
>
> py <- function(i){
+ num1 <- 1:4
+ sim <- 10 000
+ t <- numeric(sim)
+ for(k in 1:sim){
```

```
+ X <- sample(num1,1,replace = T)
+ Y <- sample(1:X,1,replace = T)
+ t[k] <- (Y == i)
+ }
+ mean(t)
+ }
> c(py(1),py(2),py(3),py(4))
[1] 0.5292 0.2717 0.1460 0.0624
```

例5 设二维连续型随机变量(X,Y)的联合概率密度函数为

$$f(x) = \begin{cases} xe^{-y}, & 0 < x < y < +\infty \\ 0, & \text{其他} \end{cases}$$

试求随机变量X,Y各自的边缘概率密度函数.

解: 求X的边缘概率密度函数

当$x \leq 0$, $f_X(x) = 0$.

当$x > 0$, $f_X(x) = \int_{-\infty}^{+\infty} f(x,y) \mathrm{d}y = \int_{x}^{+\infty} xe^{-y} \mathrm{d}y = xe^{-x}$.

所以,

$$f_X(x) = \begin{cases} xe^{-x}, & x > 0 \\ 0, & \text{其他} \end{cases}$$

求Y的边缘概率密度函数

当$y \leq 0$, $f_Y(y) = 0$.

当$y > 0$, $f_Y(y) = \int_{-\infty}^{+\infty} f(x,y) \mathrm{d}x = \int_{0}^{y} xe^{-y} \mathrm{d}x = \frac{1}{2} y^2 e^{-y}$.

所以,

$$f_Y(y) = \begin{cases} \frac{1}{2} y^2 e^{-y}, & y > 0 \\ 0, & \text{其他} \end{cases}$$

例6 一射手进行射击,击中目标的概率为p,射击到击中目标两次为止. 设以X表示首次击中目标所进行的射击次数,以Y表示总共进行的射击次数,试求X和Y的联合分布律及条件分布律.

解: Y的取值是$2,3,4,\cdots$,X的取值是$1,2,3,\cdots$,且$X < Y$. (X,Y)的联合分布律为

$$P(X=m,\ Y=n) = \begin{cases} q^{n-2}p^2, & m<n,\ n=2,3,\cdots,\ m=1,2,\cdots,n-1. \\ 0, & m\geq n,\ n=2,3,\cdots \end{cases}$$

其中 $q=1-p$，$\{X=m,\ Y=n\}$ 表示第 m 次射击时首次击中目标，且第 n 次射击时第二次击中目标.

X 的边缘分布律为

$$P(X=m) = \sum_{n=2}^{+\infty} P(X=m, Y=n) = \sum_{n=m+1}^{+\infty} q^{n-2}p^2 = pq^{m-1},\ m=1,2,\cdots$$

Y 的边缘分布律为

$$P(Y=n) = \sum_{m=1}^{+\infty} P(X=m, Y=n) = \sum_{m=1}^{n-1} q^{n-2}p^2 = (n-1)p^2 q^{n-2},\ n=2,3,\cdots$$

当 $n=2,3,\cdots$ 时，在 $Y=n$ 条件下随机变量 X 的条件分布律为

$$P(X=m \mid Y=n) = \frac{P(X=m,\ Y=n)}{Y=n}$$

$$= \begin{cases} \dfrac{q^{n-2}p^2}{(n-1)p^2 q^{n-2}}, & m=1,2,\cdots,n-1 \\ 0, & m\geq n \end{cases}$$

$$= \begin{cases} \dfrac{1}{n-1}, & m=1,2,\cdots,n-1 \\ 0, & m\geq n \end{cases}$$

当 $m=1,2,\cdots$ 时，在 $X=m$ 条件下随机变量 Y 的条件分布律为

$$P(Y=n \mid X=m) = \frac{P(X=m,\ Y=n)}{X=m} = \begin{cases} \dfrac{q^{n-2}p^2}{pq^{m-1}} = pq^{n-m-1}, & n=m+1,\ m+2,\cdots \\ 0, & m\geq n \end{cases}$$

例7 设二维随机变量 (X, Y) 服从圆域 $x^2+y^2\leq 1$ 上的均匀分布，试求（1）条件概率密度函数 $f_{X|Y}(x\mid y)$；（2）$P\left(X>\dfrac{1}{2} \,\middle|\, Y=\dfrac{1}{2}\right)$；（3）$P\left(X>\dfrac{1}{2} \,\middle|\, Y\geq \dfrac{1}{2}\right)$.

解：（1）二维随机变量 (X, Y) 的联合概率密度函数为

$$f(x,y) = \begin{cases} \dfrac{1}{\pi}, & x^2+y^2\leq 1 \\ 0, & 其他 \end{cases}$$

先求 Y 的边缘概率密度函数 $f_Y(y)$，

① 当 $y<-1$ 或 $y>1$ 时，如图 3-6 所示，$f_Y(y) = 0$.

② 当 $-1\leq y\leq 1$ 时，如图 3-7 所示，$f_Y(y) = \displaystyle\int_{-\infty}^{+\infty} f(x,y)\,\mathrm{d}x = \int_{-\sqrt{1-y^2}}^{\sqrt{1-y^2}} \dfrac{1}{\pi}\,\mathrm{d}x =$

$\dfrac{2\sqrt{1-y^2}}{\pi}$.

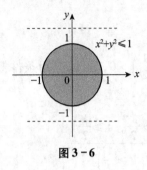

图 3-6

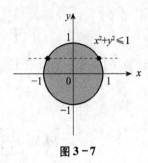

图 3-7

Y 的边缘概率密度函数为

$$f_Y(y) = \begin{cases} \dfrac{2\sqrt{1-y^2}}{\pi}, & -1 \leqslant y \leqslant 1 \\ 0, & \text{其他} \end{cases}$$

条件概率密度函数 $f_{X|Y}(x|y)$ 为

$$f_{X|Y}(x|y) = \dfrac{f(x,y)}{f_Y(y)}$$

$$= \begin{cases} \dfrac{\dfrac{1}{\pi}}{\dfrac{2\sqrt{1-y^2}}{\pi}}, & x^2+y^2 \leqslant 1 \\ 0, & \text{其他} \end{cases}$$

$$= \begin{cases} \dfrac{1}{2\sqrt{1-y^2}}, & x^2+y^2 \leqslant 1 \\ 0, & \text{其他} \end{cases}$$

(2) 计算 $P\left(X > \dfrac{1}{2} \mid Y = \dfrac{1}{2}\right)$，注意到 $P\left(Y = \dfrac{1}{2}\right) = 0$，此题可以使用条件概率密度函数计算. 当 $Y = \dfrac{1}{2}$ 时，(1) 中的条件概率密度函数为

$$f_{X|Y=\frac{1}{2}}\left(x \mid y = \dfrac{1}{2}\right) = \begin{cases} \dfrac{\sqrt{3}}{3}, & -\dfrac{\sqrt{3}}{2} \leqslant x \leqslant \dfrac{\sqrt{3}}{2} \\ 0, & \text{其他} \end{cases}$$

$$P\left(X > \dfrac{1}{2} \mid Y = \dfrac{1}{2}\right) = \int_{\frac{1}{2}}^{+\infty} f_{X|Y=\frac{1}{2}}\left(x \mid y = \dfrac{1}{2}\right) \mathrm{d}x$$

$$= \int_{\frac{1}{2}}^{\frac{\sqrt{3}}{2}} \frac{\sqrt{3}}{3} dx$$

$$= \frac{3-\sqrt{3}}{6}$$

(3) 计算 $P\left(X > \frac{1}{2} \mid Y \geqslant \frac{1}{2}\right)$，注意到 $P\left(Y \geqslant \frac{1}{2}\right) > 0$，可以先用条件概率公式进行计算.

$$P\left(X > \frac{1}{2} \mid Y \geqslant \frac{1}{2}\right) = \frac{P\left(X > \frac{1}{2},\ Y \geqslant \frac{1}{2}\right)}{P\left(Y \geqslant \frac{1}{2}\right)}$$

其中分母为

$$P\left(Y \geqslant \frac{1}{2}\right) = \int_{\frac{1}{2}}^{+\infty} f_Y(y) dy$$

$$= \int_{\frac{1}{2}}^{1} \frac{2\sqrt{1-y^2}}{\pi} dy \ (\diamondsuit\ y = \sin\theta)$$

$$= \int_{\frac{\pi}{6}}^{\frac{\pi}{2}} \frac{2\cos\theta}{\pi} \cos\theta d\theta$$

$$= \int_{\frac{\pi}{6}}^{\frac{\pi}{2}} \frac{1 + \cos 2\theta}{\pi} d\theta$$

$$= \frac{1}{3} + \int_{\frac{\pi}{6}}^{\frac{\pi}{2}} \frac{\cos 2\theta}{\pi} d\theta$$

$$= \frac{1}{3} + \left[\frac{\sin 2\theta}{2\pi}\right]_{\theta=\frac{\pi}{6}}^{\theta=\frac{\pi}{2}}$$

$$= \frac{1}{3} - \frac{\sqrt{3}}{4\pi}$$

如图 3-8 所示，其中分子为

$$P\left(X > \frac{1}{2}, Y \geqslant \frac{1}{2}\right) = \int_{\frac{1}{2}}^{+\infty} \int_{\frac{1}{2}}^{+\infty} f(x,y) dx dy$$

$$= \iint_{\text{阴影区域}} \frac{1}{\pi} dx dy$$

$$= \frac{1}{\pi} \int_{\frac{1}{2}}^{\frac{\sqrt{3}}{2}} \left(\int_{\frac{1}{2}}^{\sqrt{1-y^2}} dx\right) dy$$

$$= \frac{1}{\pi} \int_{\frac{1}{2}}^{\frac{\sqrt{3}}{2}} \left(\sqrt{1-y^2} - \frac{1}{2} \right) dy$$

$$= \frac{1}{\pi} \left(\int_{\frac{1}{2}}^{\frac{\sqrt{3}}{2}} \sqrt{1-y^2} \, dy - \frac{\sqrt{3}-1}{4} \right) (\diamondsuit y = \sin\theta)$$

$$= \frac{1}{\pi} \left(\int_{\frac{\pi}{6}}^{\frac{\pi}{3}} \cos^2\theta \, d\theta - \frac{\sqrt{3}-1}{4} \right)$$

$$= \frac{1}{\pi} \left(\int_{\frac{\pi}{6}}^{\frac{\pi}{3}} \frac{1+\cos 2\theta}{2} d\theta - \frac{\sqrt{3}-1}{4} \right)$$

$$= \frac{1}{\pi} \left[\frac{\pi}{12} + \left(\frac{\sin 2\theta}{4} \right)_{\theta=\frac{\pi}{6}}^{\theta=\frac{\pi}{3}} - \frac{\sqrt{3}-1}{4} \right]$$

$$= \frac{1}{\pi} \left(\frac{\pi}{12} - \frac{\sqrt{3}-1}{4} \right)$$

另外，分子也可以使用下面的初等方法计算，如图 3-9 所示，

$$P\left(X > \frac{1}{2}, Y \geq \frac{1}{2} \right) = \int_{\frac{1}{2}}^{+\infty} \int_{\frac{1}{2}}^{+\infty} f(x,y) \, dx \, dy$$

$$= \iint_{\text{阴影区域}} \frac{1}{\pi} \, dx \, dy$$

$$= \frac{1}{\pi} S_{\text{阴影区域}}$$

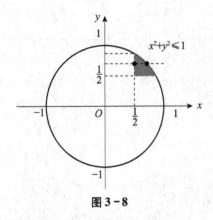

图 3-8

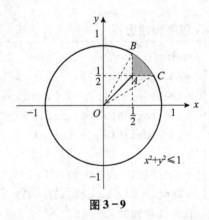

图 3-9

阴影部分面积等于扇形 OBC 的面积和两个三角形 OAB 及 OAC 面积的差. 注意到，$\angle BOy = \angle COx = \arcsin\frac{1}{2} = \frac{\pi}{6}$，扇形的角度为 $\frac{\pi}{6}$，扇形的面积为第一象限中圆域的

$\frac{1}{3}$，即

$$S_{\text{扇形}OBC} = \pi \times \frac{1}{4} \times \frac{1}{3} = \frac{\pi}{12}$$

三角形 OAB 的底为 $|AB| = \frac{\sqrt{3}}{2} - \frac{1}{2} = \frac{\sqrt{3}-1}{2}$，高为 $\frac{1}{2}$，其面积为

$$S_{\triangle OAB} = \frac{1}{2} \times \frac{\sqrt{3}-1}{2} \times \frac{1}{2} = \frac{\sqrt{3}-1}{8}$$

同样，三角形 OAC 的面积为 $S_{\triangle OAC} = \frac{\sqrt{3}-1}{8}$，所以

$$S_{\text{阴影区域}} = \frac{\pi}{12} - \frac{\sqrt{3}-1}{8} - \frac{\sqrt{3}-1}{8} = \frac{\pi}{12} - \frac{\sqrt{3}-1}{4}$$

$$P\left(X > \frac{1}{2}, Y \geqslant \frac{1}{2}\right) = \frac{1}{\pi} S_{\text{阴影区域}} = \frac{1}{\pi}\left(\frac{\pi}{12} - \frac{\sqrt{3}-1}{4}\right)$$

因此，

$$P\left(X > \frac{1}{2} \,\bigg|\, Y \geqslant \frac{1}{2}\right) = \frac{P\left(X > \frac{1}{2}, Y \geqslant \frac{1}{2}\right)}{P\left(Y \geqslant \frac{1}{2}\right)} = \frac{\frac{1}{\pi}\left(\frac{\pi}{12} - \frac{\sqrt{3}-1}{4}\right)}{\frac{1}{3} - \frac{\sqrt{3}}{4\pi}} = \frac{\pi + 3 - 3\sqrt{3}}{4\pi - 3\sqrt{3}}$$

R 程序和输出：

```
######(3)
> R <- runif(10 000)
> theta <- runif(10 000,-pi,pi)
> X <- sqrt(R)*cos(theta)
> Y <- sqrt(R)*sin(theta)
>
> a <- X[(X>1/2)&(Y>=1/2)]
> length(a)/length(Y[Y>=1/2])
[1] 0.1289308
```

注意： 服从单位圆内均匀分布的随机点 (x, y) 可以如下产生：$x = \sqrt{r}\cos\theta$，$y = \sqrt{r}\sin\theta$，$r \sim U[0, 1]$，$\theta \sim U[-\pi, \pi]$。

例8 设随机变量 (X,Y) 的概率密度函数为

$$f(x,y) = \begin{cases} 1, & |y| < x, 0 < x < 1 \\ 0, & 其他 \end{cases}$$

试求：(1) $f_X(x)$，$f_Y(y)$； (2) $f_{X|Y}(x|y)$，$f_{Y|X}(y|x)$； (3) $P\left(X > \dfrac{1}{2}\Big|Y > 0\right)$；
(4) $P\left(X > \dfrac{1}{2}\Big|Y = 0\right)$.

解： (1) 求 X 的边缘概率密度函数，
① 当 $x \leq 0$ 或 $x \geq 1$，$f_X(x) = 0$.
② 当 $0 < x < 1$，$f_X(x) = \int_{-\infty}^{+\infty} f(x,y)\,\mathrm{d}y = \int_{-x}^{x} 1\,\mathrm{d}y = 2x$.
所以，

$$f_X(x) = \begin{cases} 2x, & 0 < x < 1 \\ 0, & 其他 \end{cases}$$

求 Y 的边缘概率密度函数，
① 当 $y \leq -1$ 或 $y \geq 1$，$f_Y(y) = 0$.
② 当 $0 < y < 1$，$f_Y(y) = \int_{-\infty}^{+\infty} f(x,y)\,\mathrm{d}x = \int_{y}^{1} 1\,\mathrm{d}x = 1 - y$.
③ 当 $-1 < y \leq 0$，$f_Y(y) = \int_{-\infty}^{+\infty} f(x,y)\,\mathrm{d}x = \int_{-y}^{1} 1\,\mathrm{d}x = 1 + y$.
所以，

$$f_Y(y) = \begin{cases} 1 - |y|, & |y| < 1 \\ 0, & 其他 \end{cases}$$

(2) $f_{X|Y}(x|y) = \dfrac{f(x,y)}{f_Y(y)} = \begin{cases} \dfrac{1}{1 - |y|}, & |y| < x < 1 \\ 0, & 其他 \end{cases}$

$f_{Y|X}(y|x) = \dfrac{f(x,y)}{f_X(x)} = \begin{cases} \dfrac{1}{2x}, & |y| < x < 1 \\ 0, & 其他 \end{cases}$

(3) 计算 $P\left(X > \dfrac{1}{2}\Big|Y > 0\right)$，

$$P\left(X > \dfrac{1}{2}\Big|Y > 0\right) = \dfrac{P\left(X > \dfrac{1}{2}, Y > 0\right)}{P(Y > 0)}$$

$$= \frac{\int_{\frac{1}{2}}^{1}\left(\int_{0}^{x} 1 \mathrm{d}y\right)\mathrm{d}x}{\int_{0}^{1}(1-y)\mathrm{d}y}$$

$$= \frac{3}{4}$$

(4) 计算 $P\left(X > \frac{1}{2} \mid Y = 0\right)$. 当 $Y = 0$ 时, X 的条件密度函数为

$$f_{X \mid Y=0}(x \mid y = 0) = \begin{cases} 1, & 0 < x < 1 \\ 0, & \text{其他} \end{cases}$$

$$P\left(X > \frac{1}{2} \mid Y = 0\right) = \int_{\frac{1}{2}}^{1} 1 \mathrm{d}x = \frac{1}{2}$$

R 程序和输出:

```
####(3)
> r1 <- runif(10 000)
> r2 <- runif(10 000)
> X <- 1 - sqrt(r1) + r2 * sqrt(r1)
> Y <- 1 - sqrt(r1) - r2 * sqrt(r1)
> length(Y[X > 1 / 2 & Y > 0]) / length(Y[Y > 0])
[1] 0.7480683
```

注意: 设三角形的顶点为 A, B, C, 在该三角形里面随机取一点 P, 服从均匀分布, 可以采用如下方法,

$$P = (1 - \sqrt{r_1})A + [\sqrt{r_1}(1 - r_2)]B + (r_2\sqrt{r_1})C$$

其中 r_1, $r_2 \sim U[0, 1]$.

例 9 甲乙两人约定中午 12:00—13:00 在市中心某地见面, 并事先约定先到者在那里等待 10 分钟, 若另一人 10 分钟内没有到达, 先到者将离去. 试求先到者需等待 10 分钟以内的概率.

解: 设甲于 12 时 X 分到达, 乙于 12 时 Y 分到达, 则随机变量 X 和 Y 相互独立, 且都服从区间 $[0, 60]$ 上的均匀分布. X, Y 的密度函数分别为

$$f_X(x) = \begin{cases} \frac{1}{60}, & 0 \leq x \leq 60 \\ 0, & \text{其他} \end{cases}$$

$$f_Y(y) = \begin{cases} \dfrac{1}{60}, & 0 \leqslant y \leqslant 60 \\ 0, & 其他 \end{cases}$$

所以，(X,Y) 的联合概率密度函数为

$$f(x,y) = f_X(x)f_Y(y) = \begin{cases} \dfrac{1}{3\ 600}, & 0 \leqslant x \leqslant 60, 0 \leqslant y \leqslant 60 \\ 0, & 其他 \end{cases}$$

先到者需等待 10 分钟以内，即为 $|X - Y| \leqslant 10$，如图 3-10 所示，其概率为

$$\begin{aligned} P(|X - Y| \leqslant 10) &= \iint_{|x-y|\leqslant 10} f(x,y)\,\mathrm{d}x\mathrm{d}y \\ &= \iint_G f(x,y)\,\mathrm{d}x\mathrm{d}y \\ &= \dfrac{1}{3\ 600} \iint_G \mathrm{d}x\mathrm{d}y \\ &= \dfrac{S_G}{3\ 600} \\ &= \dfrac{11}{36} \end{aligned}$$

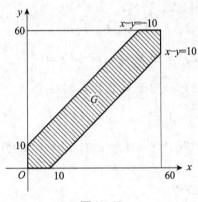

图 3-10

 R 程序和输出：

```
>X <- runif(10000,0,60)
>Y <- runif(10000,0,60)
>t <- (abs(X - Y) <=10)
```

```
>mean(t)
[1]0.3098
```

例10 设 (X, Y) 的联合分布律为

X \ Y	1	2	3	4
1	$\frac{1}{4}$	0	0	0
2	$\frac{1}{8}$	$\frac{1}{8}$	0	0
3	$\frac{1}{12}$	$\frac{1}{12}$	$\frac{1}{12}$	0
4	$\frac{1}{16}$	$\frac{1}{16}$	$\frac{1}{16}$	$\frac{1}{16}$

分别计算下列随机变量的分布律:(1) $Z = X + Y$;(2) $Z = XY$;(3) $Z = \max\{X, Y\}$.

解:X 与 Y 的取值都是 1,2,3,4,

(1) $Z = X + Y$ 的取值为 2,3,4,5,6,7,8.

$P(Z = 2) = P(X + Y = 2) = P(X = 1, Y = 1) = \frac{1}{4};$

$P(Z = 3) = P(X + Y = 3) = P(X = 1, Y = 2) + P(X = 2, Y = 1)$
$= 0 + \frac{1}{8} = \frac{1}{8};$

$P(Z = 4) = P(X + Y = 4) = P(X = 1, Y = 3) + P(X = 2, Y = 2) + P(X = 3, Y = 1)$
$= 0 + \frac{1}{8} + \frac{1}{12} = \frac{5}{24};$

$P(Z = 5) = P(X + Y = 5) = P(X = 1, Y = 4) + P(X = 2, Y = 3) +$
$P(X = 3, Y = 2) + P(X = 4, Y = 1) = 0 + 0 + \frac{1}{12} + \frac{1}{16} = \frac{7}{48};$

$P(Z = 6) = P(X + Y = 6) = P(X = 2, Y = 4) + P(X = 3, Y = 3) + P(X = 4, Y = 2)$
$= 0 + \frac{1}{12} + \frac{1}{16} = \frac{7}{48};$

$P(Z=7) = P(X+Y=7) = P(X=3,Y=4) + P(X=4,Y=3)$
$= 0 + \dfrac{1}{16} = \dfrac{1}{16}$;

$P(Z=8) = P(X+Y=8) = P(X=4,Y=4) = \dfrac{1}{16}$.

所以，$Z = X + Y$ 的分布律为

$Z = X+Y$	2	3	4	5	6	7	8
P	$\dfrac{1}{4}$	$\dfrac{1}{8}$	$\dfrac{5}{24}$	$\dfrac{7}{48}$	$\dfrac{7}{48}$	$\dfrac{1}{16}$	$\dfrac{1}{16}$

(2) $Z = XY$ 的取值为 1, 2, 3, 4, 6, 8, 9, 12, 16.

$P(Z=1) = P(XY=1) = P(X=1,Y=1) = \dfrac{1}{4}$;

$P(Z=2) = P(XY=2) = P(X=1,Y=2) + P(X=2,Y=1) = 0 + \dfrac{1}{8} = \dfrac{1}{8}$;

$P(Z=3) = P(XY=3) = P(X=1,Y=3) + P(X=3,Y=1) = 0 + \dfrac{1}{12} = \dfrac{1}{12}$;

$P(Z=4) = P(XY=4) = P(X=1,Y=4) + P(X=2,Y=2)$
$+ P(X=4,Y=1) = 0 + \dfrac{1}{8} + \dfrac{1}{16} = \dfrac{3}{16}$;

$P(Z=6) = P(XY=6) = P(X=2,Y=3) + P(X=3,Y=2) = 0 + \dfrac{1}{12} = \dfrac{1}{12}$;

$P(Z=8) = P(XY=8) = P(X=2,Y=4) + P(X=4,Y=2) = 0 + \dfrac{1}{16} = \dfrac{1}{16}$;

$P(Z=9) = P(XY=9) = P(X=3,Y=3) = \dfrac{1}{12}$;

$P(Z=12) = P(XY=12) = P(X=3,Y=4) + P(X=4,Y=3) = 0 + \dfrac{1}{16} = \dfrac{1}{16}$;

$P(Z=16) = P(XY=16) = P(X=4,Y=4) = \dfrac{1}{16}$.

所以，$Z = XY$ 的分布律为

$Z = XY$	1	2	3	4	6	8	9	12	16
P	$\dfrac{1}{4}$	$\dfrac{1}{8}$	$\dfrac{1}{12}$	$\dfrac{3}{16}$	$\dfrac{1}{12}$	$\dfrac{1}{16}$	$\dfrac{1}{12}$	$\dfrac{1}{16}$	$\dfrac{1}{16}$

(3) $Z = \max\{X, Y\}$ 的取值为 1, 2, 3, 4.

$P(Z = 1) = P(\max\{X, Y\} = 1) = P(X = 1, Y = 1) = \dfrac{1}{4};$

$P(Z = 2) = P(\max\{X, Y\} = 2) = P(X = 1, Y = 2) + P(X = 2, Y = 1) +$
$\qquad\qquad P(X = 2, Y = 2) = 0 + \dfrac{1}{8} + \dfrac{1}{8} = \dfrac{1}{4};$

$P(Z = 3) = P(\max\{X, Y\} = 3) = P(X = 1, Y = 3) + P(X = 2, Y = 3) +$
$\qquad\qquad P(X = 3, Y = 3) + P(X = 3, Y = 1) + P(X = 3, Y = 2)$
$\qquad = 0 + 0 + \dfrac{1}{12} + \dfrac{1}{12} + \dfrac{1}{12} = \dfrac{1}{4};$

$P(Z = 4) = P(\max\{X, Y\} = 4) = P(X = 1, Y = 4) + P(X = 2, Y = 4) +$
$\qquad\qquad P(X = 3, Y = 4) + P(X = 4, Y = 4) + P(X = 4, Y = 3) +$
$\qquad\qquad P(X = 4, Y = 2) + P(X = 4, Y = 1)$
$\qquad = 0 + 0 + 0 + \dfrac{1}{16} + \dfrac{1}{16} + \dfrac{1}{16} + \dfrac{1}{16} = \dfrac{1}{4}.$

所以，$Z = \max\{X, Y\}$ 的分布律为

$Z = \max\{X, Y\}$	1	2	3	4
P	$\dfrac{1}{4}$	$\dfrac{1}{4}$	$\dfrac{1}{4}$	$\dfrac{1}{4}$

 R 程序和输出：

```
> X <- sample(1:4,10000,replace = T,prob = c(1/4,1/4,1/4,1/4))
> Y <- numeric(length(X))
> for(i in 1:length(X))
+ {
+ if(X[i] == 1)
+ {Y[i] <- sample(1:4,1,replace = T,prob = c(1,0,0,0))}
+ if(X[i] == 2)
+ {Y[i] <- sample(1:4,1,replace = T,prob = c(1/2,1/2,0,0))}
+ if(X[i] == 3)
+ {Y[i] <- sample(1:4,1,replace = T,prob = c(1/3,1/3,1/3,0))}
+ if(X[i] == 4)
+ {Y[i] <- sample(1:4,1,replace = T,prob = c(1/4,1/4,1/4,1/4))}
```

```
+ }
> Z1 <- X + Y
> table(Z1) / length(Z1)
Z1
2        3        4        5        6        7        8
0.2455   0.1244   0.2053   0.1515   0.1517   0.0606   0.0610
> Z2 <- X * Y
> table(Z2) / length(Z2)
Z2
1        2        3        4        6        8        9        12       16
0.2455   0.1244   0.0833   0.1859   0.0876   0.0628   0.0889   0.0606   0.0610
> Z3 <- pmax(X,Y)
> table(Z3) / length(Z3)
Z3
1        2        3        4
0.2455   0.2464   0.2598   0.2483
```

注意：随机数 (X, Y) 可以根据 X 的边缘分布及 $(Y \mid X)$ 的条件分布产生.

例 11 设随机变量 X 与 Y 相互独立，$X \sim N(0, 1)$，$Y \sim N(0, 1)$，令 $Z = X + Y$，试求随机变量 Z 的概率密度函数.

解：X, Y 的概率密度函数分别为

$$f_X(x) = \frac{1}{\sqrt{2\pi}} e^{-\frac{x^2}{2}}, x \in \mathbf{R}$$

$$f_Y(y) = \frac{1}{\sqrt{2\pi}} e^{-\frac{y^2}{2}}, y \in \mathbf{R}$$

$$f(x, z-x) = f_X(x) f_Y(z-x) = \frac{1}{\sqrt{2\pi}} e^{-\frac{x^2}{2}} \cdot \frac{1}{\sqrt{2\pi}} e^{-\frac{(z-x)^2}{2}}, x \in \mathbf{R}, z-x \in \mathbf{R}$$

随机变量 Z 的概率密度函数为

$$\begin{aligned} f_Z(z) &= \int_{-\infty}^{+\infty} f(x, z-x) \mathrm{d}x \\ &= \frac{1}{2\pi} \int_{-\infty}^{+\infty} e^{-\frac{x^2}{2}} \cdot e^{-\frac{(z-x)^2}{2}} \mathrm{d}x \\ &= \frac{1}{2\pi} e^{-\frac{z^2}{4}} \int_{-\infty}^{+\infty} e^{-\left(x - \frac{z}{2}\right)^2} \mathrm{d}x \left(\diamondsuit \frac{u}{\sqrt{2}} = x - \frac{z}{2} \right) \end{aligned}$$

$$= \frac{1}{2\sqrt{\pi}} e^{-\frac{z^2}{4}} \int_{-\infty}^{+\infty} \frac{1}{\sqrt{2\pi}} e^{-\frac{u^2}{2}} du$$

$$= \frac{1}{2\sqrt{\pi}} e^{-\frac{z^2}{4}}$$

$$= \frac{1}{\sqrt{2\pi}\sqrt{2}} e^{-\frac{z^2}{2\times 2}}$$

即 $Z \sim N(0, 2)$.

 R 程序和输出：

```
> sumnormal <- function(n){
+ x = seq(-4,4,0.01)
+ truth = dnorm(x,0,sqrt(2))
+ plot(density(rnorm(n) + rnorm(n)),main = "Density Estimate of the Normal
+ Addition Model",ylim = c(0,0.4),lwd = 2,lty = 2)
+ lines(x,truth,col = "red",lwd = 2)
+ legend("topright",c("True Density","Estimated Density"),
+ col = c("red","black"),lwd = 2,lty = c(1,2))
+ }
> sumnormal(1000)
```

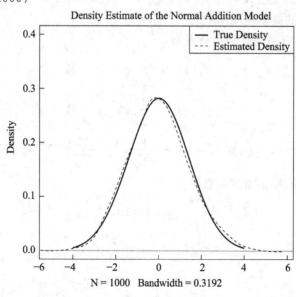

第3章 多维随机变量及其分布

注意：更一般地，如果随机变量 $X_1, \cdots, X_n$ 相互独立，且 $X_i \sim N(\mu_i, \sigma_i^2)$，$i = 1, 2, \cdots, n$，又 $a_1, \cdots, a_n$ 为 n 个不全为零的常数，则

$$a_1 X_1 + \cdots + a_n X_n \sim N\left(\sum_{i=1}^{n} a_i \mu_i, \sum_{i=1}^{n} a_i^2 \sigma_i^2\right)$$

例 12 设 $X_i \sim E(\lambda)$，$i = 1, 2, \cdots, n$ 且它们相互独立，求 $Z = \min\{X_1, \cdots, X_n\}$ 的概率密度函数.

解：X_i 的概率密度函数和分布函数分别为

$$f_{X_i}(x) = \begin{cases} \lambda e^{-\lambda x}, & x > 0 \\ 0, & x \leq 0 \end{cases}$$

$$F_{X_i}(x) = \begin{cases} 1 - e^{-\lambda x}, & x > 0 \\ 0, & x \leq 0 \end{cases}, i = 1, 2, \cdots, n$$

Z 的分布函数为

$$\begin{aligned} F_Z(x) &= P(\min\{X_1, \cdots, X_n\} \leq x) \\ &= 1 - P(\min\{X_1, \cdots, X_n\} > x) \\ &= 1 - P(X_1 > x, \cdots, X_n > x) \\ &= 1 - P(X_1 > x) \cdots P(X_n > x) \\ &= 1 - [1 - P(X_1 \leq x)] \cdots [1 - P(X_n \leq x)] \\ &= 1 - [1 - F(x)]^n \\ &= \begin{cases} 1 - e^{-n\lambda x}, & x > 0 \\ 0, & x \leq 0 \end{cases} \end{aligned}$$

Z 的概率密度函数为

$$f_Z(x) = F'_Z(x) = \begin{cases} n\lambda e^{-n\lambda x}, & x > 0 \\ 0, & x \leq 0 \end{cases}$$

即 $Z = \min\{X_1, \cdots, X_n\}$ 服从参数为 $n\lambda$ 的指数分布.

 R 程序和输出：

```
> sumexp <- function(n,lambda){
+ x = seq(0,4,0.01)
+ truth = dexp(x,rate = 2 * lambda)
+ plot(density(pmin(rexp(n,rate = lambda),rexp(n,rate = lambda))),
+ main = "Density Estimate of the Two EXP Min Model",
```

```
+ylim=c(0,1.2),lwd=2,lty=2,xlim=c(0,4))
+lines(x,truth,col="red",lwd=2)
+legend("topright",c("True Density","Estimated Density"),
+col=c("red","black"),lwd=2,lty=c(1,2))
+}
>sumexp(1000,0.5)
```

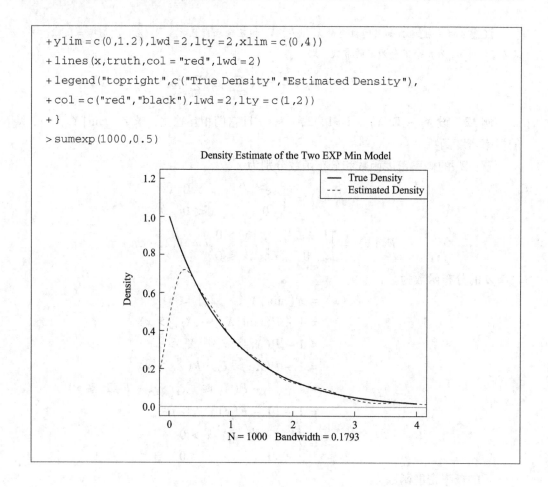

§3.3 习题解答

1. 在箱中有 12 只球,其中两只黑球,现从箱中随机地抽取两次,每次抽取一球,用 X, Y 分别表示第一次与第二次取得的黑球数,试分别对有放回抽取与无放回抽取两种情况写出 (X, Y) 的联合分布律.

解:有放回抽取

$$P(X=0, Y=0) = \frac{10}{12} \times \frac{10}{12} = \frac{25}{36}$$

$$P(X=0, Y=1) = \frac{10}{12} \times \frac{2}{12} = \frac{5}{36}$$

$$P(X=1, Y=0) = \frac{2}{12} \times \frac{10}{12} = \frac{5}{36}$$

$$P(X=1, Y=1) = \frac{2}{12} \times \frac{2}{12} = \frac{1}{36}$$

	$Y=0$	$Y=1$
$X=0$	$\frac{25}{36}$	$\frac{5}{36}$
$X=1$	$\frac{5}{36}$	$\frac{1}{36}$

无放回抽取

$$P(X=0, Y=0) = \frac{10}{12} \times \frac{9}{11} = \frac{15}{22}$$

$$P(X=0, Y=1) = \frac{10}{12} \times \frac{2}{11} = \frac{5}{33}$$

$$P(X=1, Y=0) = \frac{2}{12} \times \frac{10}{11} = \frac{5}{33}$$

$$P(X=1, Y=1) = \frac{2}{12} \times \frac{1}{11} = \frac{1}{66}$$

	$Y=0$	$Y=1$
$X=0$	$\frac{15}{22}$	$\frac{5}{33}$
$X=1$	$\frac{5}{33}$	$\frac{1}{66}$

 R 程序和输出：

```
#####有放回
>p<-function(i,j){
+balls<-c(rep(0,10),1,1)
+sim<-10000
+t<-numeric(sim)
+for(k in 1:sim){
+X<-sample(balls,1,replace=T)
+Y<-sample(balls,1,replace=T)
+t[k]<-(X==i)&(Y==j)
```

```
+ }
+ mean(t)
+ }
> p(0,0)
[1] 0.700 2
> p(0,1)
[1] 0.141 4
> p(1,0)
[1] 0.136 6
> p(1,1)
[1] 0.026 7
#####无放回
> p <- function(i,j){
+ balls <- c(rep(0,10),1,1)
+ sim <- 10 000
+ t <- numeric(sim)
+ for(k in 1:sim){
+ X <- sample(balls,2,replace = F)
+ t[k] <- (X[1] == i)&(X[2] == j)
+ }
+ mean(t)
+ }
> p(0,0)
[1] 0.6831
> p(0,1)
[1] 0.153
> p(1,0)
[1] 0.1481
> p(1,1)
[1] 0.0162
```

2. 在 10 件产品中有 2 件一等品、7 件二等品和 1 件次品. 从 10 件产品不放回地抽取 3 件, 用 X 表示其中的一等品数, Y 表示其中的二等品数, 求 (X,Y) 的分布律.

第3章 多维随机变量及其分布

解：$P(X=0, Y=2) = \dfrac{C_7^2 C_1^1}{C_{10}^3} = \dfrac{21}{120}$

$P(X=0, Y=3) = \dfrac{C_7^3}{C_{10}^3} = \dfrac{35}{120}$

$P(X=1, Y=1) = \dfrac{C_2^1 C_7^1 C_1^1}{C_{10}^3} = \dfrac{14}{120}$

$P(X=1, Y=2) = \dfrac{C_2^1 C_7^2}{C_{10}^3} = \dfrac{42}{120}$

$P(X=2, Y=0) = \dfrac{C_2^2 C_1^1}{C_{10}^3} = \dfrac{1}{120}$

$P(X=2, Y=1) = \dfrac{C_2^2 C_7^1}{C_{10}^3} = \dfrac{7}{120}$

	$Y=0$	$Y=1$	$Y=2$	$Y=3$
$X=0$	0	0	$\dfrac{21}{120}$	$\dfrac{35}{120}$
$X=1$	0	$\dfrac{14}{120}$	$\dfrac{42}{120}$	0
$X=2$	$\dfrac{1}{120}$	$\dfrac{7}{120}$	0	0

 R 程序和输出：

```
>p<-function(i,j){
+products<-c(1,1,rep(2,7),0)
+sim<-10000
+t<-numeric(sim)
+for(k in 1:sim){
+X<-sample(products,3,replace=F)
+t[k]<-(length(X[X==1])==i)&(length(X[X==2])==j)
+}
+mean(t)
+}
>matrix(c(p(0,0),p(0,1),p(0,2),p(0,3),p(1,0),p(1,1),
+p(1,2),p(1,3),p(2,0),p(2,1),p(2,2),p(2,3)),nrow=3,byrow=T)
```

	[,1]	[,2]	[,3]	[,4]
[1,]	0.0000	0.0000	0.1707	0.2951
[2,]	0.0000	0.1225	0.3543	0.0000
[3,]	0.0095	0.0562	0.0000	0.0000

3. 设 (X, Y) 的联合概率密度函数为

$$f(x,y) = \begin{cases} Ae^{-(x+y)}, & x \geq 0, y \geq 0 \\ 0, & \text{其他} \end{cases}$$

求：(1) 系数 A；(2) 联合分布函数 $F(x, y)$；(3) $P(X>1)$；(4) $P(X \geq Y)$；(5) $P(X+2Y \leq 1)$.

解：(1) 如图 3-11 所示，可得

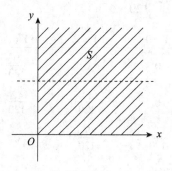

图 3-11

$$\begin{aligned} 1 &= \int_{-\infty}^{+\infty}\int_{-\infty}^{+\infty} f(x,y)\,dxdy \\ &= \int_{0}^{+\infty}\int_{0}^{+\infty} Ae^{-(x+y)}\,dxdy \\ &= \int_{0}^{+\infty}\left[\int_{0}^{+\infty} Ae^{-(x+y)}\,dx\right]dy \\ &= \int_{0}^{+\infty} Ae^{-y}\,dy \\ &= A \end{aligned}$$

所以，$A = 1$.

(2) 如图 3-12 所示，

① 当 $x \leq 0$ 或 $y \leq 0$，$F(x, y) = 0$.

② 当 $x > 0$，$y > 0$，

$$F(x,y) = P(X \le x, Y \le y)$$
$$= \int_{-\infty}^{x}\int_{-\infty}^{y} f(u,v)\,du dv$$
$$= \int_{0}^{x}\int_{0}^{y} e^{-(u+v)}\,du dv$$
$$= \int_{0}^{y}\left(\int_{0}^{x} e^{-(u+v)}\,du\right)dv$$
$$= (1 - e^{-x})(1 - e^{-y})$$

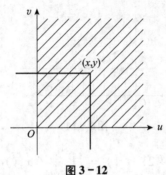

图 3-12

所以联合分布函数为

$$F(x,y) = \begin{cases} (1 - e^{-x})(1 - e^{-y}), & x > 0, y > 0 \\ 0, & \text{其他} \end{cases}$$

(3)
$$P(X > 1) = 1 - P(X \le 1)$$
$$= 1 - P(X \le 1, Y < +\infty)$$
$$= 1 - F(1, +\infty)$$
$$= e^{-1}$$

(4) 如图 3-13 所示，可得

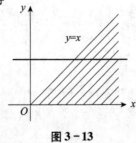

图 3-13

$$P(X \geq Y) = \iint_{x \geq y} f(x,y) \mathrm{d}x\mathrm{d}y$$
$$= \int_0^{+\infty} \left(\int_y^{+\infty} \mathrm{e}^{-(x+y)} \mathrm{d}x \right) \mathrm{d}y$$
$$= \int_0^{+\infty} \mathrm{e}^{-2y} \mathrm{d}y$$
$$= \frac{1}{2}$$

(5) 如图 3-14 所示，可得

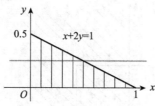

图 3-14

$$P(X + 2Y \leq 1) = \iint_{x+2y \leq 1} f(x,y) \mathrm{d}x\mathrm{d}y$$
$$= \int_0^{1/2} \left(\int_0^{1-2y} \mathrm{e}^{-(x+y)} \mathrm{d}x \right) \mathrm{d}y$$
$$= \int_0^{1/2} \mathrm{e}^{-y}(1 - \mathrm{e}^{2y-1}) \mathrm{d}y$$
$$= \left[-\mathrm{e}^{-y} - \mathrm{e}^{y-1} \right]_{y=0}^{y=1/2}$$
$$= 1 + \mathrm{e}^{-1} - 2\mathrm{e}^{-\frac{1}{2}}$$

 R 程序和输出：

```
####(1)
>c <-1/integrate(function(x){sapply(x,function(x)
+{integrate(function(y)exp(-x-y),0,Inf)$val})},0,Inf)$val
>c
[1]1
####(3)
>integrate(function(x){sapply(x,function(x)
+{integrate (function (y) exp (-x - y),0, Inf) $val })},1, Inf) $val
[1]0.3678794
```

```
####(4)
>integrate(function(x){sapply(x,function(x)
+ {integrate(function(y)exp(-x-y),0,x)$val})},0,Inf)$val
[1]0.5
>
####(5)
>integrate(function(x){sapply(x,function(x)
+ {integrate(function(y)exp(-x-y),0,(1-x)/2)$val})},0,1)$val
[1]0.1548181
```

4. 将两封信投入三个编号为 1，2，3 的信箱，用 X，Y 分别表示投入第 1，2 号信箱的信的数目，求 (X, Y) 的联合分布律和边缘分布律.

解：X 的取值为 0，1，2，Y 的取值为 0，1，2. (X, Y) 的联合分布律和边缘分布律如下：

	$Y=0$	$Y=1$	$Y=2$	$P(X=k)$
$X=0$	$\frac{1}{9}$	$\frac{2}{9}$	$\frac{1}{9}$	$\frac{4}{9}$
$X=1$	$\frac{2}{9}$	$\frac{2}{9}$	0	$\frac{4}{9}$
$X=2$	$\frac{1}{9}$	0	0	$\frac{1}{9}$
$P(Y=k)$	$\frac{4}{9}$	$\frac{4}{9}$	$\frac{1}{9}$	1

 R 程序和输出：

```
>p<-function(i,j){
+mailbox<-1:3
+sim<-10 000
+t<-numeric(sim)
+for(k in 1:sim){
+X<-sample(mailbox,2,replace=T)
+t[k]<-(length(X[X==1])==i)&(length(X[X==2])==j)
+}
```

```
+mean(t)
+}
>matrix(c(p(0,0),p(0,1),p(0,2),p(1,0),p(1,1),p(1,2),p(2,0),
+p(2,1),p(2,2)),nrow=3,byrow=T)
         [,1]    [,2]    [,3]
[1,]   0.1121  0.2258  0.1111
[2,]   0.2193  0.2271  0.0000
[3,]   0.1140  0.0000  0.0000
```

5. 设随机变量 (X,Y) 具有概率密度函数:
$$f(x,y) = \begin{cases} Ce^{-2(x+y)}, & x>0, y>0 \\ 0, & \text{其他} \end{cases}$$

试求: (1) 常数 C; (2) 分布函数 $F(x,y)$; (3) 边缘分布函数及相应的边缘概率密度函数; (4) (X,Y) 落在区域 $\{(x,y)|x+y<1\}$ 的概率.

解: (1) 如图 3-15 所示, 可得

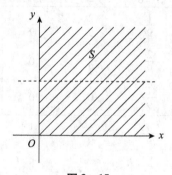

图 3-15

$$\begin{aligned}
1 &= \int_{-\infty}^{+\infty}\int_{-\infty}^{+\infty} f(x,y)\,\mathrm{d}x\mathrm{d}y \\
&= \int_{0}^{+\infty}\int_{0}^{+\infty} Ce^{-2(x+y)}\,\mathrm{d}x\mathrm{d}y \\
&= \int_{0}^{+\infty}\left[\int_{0}^{+\infty} Ce^{-2(x+y)}\,\mathrm{d}x\right]\mathrm{d}y \\
&= \int_{0}^{+\infty} \frac{C}{2}e^{-2y}\,\mathrm{d}y
\end{aligned}$$

$$= \frac{C}{4}$$

所以，$C=4$.

(2) 如图 3-16 所示，

① 当 $x \leq 0$ 或 $y \leq 0$，$F(x,y)=0$.

② 当 $x>0$, $y>0$,

$$\begin{aligned}F(x,y) &= P(X \leq x, Y \leq y)\\ &= \int_{-\infty}^{x}\int_{-\infty}^{y} f(u,v)\,\mathrm{d}u\,\mathrm{d}v\\ &= \int_{0}^{x}\int_{0}^{y} 4\mathrm{e}^{-2(u+v)}\,\mathrm{d}u\,\mathrm{d}v\\ &= \int_{0}^{y}\left[\int_{0}^{x} 4\mathrm{e}^{-2(u+v)}\,\mathrm{d}u\right]\mathrm{d}v\\ &= (1-\mathrm{e}^{-2x})(1-\mathrm{e}^{-2y})\end{aligned}$$

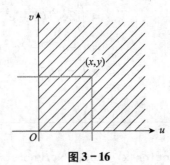

图 3-16

所以分布函数为

$$F(x,y)=\begin{cases}(1-\mathrm{e}^{-2x})(1-\mathrm{e}^{-2y}), & x>0, y>0\\ 0, & \text{其他}\end{cases}$$

(3)
$$F_X(x)=F(x,+\infty)=\begin{cases}1-\mathrm{e}^{-2x}, & x>0\\ 0, & \text{其他}\end{cases}$$

$$f_X(x)=F'_X(x)=\begin{cases}2\mathrm{e}^{-2x}, & x>0\\ 0, & \text{其他}\end{cases}$$

$$F_Y(y)=F(+\infty,y)=\begin{cases}1-\mathrm{e}^{-2y}, & y>0\\ 0, & \text{其他}\end{cases}$$

$$f_Y(y)=F'_Y(y)=\begin{cases}2\mathrm{e}^{-2y}, & y>0\\ 0, & \text{其他}\end{cases}$$

(4) 如图 3-17 所示, 可得

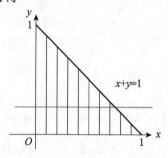

图 3-17

$$P(X+Y<1) = \iint_{x+y<1} f(x,y)\,\mathrm{d}x\mathrm{d}y$$
$$= \int_0^1 \left(\int_0^{1-y} 4e^{-2(x+y)}\,\mathrm{d}x\right)\mathrm{d}y$$
$$= \int_0^1 2e^{-2y}(1-e^{2y-2})\,\mathrm{d}y$$
$$= \left[-e^{-2y}-2e^{-2}y\right]_{y=0}^{y=1}$$
$$= 1-3e^{-2}$$

 R 程序和输出:

```
####(1)
>c<-1/integrate(function(x){sapply(x,function(x)
+{integrate(function(y)exp(-2*(x+y)),0,Inf)$val})},0,Inf)$val
>c
[1]4
####(4)
>integrate(function(y){sapply(y,function(y)
+{integrate(function(x)4*exp(-2*(x+y)),0,1-y)$val})},0,1)$val
[1]0.5939942
```

6. 设二维随机变量 (X, Y) 的联合概率密度函数为

$$f(x,y) = \begin{cases} ae^{-y}, & 0<x<y \\ 0, & 其他 \end{cases}$$

(1) 求常数 a;

(2) 求边缘概率密度函数 $f_X(x)$, $f_Y(y)$；
(3) 求 $P(X+Y\leqslant 1)$.

解：(1) 如图 3-18 所示，可得

$$\begin{aligned}
1 &= \int_{-\infty}^{+\infty}\int_{-\infty}^{+\infty} f(x,y)\,\mathrm{d}x\mathrm{d}y \\
&= \int_0^{+\infty}\int_0^{+\infty} a\mathrm{e}^{-y}\,\mathrm{d}x\mathrm{d}y \\
&= \int_0^{+\infty}\left(\int_0^y a\mathrm{e}^{-y}\,\mathrm{d}x\right)\mathrm{d}y \\
&= \int_0^{+\infty} ay\mathrm{e}^{-y}\,\mathrm{d}y \\
&= a
\end{aligned}$$

所以，$a = 1$.

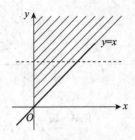

图 3-18

(2) 求 X 的边缘概率密度函数，如图 3-19 所示，

① 当 $x \leqslant 0$, $f_X(x) = 0$.

② 当 $x > 0$, $f_X(x) = \int_{-\infty}^{+\infty} f(x,y)\,\mathrm{d}y = \int_x^{+\infty} \mathrm{e}^{-y}\,\mathrm{d}y = \mathrm{e}^{-x}$.

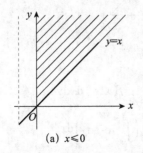
(a) $x \leqslant 0$

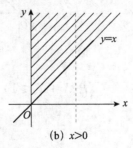
(b) $x > 0$

图 3-19

所以,
$$f_X(x) = \begin{cases} e^{-x}, & x > 0 \\ 0, & 其他 \end{cases}$$

求 Y 的边缘概率密度函数,如图 3-20 所示,

① 当 $y \leq 0$, $f_Y(y) = 0$.

② 当 $y > 0$, $f_Y(y) = \int_{-\infty}^{+\infty} f(x,y)\,dx = \int_0^y e^{-y}\,dx = y e^{-y}$.

所以,
$$f_Y(y) = \begin{cases} y e^{-y}, & y > 0 \\ 0, & 其他 \end{cases}$$

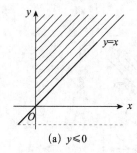
(a) $y \leq 0$

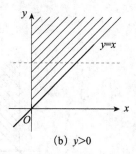
(b) $y > 0$

图 3-20

(3) 如图 3-21 所示,可得

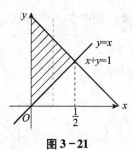

图 3-21

$$\begin{aligned} P(X+Y \leq 1) &= \iint_{x+y \leq 1} f(x,y)\,dxdy \\ &= \int_0^{1/2} \left(\int_x^{1-x} e^{-y}\,dy \right) dx \\ &= \int_0^{1/2} (e^{-x} - e^{x-1})\,dx \end{aligned}$$

$$= \left[-e^{-x} - e^{x-1} \right]_{x=0}^{x=1/2}$$
$$= 1 - 2e^{-1/2} + e^{-1}$$

 R 程序和输出：

```
####(1)
>a<-1/integrate(function(y){sapply(y,function(y)
+{integrate(function(x)exp(-y)+0*x,0,y)$val})},0,Inf)$val
>a
[1]1
####(3)
>integrate(function(x){sapply(x,function(x)
+{integrate(function(y)exp(-y)+0*x,x,1-x)$val})},0,1/2)$val
[1]0.1548181
```

7. 设二维随机变量 (X,Y) 服从区域 $D = \{(x,y) \mid 0 \leq y \leq 1-x^2\}$ 上的均匀分布，设区域 B 为 $\{(x,y) \mid y \geq x^2\}$，

(1) 写出 (X,Y) 的联合概率密度函数；

(2) 求 X 和 Y 的边缘概率密度函数；

(3) 求 $X = -0.5$ 时 Y 的条件概率密度函数和 $Y = 0.5$ 时 X 的条件概率密度函数；

(4) 求概率 $P[(X,Y) \in B]$.

解：区域 D 如图 3-22 所示.

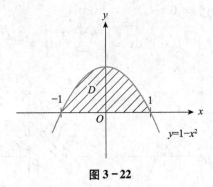

图 3-22

(1) 区域 D 的面积为 $S_D = \int_{-1}^{1}(1-x^2)\mathrm{d}x = \dfrac{4}{3}$，$(X, Y)$ 的联合概率密度函数为

$$f(x,y) = \begin{cases} \dfrac{3}{4}, & (x,y) \in D \\ 0, & 其他 \end{cases}$$

(2) 求 X 的边缘概率密度函数, 如图 3-23 所示,

①当 $x < -1$ 或 $x > 1$, $f_X(x) = 0$.

②当 $-1 \leq x \leq 1$, $f_X(x) = \int_{-\infty}^{+\infty} f(x,y) \mathrm{d}y = \int_{0}^{1-x^2} \dfrac{3}{4} \mathrm{d}y = \dfrac{3}{4}(1-x^2)$.

所以,

$$f_X(x) = \begin{cases} \dfrac{3}{4}(1-x^2), & -1 \leq x \leq 1 \\ 0, & 其他 \end{cases}$$

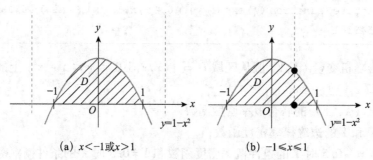

图 3-23

求 Y 的边缘概率密度函数, 如图 3-24 所示,

①当 $y < 0$ 或 $y > 1$, $f_Y(y) = 0$.

②当 $0 \leq y \leq 1$, $f_Y(y) = \int_{-\infty}^{+\infty} f(x,y) \mathrm{d}x = \int_{-\sqrt{1-y}}^{\sqrt{1-y}} \dfrac{3}{4} \mathrm{d}x = \dfrac{3\sqrt{1-y}}{2}$.

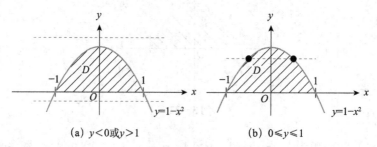

图 3-24

所以，

$$f_Y(y) = \begin{cases} \dfrac{3\sqrt{1-y}}{2} , & 0 \leqslant y \leqslant 1 \\ 0 , & \text{其他} \end{cases}$$

(3)
$$f_{Y|X=-0.5}(Y|X=-0.5) = \dfrac{f(x=-0.5,y)}{f_X(x=-0.5)}$$

$$= \begin{cases} \dfrac{\dfrac{3}{4}}{\dfrac{3}{4}[1-(-0.5)^2]} , & 0 \leqslant y \leqslant \dfrac{3}{4} \\ 0 , & \text{其他} \end{cases}$$

$$= \begin{cases} \dfrac{4}{3} , & 0 \leqslant y \leqslant \dfrac{3}{4} \\ 0 , & \text{其他} \end{cases}$$

$$f_{X|Y=0.5}(X|Y=0.5) = \dfrac{f(x,y=0.5)}{f_Y(y=0.5)}$$

$$= \begin{cases} \dfrac{\dfrac{3}{4}}{\dfrac{3\times\sqrt{1-0.5}}{2}} , & -\dfrac{\sqrt{2}}{2} \leqslant x \leqslant \dfrac{\sqrt{2}}{2} \\ 0 , & \text{其他} \end{cases}$$

$$= \begin{cases} \dfrac{\sqrt{2}}{2} , & -\dfrac{\sqrt{2}}{2} \leqslant x \leqslant \dfrac{\sqrt{2}}{2} \\ 0 , & \text{其他} \end{cases}$$

(4) 如图 3-25 所示，可得

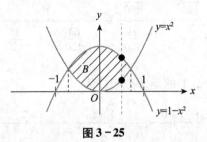

图 3-25

$$P[(X,Y) \in B] = \iint_B f(x,y)\,dx\,dy$$

$$= \int_{-\frac{\sqrt{2}}{2}}^{\frac{\sqrt{2}}{2}} \left(\int_{x^2}^{1-x^2} \frac{3}{4}\,dy \right) dx$$

$$= \frac{3}{4}\left[x - \frac{2x^3}{3} \right]_{x=-\frac{\sqrt{2}}{2}}^{x=\frac{\sqrt{2}}{2}} = \frac{\sqrt{2}}{2}$$

R 程序和输出：

```
####(1)
> integrate(function(x)1 - x^2, -1, 1)$val
[1] 1.333333

####(4)
> integrate(function(x){sapply(x,function(x){integrate(function(y)
+ 3/4 + 0*x + 0*y,x^2,1 - x^2)$val})},-sqrt(2)/2,sqrt(2)/2)$val
[1] 0.7071068
```

8. 在第 2 题中求：（1）边缘分布律；（2）在 $X=0$ 的条件下，Y 的条件分布律.

解：（1）X 与 Y 的边缘分布律为

	$Y=0$	$Y=1$	$Y=2$	$Y=3$	$P(X=k)$
$X=0$	0	0	$\frac{21}{120}$	$\frac{35}{120}$	$\frac{56}{120}$
$X=1$	0	$\frac{14}{120}$	$\frac{42}{120}$	0	$\frac{56}{120}$
$X=2$	$\frac{1}{120}$	$\frac{7}{120}$	0	0	$\frac{8}{120}$
$P(Y=k)$	$\frac{1}{120}$	$\frac{21}{120}$	$\frac{63}{120}$	$\frac{35}{120}$	1

（2）在 $X=0$ 的条件下，Y 的条件分布律为

$Y \mid X=0$	$Y=0$	$Y=1$	$Y=2$	$Y=3$
P	0	0	$\frac{3}{8}$	$\frac{5}{8}$

R 程序和输出：

```
####(1)
> px <- function(i){
+ products <- c(1,1,rep(2,7),0)
+ sim <- 10000
+ t <- numeric(sim)
+ for(k in 1:sim){
+ X <- sample(products,3,replace=F)
+ t[k] <- (length(X[X==1])==i)
+ }
+ mean(t)
+ }
> c(px(0),px(1),px(2))
[1] 0.4654  0.4611  0.0646
>
> py <- function(j){
+ products <- c(1,1,rep(2,7),0)
+ sim <- 10000
+ t <- numeric(sim)
+ for(k in 1:sim){
+ X <- sample(products,3,replace=F)
+ t[k] <- (length(X[X==2])==j)
+ }
+ mean(t)
+ }
> c(py(0),py(1),py(2),py(3))
[1] 0.0085  0.1745  0.5270  0.2914
>
####(2)
> cond <- function(j){
+ products <- c(1,1,rep(2,7),0)
+ sim <- 10000
+ t <- numeric(sim)
```

```
+ s <- numeric(sim)
+ for(k in 1:sim){
+ X <- sample(products,3,replace = F)
+ t[k] <- (length(X[X==1])==0)&(length(X[X==2])==j)
+ s[k] <- (length(X[X==1])==0)
+ }
+ sum(t)/sum(s)
+ }
> c(cond(0),cond(1),cond(2),cond(3))
[1] 0.0000000   0.0000000   0.3757757   0.6260907
```

9. 以 X 记某医院一天出生的婴儿的个数，Y 记其中男婴的个数，设 X 和 Y 联合分布律为

$$P(X=n, Y=m) = \frac{e^{-14}(7.14)^m(6.86)^{n-m}}{m!(n-m)!}, \quad m=0,1,\cdots,n, \quad n=0,1,2,\cdots$$

(1) 求边缘分布律；(2) 求条件分布律；(3) 写出当 $X=20$ 时，Y 的条件分布律.

解：(1) X 的边缘分布律为

$$P(X=n) = \sum_{m=0}^{n} P(X=n, Y=m)$$

$$= \sum_{m=0}^{n} \frac{e^{-14} 7.14^m 6.86^{n-m}}{m!(n-m)!}$$

$$= \frac{e^{-14}}{n!} \sum_{m=0}^{n} \frac{n! 7.14^m 6.86^{n-m}}{m!(n-m)!}$$

$$= \frac{e^{-14}}{n!}(7.14+6.86)^n$$

$$= \frac{e^{-14} 14^n}{n!}, \quad n=0,1,2,\cdots$$

Y 的边缘分布律为

$$P(Y=m) = \sum_{n=m}^{+\infty} P(X=n, Y=m)$$

$$= \sum_{n=m}^{+\infty} \frac{e^{-14} 7.14^m 6.86^{n-m}}{m!(n-m)!}$$

$$= \frac{e^{-14} 7.14^m}{m!} \sum_{n=m}^{+\infty} \frac{6.86^{n-m}}{(n-m)!} \quad (\diamondsuit\, t=n-m)$$

$$= \frac{e^{-14}7.14^m}{m!}\sum_{t=0}^{+\infty}\frac{6.86^t}{t!}$$

$$= \frac{e^{-14}7.14^m}{m!}e^{6.86}$$

$$= \frac{7.14^m}{m!}e^{-7.14}, m = 0,1,2,\cdots$$

(2)
$$P(X = n \mid Y = m) = \frac{P(X = n, Y = m)}{P(Y = m)}$$

$$= \frac{\dfrac{e^{-14}7.14^m 6.86^{n-m}}{m!(n-m)!}}{\dfrac{7.14^m}{m!}e^{-7.14}}$$

$$= \frac{6.86^{n-m}}{(n-m)!}e^{-6.86}, n = m, m+1,\cdots$$

$$P(Y = m \mid X = n) = \frac{P(X = n, Y = m)}{P(X = n)}$$

$$= \frac{\dfrac{e^{-14}7.14^m 6.86^{n-m}}{m!(n-m)!}}{\dfrac{e^{-14}14^n}{n!}}$$

$$= C_n^m\left(\frac{7.14}{14}\right)^m\left(\frac{6.86}{14}\right)^{n-m}, m = 0,1,\cdots,n$$

(3) 当 $X = 20$ 时，Y 的条件分布律为

$$P(Y = m \mid X = 20) = C_{20}^m\left(\frac{7.14}{14}\right)^m\left(\frac{6.86}{14}\right)^{20-m}, m = 0,1,\cdots,20$$

10. 已知随机变量 X 和 Y 的联合概率密度函数为

$$f(x,y) = \begin{cases} 4xy, & 0 \leqslant x < 1, 0 \leqslant y < 1 \\ 0, & \text{其他} \end{cases}$$

试求：

(1) 条件概率密度函数 $f_{X|Y}(x \mid y)$ 及 $f_{Y|X}(y \mid x)$；

(2) X 和 Y 的联合分布函数 $F(x,y)$。

解：(1) 求 X 的边缘概率密度函数。

① 当 $x < 0$ 或 $x \geqslant 1$，$f_X(x) = 0$。

② 当 $0 \leqslant x < 1$, $f_X(x) = \int_{-\infty}^{+\infty} f(x,y) dy = \int_0^1 4xy dy = 2x$.

所以,
$$f_X(x) = \begin{cases} 2x, & 0 \leqslant x < 1 \\ 0, & 其他 \end{cases}$$

依对称性，同样可以求得 Y 的边缘概率密度函数为
$$f_Y(y) = \begin{cases} 2y, & 0 \leqslant y < 1 \\ 0, & 其他 \end{cases}$$

所以
$$f_{X|Y}(x|y) = \frac{f(x,y)}{f_Y(y)} = \begin{cases} 2x, & 0 \leqslant x < 1 \\ 0, & 其他 \end{cases}$$

$$f_{Y|X}(y|x) = \frac{f(x,y)}{f_X(x)} = \begin{cases} 2y, & 0 \leqslant y < 1 \\ 0, & 其他 \end{cases}$$

(2)

① 当 $x < 0$ 或 $y < 0$, $F(x,y) = 0$

② 当 $0 \leqslant x < 1$, $0 \leqslant y < 1$, $F(x,y) = \int_0^x \int_0^y 4uv du dv = x^2 y^2$

③ 当 $0 \leqslant x < 1$, $1 \leqslant y$, $F(x,y) = \int_0^x \int_0^1 4uv du dv = x^2$

④ 当 $1 \leqslant x$, $0 \leqslant y < 1$, $F(x,y) = \int_0^1 \int_0^y 4uv du dv = y^2$

⑤ 当 $1 \leqslant x$, $1 \leqslant y$, $F(x,y) = 1$

$$F(x,y) = \begin{cases} 0, & x < 0 \text{ 或 } y < 0 \\ x^2 y^2, & 0 \leqslant x < 1, 0 \leqslant y < 1 \\ x^2, & 0 \leqslant x < 1, 1 \leqslant y \\ y^2, & 1 \leqslant x, 0 \leqslant y < 1 \\ 1, & 1 \leqslant x, 1 \leqslant y \end{cases}$$

11. 设随机变量 (X, Y) 的联合概率密度函数为
$$f(x,y) = \begin{cases} cxe^{-y}, & 0 < x < y < +\infty \\ 0, & 其他 \end{cases}$$

(1) 求常数 c;

(2) X 与 Y 是否独立？为什么？

(3) 求 $f_{X|Y}(x|y)$, $f_{Y|X}(y|x)$;

(4) 求 $P(X<1|Y<2), P(X<1|Y=2)$；
(5) (X,Y) 的联合分布函数.

解：(1) 如图 3-26 所示，可得

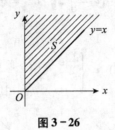

图 3-26

$$1 = \int_{-\infty}^{+\infty}\int_{-\infty}^{+\infty} f(x,y)\,dxdy$$
$$= \int_0^{+\infty}\left(\int_0^y cxe^{-y}dx\right)dy$$
$$= \int_0^{+\infty} \frac{cy^2}{2}e^{-y}dy$$
$$= c$$

所以，$c=1$.

(2) 求 X 的边缘概率密度函数，如图 3-27 所示，

① 当 $x \leqslant 0$, $f_X(x) = 0$.

② 当 $x > 0$, $f_X(x) = \int_{-\infty}^{+\infty} f(x,y)dy = \int_x^{+\infty} xe^{-y}dy = xe^{-x}$.

所以，
$$f_X(x) = \begin{cases} xe^{-x}, & x>0 \\ 0, & \text{其他} \end{cases}$$

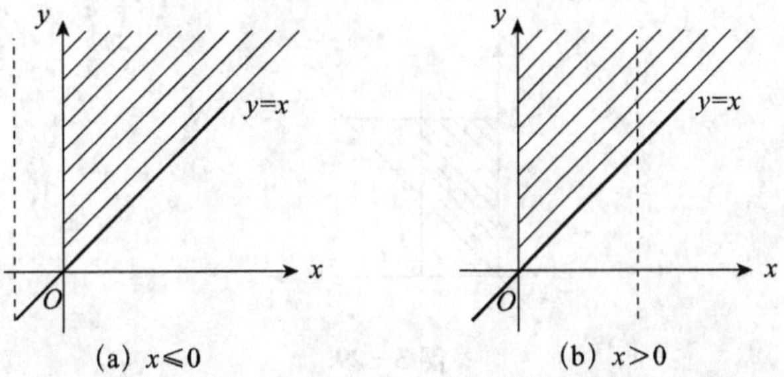

(a) $x \leqslant 0$ (b) $x > 0$

图 3-27

求 Y 的边缘概率密度函数,如图 3-28 所示.

① 当 $y \leqslant 0$, $f_Y(y) = 0$.

② 当 $y > 0$, $f_Y(y) = \int_{-\infty}^{+\infty} f(x,y) \mathrm{d}x = \int_0^y x \mathrm{e}^{-y} \mathrm{d}x = \dfrac{y^2}{2} \mathrm{e}^{-y}$.

所以,

$$f_Y(y) = \begin{cases} \dfrac{y^2}{2} \mathrm{e}^{-y}, & y > 0 \\ 0, & 其他 \end{cases}$$

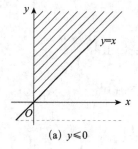 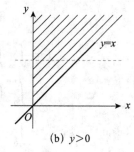

(a) $y \leqslant 0$ (b) $y > 0$

图 3-28

在区域 $\{(x,y) \mid 0 < x < y\}$ 上,$f(x,y) \neq f_X(x) f_Y(y)$,故 X 与 Y 不独立.

(3)

$$f_{X \mid Y}(x \mid y) = \dfrac{f(x,y)}{f_Y(y)} = \begin{cases} \dfrac{2x}{y^2}, & 0 < x < y \\ 0, & 其他 \end{cases}$$

$$f_{Y \mid X}(y \mid x) = \dfrac{f(x,y)}{f_X(x)} = \begin{cases} \mathrm{e}^{x-y}, & 0 < x < y \\ 0, & 其他 \end{cases}$$

(4) 计算 $P(X < 1 \mid Y < 2)$,如图 3-29 所示.

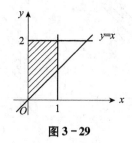

图 3-29

$$P(X<1\mid Y<2) = \frac{P(X<1,Y<2)}{P(Y<2)}$$

$$= \frac{\int_0^1 \left(\int_x^2 x\mathrm{e}^{-y}\mathrm{d}y\right)\mathrm{d}x}{\int_0^2 \frac{y^2}{2}\mathrm{e}^{-y}\mathrm{d}y}$$

$$= \frac{\int_0^1 x(\mathrm{e}^{-x} - \mathrm{e}^{-2})\mathrm{d}x}{\left[\frac{1}{2}\mathrm{e}^{-y}(-y^2-2y-2)\right]_{y=0}^{y=2}}$$

$$= \frac{1 - \dfrac{1}{2\mathrm{e}^2} - \dfrac{2}{\mathrm{e}}}{1 - \dfrac{5}{\mathrm{e}^2}}$$

$$= \frac{1 + 4\mathrm{e} - 2\mathrm{e}^2}{10 - 2\mathrm{e}^2}$$

计算 $P(X<1\mid Y=2)$. 当 $Y=2$ 时, X 的条件概率密度函数为

$$f_{X\mid Y=2}(x\mid y=2) = \begin{cases} \dfrac{x}{2}, & 0<x<2 \\ 0, & \text{其他} \end{cases}$$

$$P(X<1\mid Y=2) = \int_0^1 \frac{x}{2}\mathrm{d}x = \frac{1}{4}$$

(5) (X,Y) 的联合分布函数 $F(x,y) = \int_{-\infty}^x \int_{-\infty}^y f(u,v)\mathrm{d}u\mathrm{d}v$, 其中

$$f(u,v) = \begin{cases} u\mathrm{e}^{-v}, & 0<u<v<+\infty \\ 0, & \text{其他} \end{cases}$$

① 当 $x\leq 0$ 或 $y\leq 0$, $F(x,y)=0$.
② 当 $0<x<y<+\infty$, 如图 3-30 所示.

$$F(x,y) = \int_0^x \left(\int_u^y u\mathrm{e}^{-v}\mathrm{d}v\right)\mathrm{d}u$$

$$= \int_0^x u(\mathrm{e}^{-u} - \mathrm{e}^{-y})\mathrm{d}u$$

$$= 1 - \frac{1}{2}x^2\mathrm{e}^{-y} - \mathrm{e}^{-x}(x+1)$$

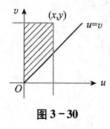
图 3-30

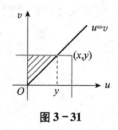
图 3-31

③当 $0 < y \leqslant x < +\infty$，如图 3-31 所示.

$$F(x,y) = \int_0^y \left[\int_u^y u e^{-v} dv \right] du$$

$$= \int_0^y u(e^{-u} - e^{-y}) du$$

$$= 1 - \frac{1}{2} e^{-y}(y^2 + 2y + 2)$$

所以，(X, Y) 的分布函数为

$$F(x,y) = \begin{cases} 0, & x \leqslant 0 \text{ 或 } y \leqslant 0 \\ 1 - \frac{1}{2} x^2 e^{-y} - e^{-x}(x+1), & 0 < x < y < +\infty \\ 1 - \frac{1}{2} e^{-y}(y^2 + 2y + 2), & 0 < y \leqslant x < +\infty \end{cases}$$

12. 设 X 的概率密度函数为 $f(x)$，

$$f_X(x) = \begin{cases} \lambda^2 x e^{-\lambda x}, & x > 0 \\ 0, & x \leqslant 0 \end{cases}$$

$\lambda > 0$，Y 在 $(0, X)$ 上服从均匀分布，求：(1) Y 的条件概率密度函数 $f_{Y|X}(y \mid x)$；(2) (X, Y) 的联合概率密度函数；(3) Y 的概率密度函数.

解：(1) $f_{Y|X}(y \mid x) = \begin{cases} \dfrac{1}{x}, & 0 < y < x \\ 0, & \text{其他} \end{cases}$

(2) $f(x,y) = f_X(x) f_{Y|X}(y \mid x) = \begin{cases} \lambda^2 e^{-\lambda x}, & 0 < y < x \\ 0, & \text{其他} \end{cases}$

(3)

①当 $y \leqslant 0$，$f_Y(y) = 0$.

②当 $y>0, f_Y(y) = \int_{-\infty}^{+\infty} f(x,y) dx = \int_y^{+\infty} \lambda^2 e^{-\lambda x} dx = \lambda e^{-\lambda y}.$

所以，Y 的概率密度函数为

$$f_Y(y) = \begin{cases} \lambda e^{-\lambda y}, & y>0 \\ 0, & 其他 \end{cases}$$

13. (X,Y) 的联合概率密度函数为

$$f(x,y) = \begin{cases} \dfrac{1}{2x^2 y}, & 1 \leq x, \dfrac{1}{x} \leq y \leq x \\ 0, & 其他 \end{cases}$$

判别 X 和 Y 是否相互独立.

解：如图 3-32 所示.

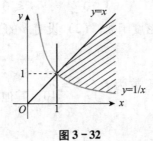

图 3-32

求 X 的边缘概率密度函数.

①当 $x<1, f_X(x)=0.$

②当 $x \geq 1, f_X(x) = \int_{-\infty}^{+\infty} f(x,y) dy = \int_{1/x}^{x} \dfrac{1}{2x^2 y} dy = \dfrac{\ln x}{x^2}.$

所以，

$$f_X(x) = \begin{cases} \dfrac{\ln x}{x^2}, & x \geq 1 \\ 0, & 其他 \end{cases}$$

求 Y 的边缘概率密度函数.

①当 $y \leq 0, f_Y(y) = 0.$

②当 $0 < y \leq 1, f_Y(y) = \int_{-\infty}^{+\infty} f(x,y) dx = \int_{1/y}^{+\infty} \dfrac{1}{2x^2 y} dx = \dfrac{1}{2}.$

③当 $y>1, f_Y(y) = \int_{-\infty}^{+\infty} f(x,y) dx = \int_y^{+\infty} \dfrac{1}{2x^2 y} dx = \dfrac{1}{2y^2}.$

所以，
$$f_Y(y) = \begin{cases} 0, & y \leq 0 \\ \dfrac{1}{2}, & 0 < y \leq 1 \\ \dfrac{1}{2y^2}, & y > 1 \end{cases}$$

$f(x,y) \neq f_X(x)f_Y(y)$，故 X 与 Y 不独立.

14. 设 X 与 Y 是两个相互独立的随机变量，X 在 $(0,1)$ 上服从均匀分布，Y 的概率密度函数为

$$f_Y(y) = \begin{cases} \dfrac{1}{2}e^{-\frac{y}{2}}, & y > 0 \\ 0, & y \leq 0 \end{cases}$$

(1) 求 X 与 Y 的联合概率密度函数；(2) 设有 a 的二次方程 $a^2 + 2aX + Y^2 = 0$，求有实根的概率.

解：(1) X 的概率密度函数为 $f_X(x) = \begin{cases} 1, & 0 < x < 1 \\ 0, & \text{其他} \end{cases}$，因为 X 与 Y 相互独立，所以，

$$f(x,y) = f_X(x)f_Y(y) = \begin{cases} \dfrac{1}{2}e^{-\frac{y}{2}}, & 0 < x < 1, y > 0 \\ 0, & \text{其他} \end{cases}$$

(2)
$$\begin{aligned}
P(\text{方程有实根}) &= P[(2X)^2 - 4Y^2 \geq 0] \\
&= P(X \geq Y) \\
&= \iint_{x \geq y} f(x,y)\,dxdy \\
&= \int_0^1 \left(\int_0^x \dfrac{1}{2}e^{-\frac{y}{2}}\,dy\right)dx \\
&= \int_0^1 (1 - e^{-\frac{x}{2}})\,dx \\
&= \dfrac{2}{\sqrt{e}} - 1
\end{aligned}$$

R 程序和输出：

```
####(2)
>integrate(function(x){sapply(x,function(x)
+{integrate(function(y)exp(-y/2)/2 +0*x,0,x)$val})},0,1)$val
[1]0.2130613
>n<-10000
>X<-runif(n)
>Y<-rexp(n,rate=1/2)
>mean(X>=Y)
[1]0.2125
```

15. （Buffon 投针问题）平面上画有等距离为 a 的一些平行线，向此平面上任意投一根长度为 L（$L<a$）的针，试求该针与任一平行直线相交的概率.

解： 设 X 表示针的中心到最近一条平行线的距离，θ 为针与 X 所在投影线夹角.

$$X \sim U\left(0, \frac{a}{2}\right) \sim f_X(x) = \begin{cases} \dfrac{2}{a}, & 0 \leq x \leq \dfrac{a}{2} \\ 0, & \text{其他} \end{cases}$$

$$\theta \sim U(0, \pi) \sim f_\theta(\theta) = \begin{cases} \dfrac{1}{\pi}, & 0 \leq \theta \leq \pi \\ 0, & \text{其他} \end{cases}$$

(X, θ) 的联合概率密度函数为

$$f(x, \theta) = \begin{cases} \dfrac{2}{a\pi}, & 0 \leq x \leq \dfrac{a}{2}, 0 \leq \theta \leq \pi \\ 0, & \text{其他} \end{cases}$$

如图 3-33 所示，可得

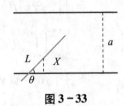

图 3-33

$$P(\text{针与平行线相交}) = P\left(X \leq \frac{L}{2}\sin\theta\right)$$

$$= \iint_{x \leq \frac{L}{2}\sin\theta} f(x, \theta)\,dx\,d\theta$$

$$= \int_0^\pi \left(\int_0^{\frac{L}{2}\sin\theta} \frac{2}{a\pi} dx\right) d\theta$$

$$= \frac{2L}{a\pi}$$

 R 程序和输出：

```
>L<-1
>a<-1.5
>integrate(function(theta){sapply(theta,function(theta)
+{integrate(function(x)2/(a*pi)+0*x+0*theta,0,L*sin(theta)/2)
   $val})},0,Pi)$
[1]0.4244132
>2*L/(a*pi)
[1]0.4244132
>
>n<-10000
>X<-runif(n,0,a/2)
>theta<-runif(n,0,pi)
>mean(X<=L*sin(theta)/2)
[1]0.4228
```

16. 设 X,Y 为独立且服从相同分布的连续型随机变量，求 $P(X \leq Y)$.

解： 如图 3-34 所示，所求概率为

$$\begin{aligned}
P(X \leq Y) &= \iint_{x \leq y} f(x,y) dxdy \\
&= \iint_{x \leq y} f(x) f(y) dxdy \\
&= \int_{-\infty}^{+\infty} \left[\int_{-\infty}^{y} f(x) f(y) dx\right] dy \\
&= \int_{-\infty}^{+\infty} f(y) F(y) dy \\
&= \left[\frac{F^2(y)}{2}\right]_{y=-\infty}^{y=+\infty} \\
&= \frac{1}{2}
\end{aligned}$$

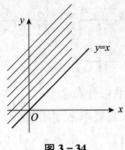

图 3-34

 R 程序和输出：

```
>n<-10000
>X<-runif(n)
>Y<-runif(n)
>mean(X<=Y)
[1]0.5005
>X<-rnorm(n)
>Y<-rnorm(n)
>mean(X<=Y)
[1]0.4956
>X<-rexp(n,rate=1)
>Y<-rexp(n,rate=1)
>mean(X<=Y)
[1]0.496
```

17. 设随机变量 X 与 Y 相互独立，并且分别服从参数为 λ_1 与 λ_2 的泊松分布，令 $Z = X + Y$，试求随机变量 Z 的分布律.

解：Z 的取值为 $0, 1, 2, \cdots$

$$\begin{aligned} P(Z = i) &= P(X + Y = i) \\ &= \sum_{k=0}^{i} P(X = k, Y = i - k) \\ &= \sum_{k=0}^{i} P(X = k) P(Y = i - k) \\ &= \sum_{k=0}^{i} \frac{\lambda_1^k}{k!} e^{-\lambda_1} \frac{\lambda_2^{i-k}}{(i-k)!} e^{-\lambda_2} \end{aligned}$$

$$= \frac{e^{-(\lambda_1+\lambda_2)}}{i!}\sum_{k=0}^{i}\frac{i!\lambda_1^k}{k!}\frac{\lambda_2^{i-k}}{(i-k)!}$$

$$= \frac{e^{-(\lambda_1+\lambda_2)}}{i!}(\lambda_1+\lambda_2)^i, i=0,1,2,\cdots$$

随机变量 Z 服从参数为 $\lambda_1+\lambda_2$ 的泊松分布.

18. 设随机变量 (X,Y) 的联合概率密度函数为

$$f(x,y)=\begin{cases}1, & 0<x<1, 0<y<1\\ 0, & 其他\end{cases}$$

求 $Z=X+Y$ 的概率密度函数.

解：利用和的概率密度公式 $f_Z(z)=\int_{-\infty}^{+\infty}f(x,z-x)\mathrm{d}x$ 可得，

$$f(x,z-x)=\begin{cases}1, & 0<x<1, 0<z-x<1\\ 0, & 其他\end{cases}$$

区域 $\{(x,z)\mid 0<x<1, 0<z-x<1\}$ 如图 3-35 所示.

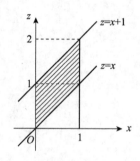

图 3-35

① 当 $z\leqslant 0$ 或 $z>2$，$f_Z(z)=0$.

② 当 $0<z\leqslant 1$，$f_Z(z)=\int_0^z\mathrm{d}x=z$.

③ 当 $1<z\leqslant 2$，$f_Z(z)=\int_{z-1}^1\mathrm{d}x=2-z$.

所以，$Z=X+Y$ 的概率密度函数为

$$f_Z(z)=\begin{cases}z, & 0<z\leqslant 1\\ 2-z, & 1<z\leqslant 2\\ 0, & 其他\end{cases}$$

R 程序和输出：

```
> sumunif <- function(n) {
+ x = seq(0,3,0.01)
+ truth = x
+ truth[x > 1 & x <= 2] <- 2 - x[x > 1 & x <= 2]
+ truth[x <= 0 | x > 2] <- 0
+ plot(density(runif(n) + runif(n)),
+ main = "Density Estimate of the sum of two Uniform distribution",
+ ylim = c(0,1.2), lwd = 2, lty = 2)
+ lines(x, truth, col = "red", lwd = 2)
+ legend("topright", c("True Density", "Estimated Density"),
+ col = c("red","black"), lwd = 2, lty = c(1,2))
+ }
> sumunif(1000)
```

19. 设随机变量 (X,Y) 的联合概率密度函数为

$$f(x,y) = \begin{cases} 3x, & 0 < x < 1, 0 < y < x \\ 0, & \text{其他} \end{cases}$$

求 $Z = X - Y$ 的概率密度函数.

解：利用差的概率密度公式 $f_Z(z) = \int_{-\infty}^{+\infty} f(x, x-z)\,dx$ 得

$$f(x, x-z) = \begin{cases} 3x, & 0 < x < 1, 0 < x-z < x \\ 0, & \text{其他} \end{cases}$$

区域 $\{(x,z) \mid 0 < x < 1, 0 < x-z < 1\}$ 如图 3-36 所示.

① 当 $z \leq 0$ 或 $z \geq 1$, $f_Z(z) = 0$.

② 当 $0 < z < 1$, $f_Z(z) = \int_z^1 3x\,dx = \dfrac{3(1-z^2)}{2}$.

所以，$Z = X - Y$ 的概率密度函数为

$$f_Z(z) = \begin{cases} \dfrac{3(1-z^2)}{2}, & 0 < z < 1 \\ 0, & \text{其他} \end{cases}$$

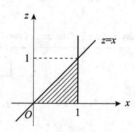

图 3-36

 R 程序和输出：

```
> rz <- function(n){
+ U <- runif(n)
+ X <- U^(1/3)
+ Y <- numeric(n)
+ for(i in 1:n)
+ {Y[i] <- runif(1,0,X[i])}
+ return(X - Y)
+ }
>
> zdiff <- function(n){
```

```
+x = seq(0,2,0.01)
+truth =3 * (1 - x^2) / 2
+truth[x <=0 |x >=1] <-0
+plot(density(rz(n)),main = "Density Estimate of Z = X - Y",
+ylim = c(0,1.8),lwd = 2,lty = 2)
+lines(x,truth,col = "red",lwd = 2)
+legend("topright",c("True Density","Estimated Density"),
+col = c("red","black"),lwd = 2,lty = c(1,2))
+}
>zdiff(1000)
```

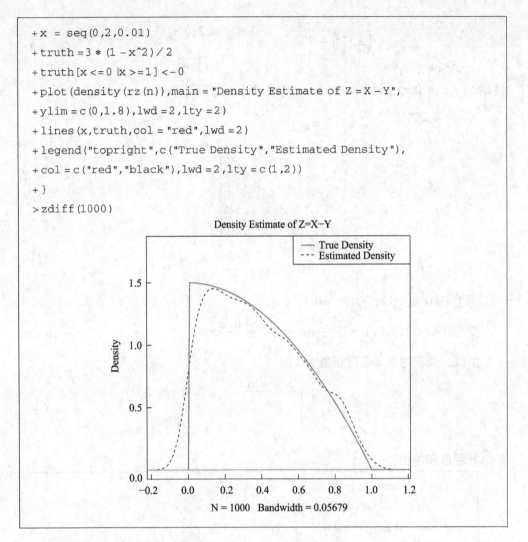

20. 设随机变量 (X,Y) 服从矩形区域 $D = \{(x,y) \mid 0 \leq x \leq 2, 0 \leq y \leq 1\}$ 上的均匀分布，求 X, Y 为边长的矩形面积的概率密度函数.

解：面积 $Z = XY$.

$$(X,Y) \sim f(x,y) = \begin{cases} \dfrac{1}{2}, & 0 \leq x \leq 2, 0 \leq y \leq 1 \\ 0, & \text{其他} \end{cases}$$

利用乘积的概率密度公式求解 $f_Z(z) = \int_{-\infty}^{+\infty} f\left(x, \dfrac{z}{x}\right) \dfrac{\mathrm{d}x}{|x|}$ 得

$$f\left(x, \frac{z}{x}\right) = \begin{cases} \frac{1}{2}, & 0 \leq x \leq 2, 0 \leq \frac{z}{x} \leq 1 \\ 0, & 其他 \end{cases}$$

区域 $\{(x,z) \mid 0 \leq x \leq 2, 0 \leq \frac{z}{x} \leq 1\}$ 如图 3-37 所示.

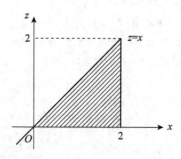

图 3-37

① 当 $z \leq 0$ 或 $z > 2$, $f_Z(z) = 0$.

② 当 $0 < z \leq 2$, $f_Z(z) = \int_z^2 \frac{1}{2x} dx = \frac{\ln 2 - \ln z}{2}$.

所以，面积的概率密度函数为

$$f_Z(z) = \begin{cases} \frac{\ln 2 - \ln z}{2}, & 0 < z \leq 2 \\ 0, & 其他 \end{cases}$$

 R 程序和输出：

```
> area <- function(n){
+ z = seq(0.01,3,0.01)
+ truth = (log(2) - log(z))/2
+ truth[z <= 0 |z >= 2] <- 0
+ plot(density(runif(n,0,2) * runif(n)),main = "Density Estimate of Z = 
   XY",
+ ylim = c(0,1.8),lwd = 2,lty = 2,xlim = c(0.01,3))
+ lines(z,truth,col = "red",lwd = 2)
+ legend("topright",c("True Density","Estimated Density"),
```

```
+ col = c("red","black"),lwd = 2,lty = c(1,2))
+ }
> area(1000)
```

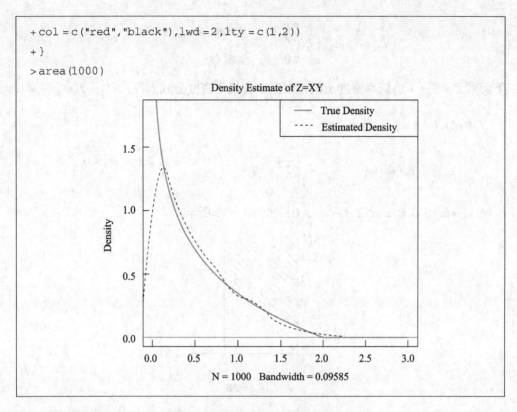

21. 设随机变量 X, Y 相互独立，其概率密度函数分别为

$$f_X(x) = \begin{cases} 1, & 0 \leq x \leq 1 \\ 0, & \text{其他} \end{cases}$$

$$f_Y(y) = \begin{cases} e^{-y}, & y > 0 \\ 0, & y \leq 0 \end{cases}$$

求随机变量 $Z = 2X + Y$ 的概率密度函数.

解：

方法一：令 $W = 2X$, $w = 2x$ 是严格增加函数，其反函数为 $x = w/2$, $\dfrac{dx}{dw} = \dfrac{1}{2}$, 当 X 的取值为 $[0, 1]$, W 的取值为 $[0, 2]$. 由公式法可得,

$$W \sim f_W(w) = \begin{cases} f_X\left(\dfrac{w}{2}\right) \times \left|\dfrac{1}{2}\right|, & 0 \leq w \leq 2 \\ 0, & \text{其他} \end{cases}$$

$$= \begin{cases} \dfrac{1}{2}, & 0 \leqslant w \leqslant 2 \\ 0, & 其他 \end{cases}$$

下面求 $Z = W + Y$ 的概率密度函数，根据和的概率密度公式 $f_Z(z) = \int_{-\infty}^{+\infty} f(w, z-w) \mathrm{d}w = \int_{-\infty}^{+\infty} f_W(w) f_Y(z-w) \mathrm{d}w$ 可得

$$f_W(w) f_Y(z-w) = \begin{cases} \dfrac{1}{2} \mathrm{e}^{-(z-w)}, & 0 \leqslant w \leqslant 2, z-w > 0 \\ 0, & 其他 \end{cases}$$

区域 $\{(w, z) \mid 0 \leqslant w \leqslant 2, z - w > 0\}$ 如图 3-38 所示.

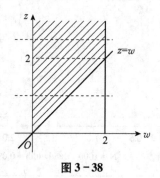

图 3-38

① 当 $z \leqslant 0$，$f_Z(z) = 0$.

② 当 $0 < z \leqslant 2$，$f_Z(z) = \int_0^z \dfrac{1}{2} \mathrm{e}^{-(z-w)} \mathrm{d}w = \dfrac{1 - \mathrm{e}^{-z}}{2}$.

③ 当 $z > 2$，$f_Z(z) = \int_0^2 \dfrac{1}{2} \mathrm{e}^{-(z-w)} \mathrm{d}w = \dfrac{\mathrm{e}^{2-z} - \mathrm{e}^{-z}}{2}$.

所以，随机变量 $Z = 2X + Y$ 的概率密度函数为

$$f_Z(z) = \begin{cases} \dfrac{\mathrm{e}^{2-z} - \mathrm{e}^{-z}}{2}, & z > 2 \\ \dfrac{1 - \mathrm{e}^{-z}}{2}, & 0 < z \leqslant 2 \\ 0, & z \leqslant 0 \end{cases}$$

方法二：考虑到随机变量 $Z = 2X + Y$ 可以看成 $Z = X + Y + X$，可以先求出 $U = X + Y$ 与 $V = X$ 的联合概率密度函数，再使用和的概率密度公式. X 与 Y 的联合概率密度函数为

$$f_{X,Y}(x,y) = f_X(x)f_Y(y) = \begin{cases} e^{-y}, & 0 \leq x \leq 1, y > 0 \\ 0, & 其他 \end{cases}$$

令 $S = \{(x,y) \mid 0 \leq x \leq 1, y > 0\}$，$T = \{(u,v) \mid u > v, 0 \leq v \leq 1\}$，则 $U = X+Y$ 与 $V = X$ 定义了从 S 到 T 上的一个一对一变换，其反函数变换为 $X = V$，$Y = U - V$. 雅可比行列式为

$$J = \begin{vmatrix} \dfrac{\partial x}{\partial u} & \dfrac{\partial x}{\partial v} \\ \dfrac{\partial y}{\partial u} & \dfrac{\partial y}{\partial v} \end{vmatrix} = \begin{vmatrix} 0 & 1 \\ 1 & -1 \end{vmatrix} = -1, \quad |J| = 1.$$

因此，U 与 V 的联合概率密度函数为

$$f_{U,V}(u,v) = \begin{cases} e^{v-u}, & u > v, 0 \leq v \leq 1 \\ 0, & 其他 \end{cases}$$

下面求 $Z = 2X + Y = U + V$ 的概率密度函数，根据和的概率密度公式 $f_Z(z) = \int_{-\infty}^{+\infty} f_{U,V}(u, z-u) \mathrm{d}u$，其中，

$$f_{U,V}(u, z-u) = \begin{cases} e^{z-2u}, & 2u > z, 0 \leq z - u \leq 1 \\ 0, & 其他 \end{cases}$$

区域 $\{(u,z) \mid 2u > z, 0 \leq z - u \leq 1\}$ 如图 3-39 所示.

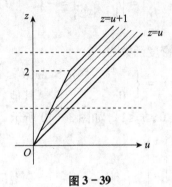

图 3-39

① 当 $z \leq 0$，$f_Z(z) = 0$.

② 当 $0 < z \leq 2$，$f_Z(z) = \int_{z/2}^{z} e^{z-2u} \mathrm{d}u = \dfrac{1 - e^{-z}}{2}$.

③ 当 $z > 2$，$f_Z(z) = \int_{z-1}^{z} e^{z-2u} \mathrm{d}u = \dfrac{e^{2-z} - e^{-z}}{2}$.

所以，随机变量 $Z = 2X + Y$ 的概率密度函数为

$$f_Z(z) = \begin{cases} \dfrac{e^{2-z} - e^{-z}}{2}, & z > 2 \\ \dfrac{1 - e^{-z}}{2}, & 0 < z \leqslant 2 \\ 0, & z \leqslant 0 \end{cases}$$

方法三：也可以直接使用密度函数变换来求解，可以先求出 $U = 2X + Y$ 与 $V = X$ 的联合概率密度函数，再求出 U 的边缘密度.

X 与 Y 的联合概率密度函数为

$$f_{X,Y}(x,y) = f_X(x)f_Y(y) = \begin{cases} e^{-y}, & 0 \leqslant x \leqslant 1, y > 0 \\ 0, & \text{其他} \end{cases}$$

令

$$S = \{(x,y) \mid 0 \leqslant x \leqslant 1, y > 0\}$$
$$T = \{(u,v) \mid 0 \leqslant v \leqslant 1, u - 2v > 0\} = \{(u,v) \mid u > 2v, 0 \leqslant v \leqslant 1\}$$

则 $U = 2X + Y$ 与 $V = X$ 定义了从 S 到 T 上的一个一对一变换，其反函数变换为 $X = V$, $Y = U - 2V$.

雅可比行列式为

$$J = \begin{vmatrix} \dfrac{\partial x}{\partial u} & \dfrac{\partial x}{\partial v} \\ \dfrac{\partial y}{\partial u} & \dfrac{\partial y}{\partial v} \end{vmatrix} = \begin{vmatrix} 0 & 1 \\ 1 & -2 \end{vmatrix} = -1, \quad |J| = 1.$$

因此，U 与 V 的联合概率密度函数为

$$f_{U,V}(u,v) = \begin{cases} e^{2v-u}, & u > 2v, 0 \leqslant v \leqslant 1 \\ 0, & \text{其他} \end{cases}$$

区域 $\{(u,v) \mid u > 2v, 0 \leqslant v \leqslant 1\}$ 如图 3-40 所示.

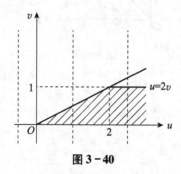

图 3-40

下面求 $U = 2X + Y$ 的边缘概率密度函数，$f_U(u) = \int_{-\infty}^{+\infty} f_{U,V}(u,v) \mathrm{d}v$,

① 当 $u \leqslant 0$, $f_U(u) = 0$.

② 当 $0 < u \leqslant 2$, $f_U(u) = \int_0^{u/2} \mathrm{e}^{2v-u} \mathrm{d}v = \dfrac{1 - \mathrm{e}^{-u}}{2}$.

③ 当 $u > 2$, $f_U(u) = \int_0^1 \mathrm{e}^{2v-u} \mathrm{d}v = \dfrac{\mathrm{e}^{2-u} - \mathrm{e}^{-u}}{2}$.

所以，随机变量 $U = 2X + Y$ 的概率密度函数为

$$f_U(u) = \begin{cases} \dfrac{\mathrm{e}^{2-u} - \mathrm{e}^{-u}}{2}, & u > 2 \\ \dfrac{1 - \mathrm{e}^{-u}}{2}, & 0 < u \leqslant 2 \\ 0, & u \leqslant 0 \end{cases}$$

方法四：首先计算随机变量 $Z = 2X + Y$ 的分布函数 $F_Z(z)$.

$$\begin{aligned} F_Z(z) &= P(Z \leqslant z) \\ &= P(2X + Y \leqslant z) \\ &= \iint_{2x+y \leqslant z} f_{X,Y}(x,y) \mathrm{d}x\mathrm{d}y \end{aligned}$$

X 与 Y 的联合概率密度函数为

$$f_{X,Y}(x,y) = f_X(x)f_Y(y) = \begin{cases} \mathrm{e}^{-y}, & 0 \leqslant x \leqslant 1, y > 0 \\ 0, & \text{其他} \end{cases}$$

① 当 $z \leqslant 0$，如图 3-41（a）所示，$F_Z(z) = P(\varnothing) = 0$.

② 当 $0 < z \leqslant 2$，如图 3-41（b）所示，

$$\begin{aligned} F_Z(z) &= \iint_{2x+y \leqslant z} f(x,y) \mathrm{d}x\mathrm{d}y \\ &= \int_0^{z/2} \left(\int_0^{z-2x} \mathrm{e}^{-y} \mathrm{d}y \right) \mathrm{d}x \\ &= \int_0^{z/2} (1 - \mathrm{e}^{2x-z}) \mathrm{d}x \\ &= \dfrac{1}{2}(\mathrm{e}^{-z} + z - 1) \end{aligned}$$

③ 当 $z > 2$，如图 3-41（c）所示，

$$F_Z(z) = \iint_{2x+y \leqslant z} f(x,y) \mathrm{d}x\mathrm{d}y$$

$$= \int_0^1 \left(\int_0^{z-2x} e^{-y} dy \right) dx$$

$$= \int_0^1 (1 - e^{2x-z}) dx$$

$$= \frac{1}{2}(e^{-z} - e^{2-z} + 2)$$

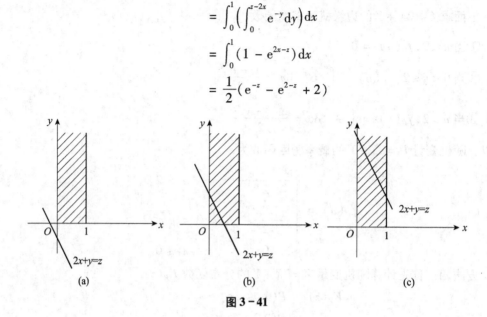

图 3-41

所以，随机变量 $Z = 2X + Y$ 的分布函数为

$$F_Z(z) = \begin{cases} 0, & z \leq 0 \\ \frac{1}{2}(e^{-z} + z - 1), & 0 < z \leq 2 \\ \frac{1}{2}(e^{-z} - e^{2-z} + 2), & z > 2 \end{cases}$$

随机变量 $Z = 2X + Y$ 的概率密度函数为

$$f_Z(z) = \begin{cases} \dfrac{e^{2-z} - e^{-z}}{2}, & z > 2 \\ \dfrac{1 - e^{-z}}{2}, & 0 < z \leq 2 \\ 0, & z \leq 0 \end{cases}$$

 R 程序和输出：

```
> twoxplusy <- function(n){
+ z = seq(0,4,0.01)
+ truth = (1 - exp(-z))/2
```

```
+truth[z>2]<-(exp(2-z[z>2])-exp(-z[z>2]))/2
+plot(density(2*runif(n)+rexp(n,rate=1)),main="Density Estimate of
+Z=2X+Y",ylim=c(0,0.5),lwd=2,lty=2,xlim=c(0,4))
+lines(z,truth,col="red",lwd=2)
+legend("topright",c("True Density","Estimated Density"),
+col=c("red","black"),lwd=2,lty=c(1,2))
+}
>twoxplusy(1000)
```

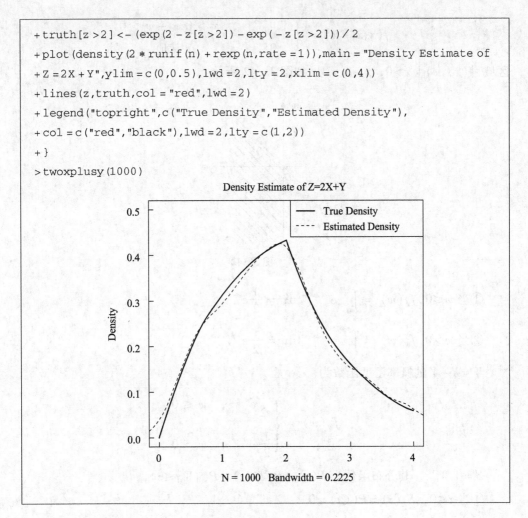

22. 设二维随机变量 (X, Y) 的概率密度函数为

$$f(x,y) = \begin{cases} e^{-(x+y)}, & x>0, y>0 \\ 0, & 其他 \end{cases}$$

求 $Z = |X - Y|$ 的概率密度函数.

解：先求 $W = X - Y$ 的概率密度函数，利用差的概率密度公式 $f_W(w) = \int_{-\infty}^{+\infty} f(x, x - w) \mathrm{d}x$，其中

$$f(x, x-w) = \begin{cases} e^{-(2x-w)}, & x > 0, x - w > 0 \\ 0, & 其他 \end{cases}$$

区域 $\{(x, w) \mid x > 0, x - w > 0\}$ 如图 3-42 所示.

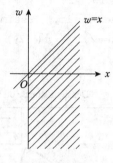

图 3-42

① 当 $w \leq 0$, $f_W(w) = \int_0^{+\infty} e^{-(2x-w)} dx = \frac{1}{2} e^w$.

② 当 $w > 0$, $f_W(w) = \int_w^{+\infty} e^{-(2x-w)} dx = \frac{1}{2} e^{-w}$.

$W = X - Y$ 的概率密度函数为

$$f_W(w) = \begin{cases} \dfrac{1}{2} e^w, & w \leq 0 \\ \dfrac{1}{2} e^{-w}, & w > 0 \end{cases}$$

$Z = |W|$,其分布函数为 $F(z) = P(Z \leq z) = P(|W| \leq z)$,

① 当 $z \leq 0$, $F_Z(z) = P(\varnothing) = 0$.

② 当 $z > 0$,

$$\begin{aligned} F_Z(z) &= P(-z \leq W \leq z) \\ &= \int_{-z}^{z} f_W(w) dw \\ &= \int_{-z}^{0} \frac{1}{2} e^w dw + \int_{0}^{z} \frac{1}{2} e^{-w} dw \\ &= 1 - e^{-z} \end{aligned}$$

所以，

$$F_Z(z) = \begin{cases} 1 - e^{-z} &, \quad z > 0 \\ 0 &, \quad z \leq 0 \end{cases}$$

$$f_Z(z) = F'_Z(z) = \begin{cases} e^{-z} &, \quad z > 0 \\ 0 &, \quad z \leq 0 \end{cases}$$

另外，此题可以求出 X 和 Y 的边缘概率密度函数分别为

$$f_X(x) = \begin{cases} e^{-x} &, \quad x > 0 \\ 0 &, \quad x \leq 0 \end{cases}$$

$$f_Y(y) = \begin{cases} e^{-y} &, \quad y > 0 \\ 0 &, \quad y \leq 0 \end{cases}$$

而且 X 和 Y 相互独立. 所以，随机点 $Z = |X - Y|$ 可以如下产生: 令 $X \sim E(1)$，$Y \sim E(1)$，取 $Z = |X - Y|$.

 R 程序和输出:

```
> rz <- function(n){
+ X <- rexp(n,rate=1)
+ Y <- rexp(n,rate=1)
+ return(abs((X-Y)))
+ }
>
> zdiff <- function(n){
+ z = seq(0,3,0.01)
+ truth = exp(-z)
+ plot(density(rz(n)),main = "Density Estimate of Z = |X-Y|",
+ ylim = c(0,1),lwd = 2,lty = 2,xlim = c(0,3))
+ lines(z,truth,col = "red",lwd = 2)
+ legend("topright",c("True Density","Estimated Density"),
+ col = c("red","black"),lwd = 2,lty = c(1,2))
+ }
```

```
>zdiff(1000)
```

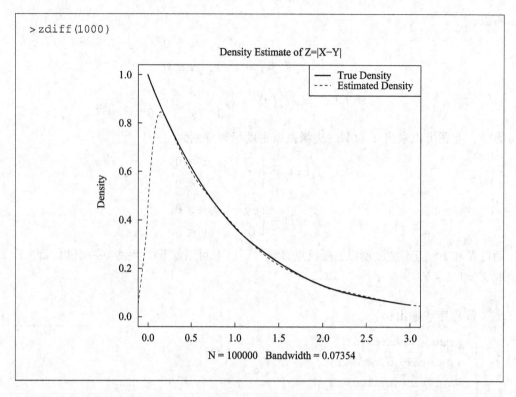

23. 设一电路装有3个同种电气元件,其工作状态相互独立,并且无故障工作时间都服从参数为 $\lambda > 0$ 的指数分布. 当3个元件都无故障时, 电路正常工作, 否则, 整个电路不能正常工作, 试求电路正常工作的时间 T 的概率密度函数.

解: 设3个元件无故障工作时间分别为

$$X_i \sim f(x) = \begin{cases} \lambda e^{-\lambda x}, & x > 0 \\ 0, & x \leq 0 \end{cases}, i = 1, 2, 3$$

X_i 的分布函数为

$$F(x) = \begin{cases} 1 - e^{-\lambda x}, & x > 0 \\ 0, & x \leq 0 \end{cases}$$

需要求 $T = \min\{X_1, X_2, X_3\}$ 的概率密度函数.

$$F_T(t) = 1 - [1 - F(t)]^3 = \begin{cases} 1 - e^{-3\lambda t}, & t > 0 \\ 0, & t \leq 0 \end{cases}$$

$$f_T(t) = F'_T(t) = \begin{cases} 3\lambda e^{-3\lambda t} &, \quad t > 0 \\ 0 &, \quad t \leqslant 0 \end{cases}$$

R 程序和输出:

```
> T <- function(n,lambda){
+ t = seq(0,3,0.01)
+ truth = 3 * lambda * exp(-3 * lambda * t)
+ plot(density(pmin(rexp(n,rate = lambda),rexp(n,rate = lambda),
+ rexp(n,rate = lambda))),main = "Density Estimate of T",
+ ylim = c(0,1.5),lwd = 2,lty = 2,xlim = c(0,3))
+ lines(t,truth,col = "red",lwd = 2)
+ legend("topright",c("True Density","Estimated Density"),
+ col = c("red","black"),lwd = 2,lty = c(1,2))
+ }
> T(1 000,0.5)
```

24. 设二维随机变量的联合分布律为

X \ Y	-1	1	2
-1	$\frac{5}{20}$	$\frac{2}{20}$	$\frac{6}{20}$
2	$\frac{3}{20}$	$\frac{3}{20}$	$\frac{1}{20}$

求：(1) $Z_1 = X + Y$；(2) $Z_2 = XY$；(3) $Z_3 = \frac{X}{Y}$；(4) $Z_4 = \max\{X, Y\}$ 的分布律.

解：(1) $Z_1 = X + Y$ 的取值为 $-2, 0, 1, 3, 4$.

$$P(Z_1 = -2) = P(X + Y = -2) = P(X = -1, Y = -1) = \frac{5}{20};$$

$$P(Z_1 = 0) = P(X + Y = 0) = P(X = -1, Y = 1) = \frac{2}{20};$$

$$P(Z_1 = 1) = P(X + Y = 1) = P(X = 2, Y = -1) + P(X = -1, Y = 2) = \frac{9}{20};$$

$$P(Z_1 = 3) = P(X + Y = 3) = P(X = 2, Y = 1) = \frac{3}{20};$$

$$P(Z_1 = 4) = P(X + Y = 4) = P(X = 2, Y = 2) = \frac{1}{20}.$$

所以，$Z_1 = X + Y$ 的分布律为

$X + Y$	-2	0	1	3	4
P	$\frac{5}{20}$	$\frac{2}{20}$	$\frac{9}{20}$	$\frac{3}{20}$	$\frac{1}{20}$

(2) $Z_2 = XY$ 的取值为 $-2, -1, 1, 2, 4$.

$$P(Z_2 = -2) = P(XY = -2) = P(X = -1, Y = 2) + P(X = 2, Y = -1)$$
$$= \frac{6}{20} + \frac{3}{20} = \frac{9}{20};$$

$$P(Z_2 = -1) = P(XY = -1) = P(X = -1, Y = 1) = \frac{2}{20};$$

$$P(Z_2 = 1) = P(XY = 1) = P(X = -1, Y = -1) = \frac{5}{20};$$

$$P(Z_2 = 2) = P(XY = 2) = P(X = 2, Y = 1) = \frac{3}{20};$$

$$P(Z_2 = 4) = P(XY = 4) = P(X = 2, Y = 2) = \frac{1}{20}.$$

所以，$Z_2 = XY$ 的分布律为

XY	-2	-1	1	2	4
P	$\frac{9}{20}$	$\frac{2}{20}$	$\frac{5}{20}$	$\frac{3}{20}$	$\frac{1}{20}$

(3) $Z_3 = \frac{X}{Y}$ 的取值为 -2，-1，$-\frac{1}{2}$，1，2.

$$P(Z_3 = -2) = P(\frac{X}{Y} = -2) = P(X = 2, Y = -1) = \frac{3}{20};$$

$$P(Z_3 = -1) = P(\frac{X}{Y} = -1) = P(X = -1, Y = 1) = \frac{2}{20};$$

$$P(Z_3 = -\frac{1}{2}) = P(\frac{X}{Y} = -\frac{1}{2}) = P(X = -1, Y = 2) = \frac{6}{20};$$

$$P(Z_3 = 1) = P(\frac{X}{Y} = 1) = P(X = -1, Y = -1) + P(X = 2, Y = 2)$$
$$= \frac{5}{20} + \frac{1}{20} = \frac{6}{20};$$

$$P(Z_3 = 2) = P(\frac{X}{Y} = 2) = P(X = 2, Y = 1) = \frac{3}{20}.$$

所以，$Z_3 = \frac{X}{Y}$ 的分布律为

$\frac{X}{Y}$	-2	-1	$-\frac{1}{2}$	1	2
P	$\frac{3}{20}$	$\frac{2}{20}$	$\frac{6}{20}$	$\frac{6}{20}$	$\frac{3}{20}$

(4) $Z_4 = \max\{X, Y\}$ 的取值为 -1，1，2.

$$P(Z_4 = -1) = P(\max\{X, Y\} = -1) = P(X = -1, Y = -1) = \frac{5}{20};$$

$$P(Z_4 = 1) = P(\max\{X, Y\} = 1) = P(X = -1, Y = 1) = \frac{2}{20};$$

$$P(Z_4 = 2) = P(\max\{X, Y\} = 2)$$
$$= P(X = -1, Y = 2) + P(X = 2, Y = -1) + P(X = 2, Y = 1) +$$
$$P(X = 2, Y = 2)$$

$$= \frac{6}{20} + \frac{3}{20} + \frac{3}{20} + \frac{1}{20} = \frac{13}{20}.$$

所以，$Z_4 = \max\{X, Y\}$ 的分布律为

$\max\{X, Y\}$	-1	1	2
P	$\frac{5}{20}$	$\frac{2}{20}$	$\frac{13}{20}$

另外，随机数 (X, Y) 可以根据 X 的边缘分布及 $Y \mid X$ 的条件分布产生. X 的边缘分布为

X	-1	2
P	$\frac{13}{20}$	$\frac{7}{20}$

$Y \mid X = -1$ 和 $Y \mid X = 2$ 的条件分布如下.

$Y \mid X = -1$	-1	1	2
P	$\frac{5}{13}$	$\frac{2}{13}$	$\frac{6}{13}$

$Y \mid X = 2$	-1	1	2
P	$\frac{3}{7}$	$\frac{3}{7}$	$\frac{1}{7}$

R 程序和输出：

```
> X <- sample(c(-1,2),10000,replace = T,prob = c(13/20,7/20))
> Y <- numeric(length(X))
> for(i in 1:length(X))
+ {
+ if(X[i] == -1)
+ {Y[i] <- sample(c(-1,1,2),1,replace = T,prob = c(5/13,2/13,6/13))}
+ if(X[i] == 2)
+ {Y[i] <- sample(c(-1,1,2),1,replace = T,prob = c(3/7,3/7,1/7))}
+ }
```

```
>Z1 <- X + Y
>table(Z1)/length(Z1)
Z1
  -2       0       1       3       4
0.2489  0.0996  0.4516  0.1495  0.0504
>Z2 <- X * Y
>table(Z2)/length(Z2)
Z2
  -2      -1       1       2       4
0.4516  0.0996  0.2489  0.1495  0.0504
>Z3 <- X/Y
>table(Z3)/length(Z3)
Z3
  -2      -1     -0.5      1       2
0.1462  0.0996  0.3054  0.2993  0.1495
>Z4 <- pmax(X,Y)
>table(Z4)/length(Z4)
Z4
  -1       1       2
0.2489  0.0996  0.6515
```

25. 设二维随机变量 (X,Y) 服从区域 $D = \{(x,y) \mid 0 < x < a, 0 < y < a\}$ 上的均匀分布，试求：(1) $Z = \dfrac{X}{Y}$ 的概率密度函数；(2) $M = \max\{X,Y\}$ 的概率密度函数.

解：(1) (X, Y) 的概率密度函数为

$$f(x,y) = \begin{cases} \dfrac{1}{a^2}, & 0 < x < a, 0 < y < a \\ 0, & 其他 \end{cases}$$

根据商的概率密度公式，$Z = \dfrac{X}{Y}$ 的概率密度函数为

$$f_Z(z) = \int_{-\infty}^{+\infty} f(zy, y) \mid y \mid \mathrm{d}y,$$

其中

$$f(zy,y) = \begin{cases} \dfrac{1}{a^2}, & 0 < zy < a, 0 < y < a \\ 0, & \text{其他} \end{cases}$$

区域 $\{(y,z) \mid 0 < zy < a, 0 < y < a\}$ 如图 3-43 所示.

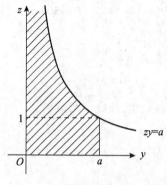

图 3-43

① 当 $z \leqslant 0$, $f_Z(z) = 0$.

② 当 $0 < z \leqslant 1$, $f_Z(z) = \int_0^a \dfrac{1}{a^2} y \mathrm{d}y = \dfrac{1}{2}$.

③ 当 $z > 1$, $f_Z(z) = \int_0^{a/z} \dfrac{1}{a^2} y \mathrm{d}y = \dfrac{1}{2z^2}$.

所以, $Z = \dfrac{X}{Y}$ 的概率密度函数为

$$f_Z(z) = \begin{cases} \dfrac{1}{2}, & 0 < z \leqslant 1 \\ \dfrac{1}{2z^2}, & z > 1 \\ 0, & z \leqslant 0 \end{cases}$$

(2)

① 当 $x \leqslant 0$ 或 $x \geqslant a$, $f_X(x) = 0$.

② 当 $0 < x < a$, $f_X(x) = \int_0^a \dfrac{1}{a^2} \mathrm{d}y = \dfrac{1}{a}$.

所以, X 的边缘概率密度函数为

$$f_X(x) = \begin{cases} \dfrac{1}{a}, & 0 < x < a \\ 0, & \text{其他} \end{cases}$$

第3章 多维随机变量及其分布

同理，可以求得 Y 的边缘概率密度函数为

$$f_Y(y) = \begin{cases} \dfrac{1}{a}, & 0 < y < a \\ 0, & \text{其他} \end{cases}$$

由于 $f(x,y) = f_X(x)f_Y(y)$ 在 xOy 平面上几乎处处成立，所以 X 与 Y 相互独立，

$$F_Z(z) = P(\max\{X,Y\} \leq z) = P(X \leq z, Y \leq z) = F_X(z)F_Y(z)$$

其中

$$F_X(x) = \int_{-\infty}^{x} f_X(t)\,\mathrm{d}t = \begin{cases} 0, & x \leq a \\ \dfrac{x}{a}, & 0 < x < a \\ 1, & x \geq a \end{cases}$$

$$F_Y(y) = \int_{-\infty}^{y} f_Y(t)\,\mathrm{d}t = \begin{cases} 0, & y \leq a \\ \dfrac{y}{a}, & 0 < y < a \\ 1, & y \geq a \end{cases}$$

所以，$Z = \max\{X,Y\}$ 的分布函数为

$$F_Z(z) = F_X(z)F_Y(z) = \begin{cases} 0, & z \leq a \\ \left(\dfrac{z}{a}\right)^2, & 0 < z < a \\ 1, & z \geq a \end{cases}$$

$Z = \max\{X, Y\}$ 的概率密度函数为

$$f_Z(z) = F'_Z(z) = \begin{cases} \dfrac{2z}{a^2}, & 0 < z < a \\ 0, & \text{其他} \end{cases}$$

R 程序和输出：

```
####(1)
> Z <- function(n,a){
+ z = seq(0,5,0.01)
+ truth = rep(1/2,length(z))
+ truth[z>1] <- 1/(2*(z[z>1])-2)
+ plot(density(runif(n,0,a)/runif(n,0,a)),main = "Density Estimate of
```

```
+  Z=X/Y",ylim=c(0,0.6),lwd=2,lty=2,xlim=c(0,5))
+  lines(z,truth,col="red",lwd=2)
+  legend("topright",c("True Density","Estimated Density"),
+  col=c("red","black"),lwd=2,lty=c(1,2))
+  }
>  Z(1000,1)
```

Density Estimate of Z=X/Y

N = 1000   Bandwidth = 0.2423

```
####(2)
>  M <- function(n,a){
+  z = seq(0,a,0.01)
+  truth = 2*z/a^2
+  plot(density(pmax(runif(n,0,a),runif(n,0,a))),main=" Density Estimate of
+  Z=max(X,Y)",ylim=c(0,2/a+0.5),lwd=2,lty=2,xlim=c(0,a))
+  lines(z,truth,col="red",lwd=2)
+  legend("topright",c("True Density","Estimated Density"),
+  col=c("red","black"),lwd=2,lty=c(1,2))
+  }
```

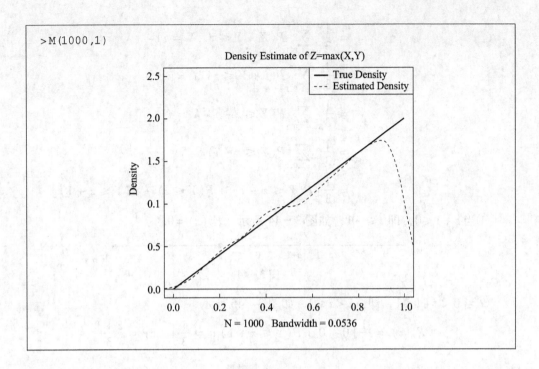

```
>M(1000,1)
```

26. 设随机变量 X 与 Y 相互独立，X 概率分布为 $P(X=i)=\dfrac{1}{3}(i=-1,0,1)$，$Y$ 概率密度函数为 $f_Y(y)=\begin{cases}1, & 0\leqslant y\leqslant 1\\ 0, & \text{其他}\end{cases}$，记 $Z=X+Y$，试求：(1) $P\left(Z\leqslant\dfrac{1}{2}\middle| X=0\right)$；(2) Z 的分布函数.

解：(1) $P\left(Z\leqslant\dfrac{1}{2}\middle| X=0\right)=P\left(X+Y\leqslant\dfrac{1}{2}\middle| X=0\right)$

$$=P\left(Y\leqslant\dfrac{1}{2}\middle| X=0\right)$$

$$=P\left(Y\leqslant\dfrac{1}{2}\right)$$

$$=\int_0^{1/2}\mathrm{d}y=\dfrac{1}{2}.$$

(2) 由全概率公式可得，Z 的分布函数为

$$F_Z(z)=P(Z\leqslant z)$$

$$=\sum_{i=-1,0,1}P(X=i)P(Z\leqslant z\mid X=i)$$

$$= \frac{1}{3} \sum_{i=-1,0,1} P(X + Y \leq z \mid X = i)$$

$$= \frac{1}{3} \sum_{i=-1,0,1} P(i + Y \leq z \mid X = i)$$

$$= \frac{1}{3} \sum_{i=-1,0,1} P(Y \leq z - i \mid X = i)$$

$$= \frac{1}{3} \sum_{i=-1,0,1} P(Y \leq z - i)$$

$$= \frac{1}{3} [P(Y \leq z - 1) + P(Y \leq z) + P(Y \leq z + 1)]$$

① 当 $z+1 \leq 0$，即 $z \leq -1$，如图 3-44 所示，$F_Z(z) = 0$.

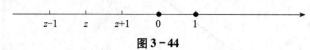

图 3-44

② 当 $0 < z+1 \leq 1$，即 $-1 < z \leq 0$，如图 3-45 所示，
$$F_Z(z) = \frac{1}{3}[0 + 0 + P(Y \leq z+1)] = \frac{1}{3}\int_0^{z+1} dy = \frac{z+1}{3}$$

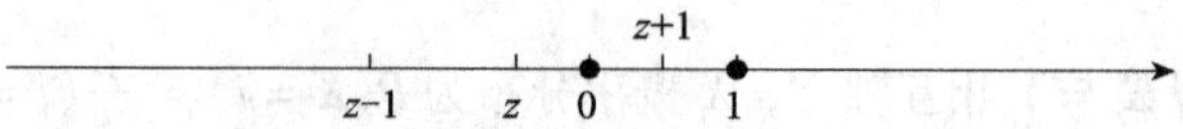

图 3-45

③ 当 $1 < z+1 \leq 2$，即 $0 < z \leq 1$，如图 3-46 所示.
$$F_Z(z) = \frac{1}{3}[0 + P(Y \leq z) + P(Y \leq z+1)] = \frac{1}{3}\left(\int_0^z dy + \int_0^1 dy\right) = \frac{z+1}{3}$$

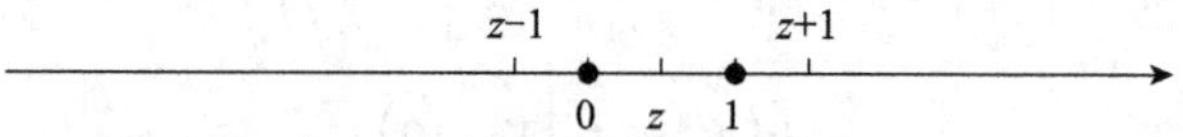

图 3-46

④ 当 $2 < z+1 \leq 3$，即 $1 < z \leq 2$，如图 3-47 所示.
$$F_Z(z) = \frac{1}{3}\left(\int_0^{z-1} dy + \int_0^1 dy + \int_0^1 dy\right) = \frac{z+1}{3}$$

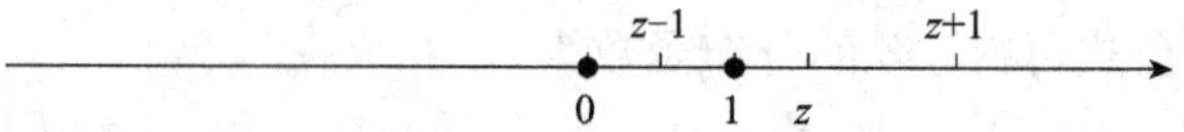

图 3-47

⑤当 $z+1>3$，即 $z>2$，如图 3-48 所示，
$$F_Z(z) = \frac{1}{3}\left(\int_0^1 dy + \int_0^1 dy + \int_0^1 dy\right) = 1$$

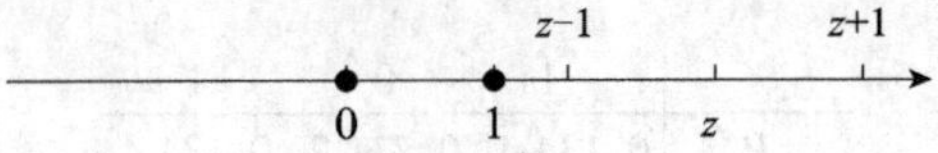

图 3-48

所以，$F_Z(z) = \begin{cases} 0, & z \leq -1 \\ \dfrac{z+1}{3}, & -1 < z \leq 2 \\ 1, & z > 2 \end{cases}$

 R 程序和输出：

```
####(1)
>X <- sample(-1:1,10000,replace=T)
>Y <- runif(10000)
>Z <- X + Y
>length(Z[Z<=1/2&X==0])/length(Z[X==0])
[1]0.500913
```

27. 设 X_1, X_2, X_3, X_4 独立同分布且 $P(X_i=0)=0.6, P(X_i=1)=0.4, i=1,2,3,4$. 求：

(1) 行列式 $X = \begin{vmatrix} X_1 & X_2 \\ X_3 & X_4 \end{vmatrix}$ 的概率分布；

(2) 方程组 $\begin{cases} X_1 x_1 + X_2 x_2 = 0 \\ X_3 x_1 + X_4 x_2 = 0 \end{cases}$ 只有零解的概率.

解：(1) 行列式 $X = X_1 X_4 - X_2 X_3$，其取值为 $-1, 0, 1$.
$$P(X=-1) = P(X_1 X_4 = 0, X_2 X_3 = 1)$$
$$= P(X_1 X_4 = 0) P(X_2 X_3 = 1)$$
$$= P(X_1 = 0 \cup X_4 = 0) P(X_2 = 1, X_3 = 1)$$
$$= (0.6 + 0.6 - 0.6 \times 0.6) \times 0.4 \times 0.4 = 0.1344$$
$$P(X=0) = P[(X_1 X_4 = 0, X_2 X_3 = 0) \cup (X_1 X_4 = 1, X_2 X_3 = 1)]$$
$$= P(X_1 X_4 = 0, X_2 X_3 = 0) + P(X_1 X_4 = 1, X_2 X_3 = 1)$$

$$= P(X_1X_4 = 0)P(X_2X_3 = 0) + P(X_1X_4 = 1)P(X_2X_3 = 1)$$
$$= (0.6 + 0.6 - 0.6 \times 0.6)^2 + (0.4 \times 0.4)^2 = 0.7312$$
$$P(X = 1) = 1 - P(X = 0) - P(X = -1) = 0.1344$$

X	-1	0	1
P	0.1344	0.7312	0.1344

(2) 这是齐次线性方程组,当且仅当系数矩阵的行列式非零才只有零解.
$$P(X \neq 0) = 1 - P(X = 0) = 1 - 0.7312 = 0.2688$$

 R 程序和输出:

```
>X1 <- sample(0:1,10000,replace = T,prob = c(0.6,0.4))
>X2 <- sample(0:1,10000,replace = T,prob = c(0.6,0.4))
>X3 <- sample(0:1,10000,replace = T,prob = c(0.6,0.4))
>X4 <- sample(0:1,10000,replace = T,prob = c(0.6,0.4))
>X = X1 * X4 - X2 * X3
>table(X)/length(X)
X
  -1        0        1
0.1364   0.7320   0.1316
>length(X[X! = 0])/10000
[1]0.268
```

28. 设随机变量 (X, Y) 服从 $D = \{(x, y) \mid y \geq 0, x^2 + y^2 \leq 1\}$ 上的均匀分布,定义随机变量 U, V 如下:
$$U = \begin{cases} 0, & X < 0 \\ 1, & 0 \leq X < Y \\ 2, & X \geq Y \end{cases}$$
$$V = \begin{cases} 0, & X \geq \sqrt{3}Y \\ 1, & X < \sqrt{3}Y \end{cases}$$

求 (U, V) 的联合概率分布,并计算 $P(UV \neq 0)$.

解: 如图 3-49 所示.

(X, Y) 的概率密度函数为 $f(x, y) = \begin{cases} \dfrac{2}{\pi}, & y \geq 0, x^2 + y^2 \leq 1 \\ 0, & \text{其他} \end{cases}$

$P(U=0,V=0) = P(X<0, X \geqslant \sqrt{3}Y) = P(\varnothing) = 0$

$P(U=0,V=1) = P(X<0, X<\sqrt{3}Y)$

$\qquad = P(X<0)$

$\qquad = \iint_{x<0 \cap D} \dfrac{2}{\pi} dxdy$

$\qquad = \dfrac{2}{\pi} \times \dfrac{\pi}{4} = \dfrac{1}{2}$

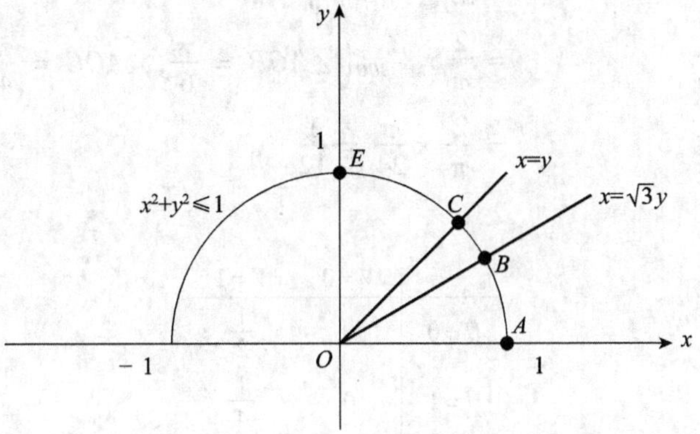

图 3-49

$P(U=1,V=0) = P(0 \leqslant X<Y, X \geqslant \sqrt{3}Y) = P(\varnothing) = 0$

$P(U=1,V=1) = P(0 \leqslant X<Y, X<\sqrt{3}Y)$

$\qquad = P(0 \leqslant X<Y)$

$\qquad = \iint_{0 \leqslant x<y \cap D} \dfrac{2}{\pi} dxdy$

$\qquad = \dfrac{2}{\pi} S_{0 \leqslant x<y \cap D} (\angle COE = \dfrac{\pi}{4})$

$\qquad = \dfrac{2}{\pi} \times \dfrac{\pi}{8} = \dfrac{1}{4}$

$P(U=2,V=0) = P(X \geqslant Y, X \geqslant \sqrt{3}Y)$

$\qquad = P(X \geqslant \sqrt{3}Y)$

$\qquad = \iint_{x \geqslant \sqrt{3}y \cap D} \dfrac{2}{\pi} dxdy$

$\qquad = \dfrac{2}{\pi} S_{x \geqslant \sqrt{3}y \cap D}$

$$= \frac{2}{\pi} S_{\text{扇形}AOB} \left(\angle AOB = \frac{\pi}{6} \right)$$

$$= \frac{2}{\pi} \times \frac{\pi}{12} = \frac{1}{6}$$

$$P(U=2, V=1) = P(X \geq Y, X < \sqrt{3}Y)$$

$$= P(Y \leq X < \sqrt{3}Y)$$

$$= \iint_{y \leq x < \sqrt{3}y \cap D} \frac{2}{\pi} \mathrm{d}x\mathrm{d}y$$

$$= \frac{2}{\pi} S_{\text{扇形}BOC} \left(\angle AOB = \frac{\pi}{6}, \angle AOC = \frac{\pi}{4} \right)$$

$$= \frac{2}{\pi} \times \frac{\pi}{24} = \frac{1}{12}$$

所以,

	$V=0$	$V=1$
$U=0$	0	$\frac{1}{2}$
$U=1$	0	$\frac{1}{4}$
$U=2$	$\frac{1}{6}$	$\frac{1}{12}$

$$P(UV \neq 0) = P(U=1, V=1) + P(U=2, V=1) = \frac{1}{4} + \frac{1}{12} = \frac{1}{3}$$

注意:服从单位上半圆 D 内均匀分布的随机点 (x, y) 可以使用剔除法产生,即先产生外接矩形内的均匀分布,再把半圆之外的随机点去掉,这种产生随机数的方法直观,但是效率不高.下面采取一种更好的方法产生 D 内的随机点,即取 $x = \sqrt{r}\cos\theta$, $y = \sqrt{r}\sin\theta$, $r \sim U[0,1]$, $\theta \sim U[0, \pi]$. 此处使用的是 $\sqrt{r}$ 而不是 r. 原理如下.

X 与 Y 的联合密度函数为 $f(x,y) = \begin{cases} \frac{2}{\pi}, & y \geq 0, x^2 + y^2 \leq 1 \\ 0, & \text{其他} \end{cases}$,令 $D = \{(x,y) \mid y \geq 0, x^2 + y^2 \leq 1\}$, $T = \{(r, \theta) \mid 0 \leq r \leq 1, 0 \leq \theta \leq \pi\}$,则 $R = X^2 + Y^2$ 与 $\tan\theta = \frac{Y}{X}$ 定义了从 D 到 T 上的一个一对一变换,其反函数变换为 $X = \sqrt{R}\cos\theta$, $Y = \sqrt{R}\sin\theta$. 雅可比行列式为

$$J = \begin{vmatrix} \frac{\partial x}{\partial r} & \frac{\partial x}{\partial \theta} \\ \frac{\partial y}{\partial r} & \frac{\partial y}{\partial \theta} \end{vmatrix} = \begin{vmatrix} \frac{\cos\theta}{2\sqrt{r}} & -\sqrt{r}\sin\theta \\ \frac{\sin\theta}{2\sqrt{r}} & -\sqrt{r}\cos\theta \end{vmatrix} = \frac{1}{2}, \quad |J| = \frac{1}{2}$$

因此，R 与 θ 的联合概率密度函数为

$$f_{R,\theta}(r,\theta) = \begin{cases} \dfrac{1}{\pi}, & 0 \leq r \leq 1, 0 \leq \theta \leq \pi \\ 0, & \text{其他} \end{cases}$$

R 与 θ 的边缘概率密度函数分别为

$$f_R(r) = \begin{cases} 1, & 0 \leq r \leq 1 \\ 0, & \text{其他} \end{cases}$$

$$f_\theta(\theta) = \begin{cases} \dfrac{1}{\pi}, & 0 \leq \theta \leq \pi \\ 0, & \text{其他} \end{cases}$$

R 与 θ 均服从均匀分布，而且 R 与 θ 相互独立。由 R 与 θ 可以产生 X 与 Y 的随机数。

 R 程序和输出：

```
####(1)
>p<-function(i,j){
+sim<-10000
+t<-numeric(sim)
+for(k in 1:sim){
+r<-runif(1)
+theta<-runif(1,0,pi)
+x<-sqrt(r)*cos(theta)
+y<-sqrt(r)*sin(theta)
+if(x<0){u<-0}
+if(x>=0&x<y){u<-1}
+if(x>=y){u<-2}
+if(x>=sqrt(3)*y){v<-0}
+if(x<sqrt(3)*y){v<-1}
+t[k]<-((u==i)&(v==j))
+}
+mean(t)
+}
>matrix(c(p(0,0),p(1,0),p(2,0),p(0,1),p(1,1),p(2,1)),nrow=3)
       [,1]    [,2]
[1,] 0.0000  0.5027
[2,] 0.0000  0.2461
[3,] 0.1644  0.0836
```

```
####(2)
> sim <- 10000
> t <- numeric(sim)
> for(k in 1:sim){
+ r <- runif(1)
+ theta <- runif(1,0,pi)
+ x <- sqrt(r)*cos(theta)
+ y <- sqrt(r)*sin(theta)
+ if(x<0){u<-0}
+ if(x>=0&x<y){u<-1}
+ if(x>=y){u<-2}
+ if(x>=sqrt(3)*y){v<-0}
+ if(x<sqrt(3)*y){v<-1}
+ t[k] <- (u*v!=0)
+ }
> mean(t)
[1] 0.3336
```

第4章 随机变量的数字特征

§4.1 知识点归纳

4.1.1 数学期望

定义 4.1 设离散型随机变量 X 的分布律为
$$P(X = x_k) = p_k, \ k = 1, 2, \cdots$$

若级数 $\sum\limits_{k=1}^{+\infty} x_k p_k$ 绝对收敛,则称级数 $\sum\limits_{k=1}^{+\infty} x_k p_k$ 的和为随机变量 X 的数学期望,记为 $E(X)$,即

$$E(X) = \sum_{k=1}^{+\infty} x_k p_k$$

注意:定义中要求级数绝对收敛,是为了保证级数 $\sum\limits_{k=1}^{+\infty} x_k p_k$ 的和与级数数项的排列次序无关,保证数学期望的唯一性.

定义 4.2 设连续型随机变量 X 的概率密度函数为 $f(x)$,若积分 $\int_{-\infty}^{+\infty} x f(x) \, dx$ 绝对收敛,则称积分 $\int_{-\infty}^{+\infty} x f(x) \, dx$ 的值为随机变量 X 的数学期望,记为 $E(X)$,即

$$E(X) = \int_{-\infty}^{+\infty} x f(x) \, dx$$

设 $f(x, y)$ 为二维连续型随机变量 (X, Y) 的概率密度函数,$f_X(x)$,$f_Y(y)$ 分别为 X 和 Y 的边缘概率密度函数,则随机变量 X 的数学期望为

$$E(X) = \int_{-\infty}^{+\infty} x f_X(x) \, dx$$

或者
$$E(X) = \int_{-\infty}^{+\infty}\int_{-\infty}^{+\infty} xf(x,y)\mathrm{d}x\mathrm{d}y$$

随机变量 Y 的数学期望为
$$E(Y) = \int_{-\infty}^{+\infty} yf_Y(y)\mathrm{d}y$$

或者
$$E(Y) = \int_{-\infty}^{+\infty}\int_{-\infty}^{+\infty} yf(x,y)\mathrm{d}x\mathrm{d}y$$

定理 4.1 设 Y 是随机变量 X 的函数，即 $Y = g(X)$.

（1）设离散型随机变量 X 的分布律为
$$P(X = x_k) = p_k, \ k = 1,2,\cdots$$
若级数 $\sum_{k=1}^{+\infty} g(x_k)p_k$ 绝对收敛，则
$$E(Y) = E[g(X)] = \sum_{k=1}^{+\infty} g(x_k)p_k$$

（2）设连续型随机变量 X 的概率密度函数为 $f(x)$，若积分 $\int_{-\infty}^{+\infty} g(x)f(x)\mathrm{d}x$ 绝对收敛，则
$$E(Y) = E[g(X)] = \int_{-\infty}^{+\infty} g(x)f(x)\mathrm{d}x$$

注意：有时求随机变量函数的分布比较复杂，利用上述定理可以使用 X 的分布来计算 Y 的期望，不需要求出 Y 的分布函数.

定理 4.2 设 Z 是随机变量 X 和 Y 的函数，即 $Z = g(X, Y)$.

（1）设二维离散型随机变量 (X, Y) 的分布律为
$$P(X = x_i, Y = y_j) = p_{ij}, \ i,j = 1,2,\cdots$$
若级数 $\sum_{i=1}^{+\infty}\sum_{j=1}^{+\infty} g(x_i,y_j)p_{ij}$ 绝对收敛，则
$$E(Z) = E[g(X,Y)] = \sum_{i=1}^{+\infty}\sum_{j=1}^{+\infty} g(x_i,y_j)p_{ij}$$

（2）设二维连续型随机变量 (X, Y) 的概率密度函数为 $f(x, y)$，若积分 $\int_{-\infty}^{+\infty}\int_{-\infty}^{+\infty} g(x,y)f(x,y)\mathrm{d}x\mathrm{d}y$ 绝对收敛，则
$$E(Z) = E[g(X,Y)] = \int_{-\infty}^{+\infty}\int_{-\infty}^{+\infty} g(x,y)f(x,y)\mathrm{d}x\mathrm{d}y$$

特别地，当 $Z = g(X, Y) = h(X)$ 时，

$$E(Z) = E[h(X)] = \int_{-\infty}^{+\infty}\int_{-\infty}^{+\infty} h(x)f(x,y)\,dxdy$$

数学期望具有以下性质：

(1) 设 $X = C$，C 是常数，则 $E(C) = C$；

(2) 设 X，Y 是随机变量，a，b 是常数，则 $E(aX + bY) = aE(X) + bE(Y)$；

(3) 设 X，Y 是相互独立的随机变量，则 $E(XY) = E(X)E(Y)$.

性质 (2) 和 (3) 可以推广到有限个随机变量的情形.

4.1.2 方差

定义 4.3 设随机变量 X 的数学期望 $E(X)$ 存在，若 $E[X - E(X)]^2$ 存在，则称 $E[X - E(X)]^2$ 为随机变量 X 的方差，记为 $D(X)$ 或 $\text{Var}(X)$，即

$$D(X) = \text{Var}(X) = E[X - E(X)]^2$$

方差的算术平方根 $\sqrt{D(X)}$ 称为 X 的标准差或均方差. 方差是刻画 X 取值分散程度的一个量.

若 X 是离散型随机变量，其分布律为 $P(X = x_k) = p_k$，$k = 1, 2, \cdots$，则

$$D(X) = \sum_{k=1}^{+\infty} [x_k - E(X)]^2 p_k$$

若 X 是连续型随机变量，其概率密度函数为 $f(x)$，则

$$D(X) = \int_{-\infty}^{+\infty} [x - E(X)]^2 f(x)\,dx$$

方差常用下列公式计算：

$$D(X) = E(X^2) - [E(X)]^2$$

设随机变量 X 具有数学期望 $E(X)$，方差 $D(X) \neq 0$，记

$$Y = \frac{X - E(X)}{\sqrt{D(X)}}$$

则 $E(Y) = 0$，$D(Y) = 1$，称 Y 为 X 的标准化随机变量.

方差具有以下性质：

(1) 设 C 是常数，则 $D(C) = 0$；

(2) 设 X 是随机变量，C 是常数，则 $D(CX) = C^2 D(X)$；

(3) 设 X，Y 是随机变量，a，b 是常数，则

$$D(aX + bY) = a^2 D(X) + b^2 D(Y) + 2ab E\{[X - E(X)][Y - E(Y)]\}$$

若 X，Y 是相互独立的随机变量，则 $D(aX + bY) = a^2 D(X) + b^2 D(Y)$，特别地，$D(X \pm Y) = D(X) + D(Y)$.

(4) $D(X) = 0 \Leftrightarrow P(X = C) = 1$, $C = E(X)$.

性质（3）可以推广到有限个随机变量的情形.

几种重要分布的数学期望和方差：

(1) 设随机变量 X 服从两点分布 $B(1, p)$，则 $E(X) = p$，$D(X) = pq$，$q = 1 - p$.

(2) 设随机变量 X 服从二项分布 $B(n, p)$，则 $E(X) = np$，$D(X) = npq$，$q = 1 - p$.

(3) 设随机变量 X 服从泊松分布 $P(\lambda)$，则 $E(X) = \lambda$，$D(X) = \lambda$.

(4) 设随机变量 X 服从均匀分布 $U[a, b]$，则 $E(X) = \dfrac{a+b}{2}$，$D(X) = \dfrac{(b-a)^2}{12}$.

(5) 设随机变量 X 服从参数为 λ 的指数分布，则 $E(X) = \dfrac{1}{\lambda}$，$D(X) = \dfrac{1}{\lambda^2}$.

(6) 设随机变量 X 服从正态分布 $N(\mu, \sigma^2)$，则 $E(X) = \mu$，$D(X) = \sigma^2$.

正态分布具有线性可加性，即，若 $X_i \sim N(\mu_i, \sigma_i^2)$ ($i = 1, 2, \cdots, n$) 且它们相互独立，则它们的线性组合仍服从正态分布

$$a_1 X_1 + a_2 X_2 + \cdots + a_n X_n \sim N\left(\sum_{i=1}^{n} a_i \mu_i, \sum_{i=1}^{n} a_i^2 \sigma_i^2\right)$$

其中 $a_1, \cdots, a_n$ 不全为零.

设随机变量 X 具有数学期望 $E(X) = \mu$，方差 $D(X) = \sigma^2$，则对于任意正数 $\varepsilon > 0$，下列不等式成立：

$$P(|X - \mu| \geq \varepsilon) \leq \dfrac{\sigma^2}{\varepsilon^2}$$

或

$$P(|X - \mu| < \varepsilon) \geq 1 - \dfrac{\sigma^2}{\varepsilon^2}$$

此不等式称为切比雪夫不等式，它在实际中有广泛应用，也是下一章极限定理的基础.

4.1.3 协方差及相关系数

定义 4.4 设 (X, Y) 是二维随机变量，若 $E\{[X - E(X)][Y - E(Y)]\}$ 存在，则称其为随机变量 X 与 Y 的协方差，记为 $\mathrm{Cov}(X, Y)$，即

$$\mathrm{Cov}(X, Y) = E\{[X - E(X)][Y - E(Y)]\}$$

协方差的常用公式为

$$\mathrm{Cov}(X, Y) = E(XY) - E(X)E(Y)$$

特别地，$\mathrm{Cov}(X, X) = D(X)$.

由协方差的定义和方差的性质可得

$$D(aX+bY) = a^2 D(X) + b^2 D(Y) + 2ab\mathrm{Cov}(X,Y)$$

协方差具有以下性质：

(1) $\mathrm{Cov}(X, Y) = \mathrm{Cov}(Y, X)$；

(2) $\mathrm{Cov}(aX, bY) = ab\mathrm{Cov}(X, Y)$；

(3) $\mathrm{Cov}(X+Y, Z) = \mathrm{Cov}(X, Z) + \mathrm{Cov}(Y, Z)$．

定义 4.5 设二维随机变量 (X, Y) 的协方差 $\mathrm{Cov}(X, Y)$ 存在且有 $D(X) > 0$，$D(Y) > 0$，则称

$$\rho_{XY} = \frac{\mathrm{Cov}(X,Y)}{\sqrt{D(X)D(Y)}}$$

为 X 与 Y 的相关系数．若 $\rho_{XY} = 0$，则称 X 与 Y 不相关．

定理 4.3 相关系数具有以下性质：

(1) $|\rho_{XY}| \leqslant 1$；

(2) $|\rho_{XY}| = 1$ 的充要条件是存在常数 a，$b \neq 0$，使得 $P(Y = a + bX) = 1$，并且当 $b > 0$ 时，$\rho_{XY} = 1$；当 $b < 0$ 时，$\rho_{XY} = -1$．

定理 4.4 设 $D(X) > 0$，$D(Y) > 0$，则下列四个命题等价：

(1) X 与 Y 不相关，即 $\rho_{XY} = 0$；

(2) $\mathrm{Cov}(X, Y) = 0$；

(3) $E(XY) = E(X)E(Y)$；

(4) $D(X \pm Y) = D(X) + D(Y)$．

注意：X 与 Y 不相关是指不存在线性关系，但还可能有其他关系，比如非线性等．若随机变量 X 与 Y 相互独立，则 X 与 Y 不相关；但是 X 与 Y 不相关未必有 X 与 Y 相互独立．

定理 4.5 若二维随机变量 $(X,Y) \sim N(\mu_1, \mu_2, \sigma_1^2, \sigma_2^2, \rho)$，则 X 与 Y 相互独立与不相关等价．

4.1.4 矩和协方差阵

定义 4.6 设 X 是随机变量，若 $E(X^k)$（$k = 1, 2, \cdots$）存在，则称 $E(X^k)$ 是 X 的 k 阶原点矩．若 $E\{[X - E(X)]^k\}$（$k = 2, 3, \cdots$）存在，则称 $E\{[X - E(X)]^k\}$ 是 X 的 k 阶中心矩．若 $E\{[X - E(X)]^k [Y - E(Y)]^l\}$（$k, l = 1, 2, \cdots$）存在，则称 $E\{[X - E(X)]^k [Y - E(Y)]^l\}$ 是 X 和 Y 的 $k + l$ 阶混合中心矩．

定义 4.7 设二维随机变量 (X_1, X_2) 的四个二阶中心矩存在，分别记为

$$c_{11} = E\{[X_1 - E(X_1)]^2\} = D(X_1)$$

$$c_{12} = E\{[X_1 - E(X_1)][X_2 - E(X_2)]\} = \mathrm{Cov}(X_1, X_2)$$
$$c_{21} = E\{[X_2 - E(X_2)][X_1 - E(X_1)]\} = \mathrm{Cov}(X_2, X_1)$$
$$c_{22} = E\{[X_2 - E(X_2)]^2\} = D(X_2)$$

则称矩阵 $C = \begin{bmatrix} c_{11} & c_{12} \\ c_{21} & c_{22} \end{bmatrix}$ 为二维随机变量 (X_1, X_2) 的协方差阵. 类似地, 可以定义 n 维随机变量的协方差阵.

设二维正态随机变量 $(X_1, X_2) \sim N(\mu_1, \mu_2, \sigma_1^2, \sigma_2^2, \rho)$, 则 (X_1, X_2) 的协方差阵为

$$C = \begin{bmatrix} D(X_1) & \mathrm{Cov}(X_1, X_2) \\ \mathrm{Cov}(X_2, X_1) & D(X_2) \end{bmatrix} = \begin{bmatrix} \sigma_1^2 & \rho\sigma_1\sigma_2 \\ \rho\sigma_1\sigma_2 & \sigma_2^2 \end{bmatrix}$$

当 $|C| \neq 0$, C 的逆矩阵存在, 上面的情形称为非退化的二维正态随机变量. 当 $|C| = 0$, 称为退化的二维正态随机变量, 此时概率密度函数不存在. 对于非退化的二维正态随机变量

(X_1, X_2) 的概率密度函数为

$$f(x_1, x_2) = \frac{1}{2\pi\sigma_1\sigma_2\sqrt{1-\rho^2}} \exp\left\{\frac{-1}{2(1-\rho^2)}\left[\frac{(x_1-\mu_1)^2}{\sigma_1^2} - \frac{2\rho(x-\mu_1)(y-\mu_2)}{\sigma_1\sigma_2} + \frac{(y-\mu_2)^2}{\sigma_2^2}\right]\right\}$$
$$= \frac{1}{(2\pi)^{2/2}(|C|)^{1/2}} \exp\left\{-\frac{1}{2}(X-\mu)^{\mathrm{T}} C^{-1}(X-\mu)\right\}$$

其中 $X = \begin{bmatrix} x_1 \\ x_2 \end{bmatrix}$, $\mu = \begin{bmatrix} \mu_1 \\ \mu_2 \end{bmatrix}$, $|C|$ 和 C^{-1} 分别表示协方差阵 C 的行列式和逆矩阵, $(X-\mu)^{\mathrm{T}}$ 是矩阵 $(X-\mu)$ 的转置. 上述结论可以推广到 n 维情形.

n 维正态随机变量 $(X_1, X_2, \cdots, X_n)$ 的概率密度函数为

$$f(x_1, x_2, \cdots, x_n) = \frac{1}{(2\pi)^{n/2}(|C|)^{1/2}} \exp\left\{-\frac{1}{2}(X-\mu)^{\mathrm{T}} C^{-1}(X-\mu)\right\}$$

其中 $X = \begin{bmatrix} x_1 \\ \vdots \\ x_n \end{bmatrix}$, $\mu = \begin{bmatrix} \mu_1 \\ \vdots \\ \mu_n \end{bmatrix}$, $|C|$ 和 C^{-1} 分别表示协方差阵 C 的行列式和逆矩阵, $(X-\mu)^{\mathrm{T}}$ 是矩阵 $(X-\mu)$ 的转置.

下面介绍 n 维正态随机变量的几条重要性质.

(1) n 维正态变量 $(X_1, \cdots, X_n)$ 的每一个分量 X_i $(i=1, \cdots, n)$ 都是正态变量; 反之, 若 X_i 都是正态变量且相互独立, 则 $(X_1, \cdots, X_n)$ 是 n 维正态变量.

(2) n 维正态变量 $(X_1, \cdots, X_n)$ 服从 n 维正态分布的充要条件是任意线性组合 $a_1 X_1 + \cdots + a_n X_n$ 均服从一维正态分布（其中 $a_1, \cdots, a_n$ 不全为零）.

(3) 若 $(X_1, \cdots, X_n)$ 服从 n 维正态分布，设 $Y_1, Y_2, \cdots, Y_m$ 是 $X_i (i = 1, \cdots, n)$ 的线性函数（系数不全为零），则 $(Y_1, Y_2, \cdots, Y_m)$ 也服从 m 维正态分布.

注意： 性质 (3) 称为正态变量的线性变换不变性. 这里说的 m 维有可能是退化的正态随机变量，没有概率密度函数.

例如，设 $X \sim N(0, 1)$，$Y_1 = X$，$Y_2 = X$，考查 $(Y_1, Y_2) = (X, X)$，其协方差矩阵为

$$C = \begin{bmatrix} D(Y_1) & \mathrm{Cov}(Y_1, Y_2) \\ \mathrm{Cov}(Y_2, Y_1) & D(Y_2) \end{bmatrix} = \begin{bmatrix} 1 & 1 \\ 1 & 1 \end{bmatrix}$$

此时 $|C| = 0$，$(Y_1, Y_2) = (X, X)$ 是二维退化的正态随机变量，没有二维概率密度函数. 那么如何确保线性变换后得到非退化的正态随机变量？

如果 $X = (X_1, \cdots, X_n)$ 服从 n 维非退化正态分布 $N_n(\boldsymbol{\mu}, \boldsymbol{C})$，矩阵 $\boldsymbol{A}_{m \times n}$ 是行满秩矩阵 $\mathrm{rank}(\boldsymbol{A}) = m$，则 $\boldsymbol{Y} = \boldsymbol{A}\boldsymbol{X}$ 服从 m 维非退化正态随机变量.

$$\boldsymbol{Y} \sim N_m(\boldsymbol{A}\boldsymbol{\mu}, \boldsymbol{A}\boldsymbol{C}\boldsymbol{A}^{\mathrm{T}})$$

(4) 设 $(X_1, \cdots, X_n)$ 服从 n 维正态分布，则 $X_1, \cdots, X_n$ "相互独立" 等价于 "两两不相关".

§4.2 例题讲解

例1 对产品进行抽样，只要发现废品就认为这批产品不合格，并结束抽样. 若抽样到第 n 件仍未发现废品则认为这批产品合格. 假设产品数量很大，抽查到废品的概率是 p，试求平均需抽查的件数.

解： 设 X 为停止检查时，抽样的件数，则 X 的可能取值为 $1, 2, \cdots, n$，且

$$P(X = k) = (1-p)^{k-1} p, \quad k = 1, 2, \cdots, n-1$$
$$P(X = n) = (1-p)^{n-1} p + (1-p)^n = (1-p)^{n-1}$$

于是 $E(X) = \sum_{k=1}^{n-1} [k(1-p)^{k-1} p] + n(1-p)^{n-1} = \dfrac{1 - (1-p)^n}{p}$.

R 程序和输出：

```
> p<-0.2
> n<-10
```

```
> EX <- (1-(1-p)^n)/p
> EX
[1]4.463129
>
> sim <-10000
> t <- numeric(sim)
> for(i in 1:sim){
+ num <-1
+ while((num<n)&(sample(c(0,1),1,replace=T,prob=c(1-p,p))==0)){num
    <- num+1}
+ t[i] <- num
+ }
>
> mean(t)
[1]4.4635
```

例2 某商店对某种电器的销售采用先使用后付款的方式. 已使用寿命为 X（以年计），规定：$X \leqslant 1$，一台付款 1 500 元；$1 < X \leqslant 2$，一台付款 2 000 元；$2 < X \leqslant 3$，一台付款 2 500 元；$X > 3$，一台付款 3 000 元. 设寿命 X 服从 $\lambda = \dfrac{1}{10}$ 的指数分布，试求该商店一台收费 Y 的数学期望.

解：X 的概率密度函数和 Y 的取值分别为

$$f_X(x) = \begin{cases} \dfrac{1}{10}e^{-\frac{x}{10}}, & x > 0 \\ 0, & x \leqslant 0 \end{cases}, \quad Y = \begin{cases} 1\ 500, & X \leqslant 1 \\ 2\ 000, & 1 < X \leqslant 2 \\ 2\ 500, & 2 < X \leqslant 3 \\ 3\ 000, & X > 3 \end{cases}$$

$$P(Y = 1\ 500) = P(X \leqslant 1) = \int_0^1 \dfrac{1}{10}e^{-\frac{x}{10}}dx = 0.095\ 2$$

$$P(Y = 2\ 000) = P(1 < X \leqslant 2) = \int_1^2 \dfrac{1}{10}e^{-\frac{x}{10}}dx = 0.086\ 1$$

$$P(Y = 2\ 500) = P(2 < X \leqslant 3) = \int_2^3 \dfrac{1}{10}e^{-\frac{x}{10}}dx = 0.077\ 9$$

$$P(Y = 3\ 000) = P(X > 3) = \int_3^{+\infty} \dfrac{1}{10}e^{-\frac{x}{10}}dx = 0.740\ 8$$

所以 $E(Y) = 1\,500 \times 0.095\,2 + 2\,000 \times 0.086\,1 + 2\,500 \times 0.077\,9 + 3\,000 \times 0.740\,8 = 2\,732.15$

 R 程序和输出：

```
> sim <- 10000
> t <- numeric(sim)
> for(i in 1:sim){
+ Y <- 1500
+ X <- rexp(1,1/10)
+ Y[1 < X & X <= 2] <- 2000
+ Y[2 < X & X <= 3] <- 2500
+ Y[3 < X] <- 3000
+ t[i] <- Y
+ }
> mean(t)
[1] 2733.3
```

例3 设随机变量 X 的分布律为

X	8	9	10
P	0.1	0.3	0.6

求 $E(10-X)^2$.

解：

方法一：直接使用 X 的分布律进行计算，$E(10-X)^2 = (10-8)^2 \times 0.1 + (10-9)^2 \times 0.3 + (10-10)^2 \times 0.6 = 0.7$.

方法二：先求出 $Y=(10-X)^2$ 的分布律，再计算 $E(Y)$，

Y	4	1	0
P	0.1	0.3	0.6

$$E(Y) = 4 \times 0.1 + 1 \times 0.3 + 0 \times 0.6 = 0.7$$

 R 程序和输出：

```
> x <- 8:10
> weight <- c(0.1,0.3,0.6)
```

```
> sum((10 - x)^2 * weight)
[1] 0.7
>
> toss <- sample(x, 10000, replace = T, weight)
> mean((10 - toss)^2)
[1] 0.6966
```

例 4　(X, Y) 的联合分布律及边缘分布律如下：

X＼Y	1	2	3	p_i
1	$\frac{1}{6}$	$\frac{1}{9}$	$\frac{1}{18}$	$\frac{1}{3}$
2	$\frac{1}{3}$	$\frac{2}{9}$	$\frac{1}{9}$	$\frac{2}{3}$
p_j	$\frac{1}{2}$	$\frac{1}{3}$	$\frac{1}{6}$	1

求 $E(XY)$.

解：XY 的分布律为

XY	1	2	3	4	6
P	$\frac{1}{6}$	$\frac{4}{9}$	$\frac{1}{18}$	$\frac{4}{18}$	$\frac{2}{18}$

所以 $E(XY) = 1 \times \frac{1}{6} + 2 \times \frac{4}{9} + 3 \times \frac{1}{18} + 4 \times \frac{4}{18} + 6 \times \frac{2}{18} = \frac{25}{9}$.

 R 程序和输出：

```
> X <- sample(1:2, 10000, replace = T, prob = c(1/3, 2/3))
> Y <- numeric(length(X))
> for(i in 1:length(X))
+ {
+ if(X[i] == 1){Y[i] <- sample(1:3, 1, replace = T, prob = c(1/2, 1/3, 1/6))}
+ else{Y[i] <- sample(1:3, 1, replace = T, prob = c(1/2, 1/3, 1/6))}
+ }
> mean(X * Y)
[1] 2.7766
```

例5 设 (X,Y) 在区域 A 上服从均匀分布,其中 A 为 x 轴、y 轴和直线 $x+y+1=0$ 所围成的区域. 求 $E(X)$, $E(-3X+2Y)$, $E(XY)$.

解:区域 A 如图 4-1 所示. (X,Y) 的概率密度函数为

$$f(x,y) = \begin{cases} 2, & (x,y) \in A \\ 0, & \text{其他} \end{cases}$$

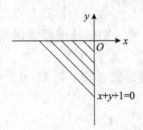

图 4-1

$$E(X) = \int_{-\infty}^{+\infty}\int_{-\infty}^{+\infty} xf(x,y)\,dxdy = \int_{-1}^{0}\left(\int_{-1-x}^{0} x \times 2\,dy\right)dx = -\frac{1}{3}$$

$$E(-3X+2Y) = \int_{-\infty}^{+\infty}\int_{-\infty}^{+\infty}(-3x+2y)f(x,y)\,dxdy$$

$$= \int_{-1}^{0}\left[\int_{-1-x}^{0}(-3x+2y) \times 2\,dy\right]dx = \frac{1}{3}$$

$$E(XY) = \int_{-\infty}^{+\infty}\int_{-\infty}^{+\infty} xyf(x,y)\,dxdy = \int_{-1}^{0}\left(\int_{-1-x}^{0} xy \times 2\,dy\right)dx = \frac{1}{12}$$

 R 程序和输出:

```
> r1 <- runif(10000)
> r2 <- runif(10000)
> X <- -1 + sqrt(r1)
> Y <- -r2 * sqrt(r1)
>
> mean(X)
[1] -0.3324431
> mean(-3 * X + 2 * Y)
[1] 0.3300343
> mean(X * Y)
[1] 0.0836223
```

另外，设三角形的顶点为 A, B, C, 在该三角形里面随机取一点 P, 服从均匀分布，可以采用如下方法：

$$P = (1-\sqrt{r_1})A + [\sqrt{r_1}(1-r_2)]B + (r_2\sqrt{r_1})C$$

其中 r_1, $r_2 \sim U[0, 1]$.

例 6 设在国际市场上每年对我国某种出口商品的需求量是随机变量 X 吨，它在 $[2\,000, 4\,000]$ 上服从均匀分布，又设每售出这种商品一吨，可为国家挣得外汇 3 万元，但假如销售不出而囤积在仓库，则每吨需浪费保养费 1 万元. 问需要组织多少货源，才能使得国家收益最大.

解： 设 Y 为预备出口的该商品的数量，$2\,000 \leqslant Y \leqslant 4\,000$. 用 Z 表示国家的收益（万元），则

$$Z = g(X) = \begin{cases} 3Y, & X \geqslant Y \\ 3X - (Y - X), & X < Y \end{cases}$$

$$\begin{aligned}
E(Z) &= \int_{-\infty}^{+\infty} g(x)f(x)\mathrm{d}x \\
&= \int_{2\,000}^{4\,000} g(x) \frac{1}{2\,000}\mathrm{d}x \\
&= \int_{2\,000}^{y} \frac{3x-(y-x)}{2\,000}\mathrm{d}x + \int_{y}^{4\,000} \frac{3y}{2\,000}\mathrm{d}x \\
&= -\frac{1}{1\,000}(y^2 - 7\,000y + 4 \times 10^6)
\end{aligned}$$

令 $\dfrac{\mathrm{d}}{\mathrm{d}y}E(Z) = -\dfrac{1}{1\,000}(2y - 7\,000) = 0$, 得 $y = 3\,500$. 由于 $E(Z)$ 的驻点唯一，而 $E(Z)$ 的最大值存在，所以 $E(Z)$ 在 $y = 3\,500$ 处取得最大值. 需要组织 3 500 吨此种商品可使国家收益最大.

R 程序和输出：

```
> Z <- function(x,y){
+ if(x >= y){3 * y}
+ else {3 * x - (y - x)}
+ }
> Y <- seq(2000,4000,100)
> Profit <- rep(0,length(Y))
>
> for(i in 1:length(Y))
```

```
+ {
+ sim <- 10000
+ P <- rep(0,sim)
+ for(j in 1:sim)
+ {
+ P[j] <- Z(runif(1,2000,4000),Y[i])
+ }
+ Profit[i] <- mean(P)
+ }
>
> Y[Profit == max(Profit)]
[1]3500
```

例7 设某种商品每周的需求量 Y 是服从区间 $[10,20]$ 上的均匀分布的随机变量，经销商店进货的数量 X 也是服从区间 $[10,20]$ 上的均匀分布的随机变量，且 X,Y 相互独立. 商店每销售出一单位商品可得利润 1 000 元；若供不应求，商店可从外部调剂供应，每单位商品仅获利润 500 元. 试求商店所获利润的期望值.

解：设 Z 为商店所获利润，

$$Z = g(X,Y) = \begin{cases} 1\,000X + 500(Y-X), & X < Y \\ 1\,000Y, & X \geq Y \end{cases}$$

X 和 Y 的概率密度函数分别为

$$f(x) = \begin{cases} \dfrac{1}{10}, & 10 \leq x \leq 20 \\ 0, & 其他 \end{cases}, \quad f(y) = \begin{cases} \dfrac{1}{10}, & 10 \leq y \leq 20 \\ 0, & 其他 \end{cases}$$

X 和 Y 独立，所以 (X,Y) 的联合概率密度函数为

$$f(x,y) = \begin{cases} \dfrac{1}{100}, & 10 \leq x \leq 20, 10 \leq y \leq 20 \\ 0, & 其他 \end{cases}$$

商店所获利润的期望值为

$$E(Z) = \int_{-\infty}^{+\infty}\int_{-\infty}^{+\infty} g(x,y)f(x,y)\,\mathrm{d}x\mathrm{d}y$$

$$= \int_{10}^{20}\int_{10}^{20} g(x,y)\frac{1}{100}\,\mathrm{d}x\mathrm{d}y$$

$$= \int_{10}^{20} \left(\int_{10}^{x} \frac{1\,000y}{100} dy \right) dx + \int_{10}^{20} \left[\int_{x}^{20} \frac{500(y+x)}{100} dy \right] dx$$
$$\approx 14\,166.67$$

 R 程序和输出：

```
> g <- function(x,y){
+ if(x >= y){1000 * y}
+ else {1000 * x + 500 * (y - x)}
+ }
> sim <- 10000
> X <- runif(sim,10,20)
> Y <- runif(sim,10,20)
> Z <- runif(sim,10,20)
> for(i in 1:sim)
+ {
+ Z[i] <- g(X[i],Y[i])
+ }
> mean(Z)
[1] 14164.06
```

例 8 对 N 个人进行验血，有两种方案：

（1）对每个人的血液逐个化验，共需 N 次化验；

（2）将采集的每个人的血分成两份，然后取其中的一份，按 k（$k>1$）个人一组混合后进行化验（设 N 是 k 的倍数），若呈阴性反应，则认为 k 个人的血都是阴性反应，这时 k 个人的血只要化验一次；如果混合血液呈阳性反应，则需对 k 个人的另一份血液逐一进行化验，这时 k 个人的血要化验 $k+1$ 次。

假设所有人的血液呈阳性反应的概率都是 p，且各次化验结果是相互独立的. 试说明适当选取 k 可使第二个方案减少化验次数.

解： 设 X 表示第二个方案下的总化验次数，X_i 表示第 i 个组的化验次数，则
$$X = \sum_{i=1}^{N/k} X_i, \quad E(X) = \sum_{i=1}^{N/k} E(X_i)$$

X_i 只能取两个值，1 或 $k+1$，$P(X_i = 1) = q^k$，$(q = 1-p)$；$P(X_i = k+1) = 1 - q^k$，$E(X_i) = q^k + (k+1)(1-q^k) = k+1-kq^k$，$i = 1, 2, \cdots, N/k$.

所以，$E(X) = \sum_{i=1}^{N/k} E(X_i) = N(1 + \frac{1}{k} - q^k)$，只要选择合适的 k 使得 $1 + \frac{1}{k} - q^k < 1$，即 $\frac{1}{k} < q^k$，就可使第二个方案减少化验次数. 当 q 已知时，选 $1 + \frac{1}{k} - q^k < 1$ 且取最小值，可使化验次数最少. 例如，当 $p = 0.1$，$q = 0.9$ 时，可取 $k = 4$ 使得化验次数最小，此时工作量可减少 40%.

 R 程序和输出：

```
> qiwang <- function(n){
+ n = n
+ ex <- function(p,k){
+ 1 - (1 - p)^k + 1/k
+ }
+ par(pty = "s")
+ x <- seq(1,n,1)
+ plot(x,ex(0.1,x),type = "line",xlab = "k",ylab = expression("E(X)"),xlim
   = c(0,n),ylim = c(0,1.0))
+ lines(x,ex(0.05,x),lty = 2,xlim = c(0,n),col = 2,lwd = 3)
+ lines(x,ex(0.01,x),lty = 3,xlim = c(0,n),col = 3,lwd = 3)
+ abline(1,0,col = "blue",lwd = 3)
+ exbeta <- c(expression(p == 0.1),expression(p == 0.05),expression(p ==
   0.01))
+ legend("bottomright",exbeta,lty = c(1,2,3),col = c(1,2,3),lwd = 3)}
> qiwang(60)
>
> ex <- function(p,k){
+ 1 - (1 - p)^k + 1/k
+ }
> K <- 2:20
> E <- ex(0.1,K)
> K[E == min(E)]
[1] 4
> E[E == min(E)]
```

[1]0.5939

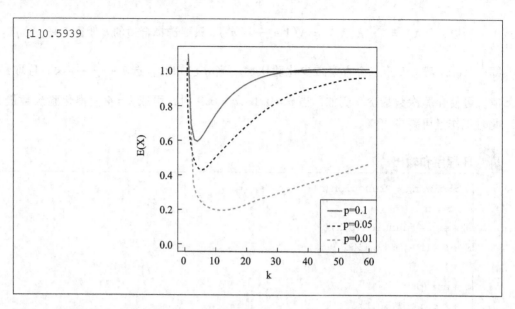

例9 一民航送客车载有 20 位旅客自机场开出，旅客有 10 个车站可以下车，如到达一个车站没有旅客下车就不停车．以 X 表示停车的次数，求 $E(X)$．（设每个旅客在各个车站下车是等可能的，并设各旅客是否下车相互独立．）

解：设 $X_i = \begin{cases} 0, \text{第 } i \text{ 站没人下车} \\ 1, \text{第 } i \text{ 站有人下车} \end{cases}$ $(i = 1, 2, \cdots, 10)$．注意这里 X_i 之间不是相互独立的．

但是，$X = X_1 + \cdots + X_{10}, E(X) = \sum_{i=1}^{10} E(X_i)$．可得
$$P(X_i = 0) = 0.9^{20}, \quad P(X_i = 1) = 1 - 0.9^{20}$$
所以，$E(X_i) = 1 - 0.9^{20}$，$E(X) = 10 \times (1 - 0.9^{20}) = 8.784$．

 R 程序和输出：

```
> sim <- 10000
> t <- numeric(sim)
> for(i in 1:sim)
+ {
+ t[i] <- length(unique(sample(1:10, 20, replace = T)))
+ }
> mean(t)
[1]8.7835
```

例 10 设随机变量 (X, Y) 在区域 A 上服从均匀分布，其概率密度函数为

$$f(x,y) = \begin{cases} 1, & |y| < x, 0 < x < 1 \\ 0, & \text{其他} \end{cases}$$

求 $E(X)$，$D(X)$。

解：区域 A 如图 4-2 所示。

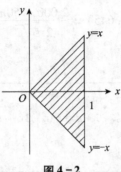

图 4-2

$$E(X) = \int_{-\infty}^{+\infty}\int_{-\infty}^{+\infty} xf(x,y)\,dxdy = \int_0^1 \left(\int_{-x}^x x \times 1\,dy\right)dx = \frac{2}{3}$$

$$E(X^2) = \int_{-\infty}^{+\infty}\int_{-\infty}^{+\infty} x^2 f(x,y)\,dxdy = \int_0^1 \left(\int_{-x}^x x^2 \times 1\,dy\right)dx = \frac{1}{2}$$

$$D(X) = E(X^2) - [E(X)]^2 = \frac{1}{18}.$$

 R 程序和输出：

```
> r1 <- runif(10000)
> r2 <- runif(10000)
> X <- 1 - sqrt(r1) + r2 * sqrt(r1)
> Y <- 1 - sqrt(r1) - r2 * sqrt(r1)
> mean(X)
[1] 0.6670616
> var(X)
[1] 0.05555366
```

例 11 卡车装运水泥，设每袋水泥重量（公斤）服从正态分布 $X \sim N(50, 2.5^2)$，问最多装多少袋水泥使得总重量超过 2 000 的概率不大于 0.05。

解： 设最多装 n 袋水泥，令 X_i 表示第 i 袋水泥的重量，总重量为
$$Y = X_1 + \cdots + X_n, \quad X_i \sim N(50, 2.5^2)$$
由题意知 $X_1, \cdots, X_n$ 相互独立，$E(Y) = 50n$，$D(Y) = 2.5^2 n$，$Y \sim N(50n, 2.5^2 n)$.
$$P(Y > 2\,000) = 1 - P(Y \leq 2\,000) = 1 - \Phi\left(\frac{2\,000 - 50n}{2.5\sqrt{n}}\right) \leq 0.05$$
即 $\Phi\left(\dfrac{2\,000 - 50n}{2.5\sqrt{n}}\right) \geq 0.95 = \Phi(1.645) \Rightarrow \dfrac{2\,000 - 50n}{2.5\sqrt{n}} \geq 1.645 \Rightarrow n \leq 39.$

R 程序和输出：

```
> n <- 1
> while(pnorm(2000,50*n,2.5*sqrt(n),lower.tail=F)<=0.05){n<-n+1}
> n-1
[1] 39
```

例 12 设 $X, Y \sim U[0, 1]$，且相互独立，求 $E(|X-Y|)$，$D(|X-Y|)$.

解：

方法一：$X \sim U[0, 1]$，$Y \sim U[0, 1]$，其概率密度函数分别为
$$f_X(x) = \begin{cases} 1, & 0 \leq x \leq 1 \\ 0, & \text{其他} \end{cases}, \quad f_Y(y) = \begin{cases} 1, & 0 \leq y \leq 1 \\ 0, & \text{其他} \end{cases}$$
由于 X 与 Y 相互独立，(X, Y) 的联合概率密度函数为
$$f(x,y) = f_X(x) f_Y(y) = \begin{cases} 1, & 0 \leq x \leq 1, 0 \leq y \leq 1 \\ 0, & \text{其他} \end{cases}$$
区域 $\{(x,y) \mid 0 \leq x \leq 1, 0 \leq y \leq 1\}$ 如图 4-3 所示.
$$E(|X-Y|) = \int_{-\infty}^{+\infty} \int_{-\infty}^{+\infty} |x-y| f(x,y) \,\mathrm{d}x\mathrm{d}y$$
$$= \int_0^1 \int_0^1 |x-y| \,\mathrm{d}x\mathrm{d}y$$
$$= \int_0^1 \left[\int_0^x (x-y) \,\mathrm{d}y\right] \mathrm{d}x + \int_0^1 \left[\int_0^y (y-x) \,\mathrm{d}x\right] \mathrm{d}y$$
$$= \frac{1}{3}$$

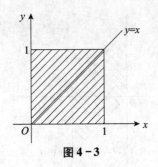

图 4 - 3

$$E(|X-Y|^2) = \int_{-\infty}^{+\infty}\int_{-\infty}^{+\infty}|x-y|^2 f(x,y)\,\mathrm{d}x\mathrm{d}y$$

$$= \int_0^1\int_0^1 |x-y|^2 \,\mathrm{d}x\mathrm{d}y$$

$$= \int_0^1\left[\int_0^1 (x^2 - 2xy + y^2)\,\mathrm{d}y\right]\mathrm{d}x$$

$$= \frac{1}{6}$$

所以,$D(|X-Y|) = E(|X-Y|^2) - [E(|X-Y|)]^2 = \frac{1}{18}$.

方法二:先求出 $Z = X - Y$ 的概率密度函数.

利用差的密度公式 $f_Z(z) = \int_{-\infty}^{+\infty} f(z+y, y)\,\mathrm{d}y$

$$f(z+y, y) = \begin{cases} 1, & 0 < z+y < 1, 0 < y < 1 \\ 0, & \text{其他} \end{cases}$$

区域 $\{(y,z) \mid 0 < z+y < 1, 0 < y < 1\}$ 如图 4-4 所示.

① 当 $z \leq -1$ 或 $z \geq 1$,$f_Z(z) = 0$.

② 当 $-1 < z < 0$,$f_Z(z) = \int_{-z}^{1}\mathrm{d}y = 1 + z$.

③ 当 $0 \leq z < 1$,$f_Z(z) = \int_0^{1-z}\mathrm{d}y = 1 - z$.

所以,$f_Z(z) = \begin{cases} 1+z, & -1 < z < 0 \\ 1-z, & 0 \leq z < 1 \\ 0, & \text{其他} \end{cases}$.

$$E(|X-Y|) = E(|Z|)$$

$$= \int_{-\infty}^{+\infty} |z| f_Z(z)\,\mathrm{d}z$$

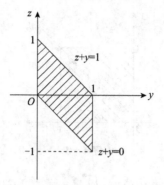

图 4-4

$$= \int_{-1}^{0}(-z)(1+z)\,dz + \int_{0}^{1}z(1-z)\,dz$$
$$= \left[-\frac{z^2}{2} - \frac{z^3}{3}\right]_{z=-1}^{z=0} + \left[\frac{z^2}{2} - \frac{z^3}{3}\right]_{z=0}^{z=1}$$
$$= \frac{1}{3}$$

$$E(|X-Y|^2) = E(|Z|^2)$$
$$= \int_{-\infty}^{+\infty}|z|^2 f_Z(z)\,dz$$
$$= \int_{-1}^{0}z^2(1+z)\,dz + \int_{0}^{1}z^2(1-z)\,dz$$
$$= \left[\frac{z^3}{3} + \frac{z^4}{4}\right]_{z=-1}^{z=0} + \left[\frac{z^3}{3} - \frac{z^4}{4}\right]_{z=0}^{z=1} = \frac{1}{6}$$

所以,$D(|X-Y|) = D(|Z|) = E(|Z|^2) - [E(|Z|)]^2 = \frac{1}{18}$.

 R 程序和输出:

```
> sim <- 10000
> X <- runif(sim)
> Y <- runif(sim)
> mean(abs(X - Y))
[1] 0.3303809
> var(abs(X - Y))
[1] 0.05560648
```

例13 设$(X,Y) \sim N(1,0,9,16,-\frac{1}{2})$，$Z = \frac{X}{3} + \frac{Y}{2}$，思考$X$与$Z$独立吗？

解： $X \sim N(1,9)$，$Y \sim N(0,16)$，$\rho_{X,Y} = -\frac{1}{2}$

$$\begin{aligned}\text{Cov}(X,Z) &= \text{Cov}\left(X, \frac{X}{3} + \frac{Y}{2}\right) \\ &= \frac{1}{3}D(X) + \frac{1}{2}\text{Cov}(X,Y) \\ &= 3 + \frac{1}{2} \times \left(-\frac{1}{2}\right) \times \sqrt{9} \times \sqrt{16} \\ &= 0\end{aligned}$$

即X，Z不相关．又因为

$\begin{bmatrix} X \\ Z \end{bmatrix} = \begin{bmatrix} 1 & 0 \\ \frac{1}{3} & \frac{1}{2} \end{bmatrix} \begin{bmatrix} X \\ Y \end{bmatrix}$ 线性变换矩阵 $A = \begin{bmatrix} 1 & 0 \\ \frac{1}{3} & \frac{1}{2} \end{bmatrix}$ 是行满秩矩阵，$|A| \neq 0$，

$\text{rank}(A) = 2$，所以(X, Z)是二维非退化正态随机变量．

X，Z不相关等价于X，Z相互独立，所以X与Z相互独立．

例14 设随机变量$X \sim N(0, \sigma^2)$，试求$E(X^n)$．

解： 令$Y = \frac{X - E(X)}{\sqrt{D(X)}} = \frac{X}{\sigma}$，则$Y \sim N(0, 1)$．所以，

$$E(X^n) = \sigma^n E(Y^n) = \sigma^n \int_{-\infty}^{+\infty} y^n \varphi(y) \mathrm{d}y = \frac{\sigma^n}{\sqrt{2\pi}} \int_{-\infty}^{+\infty} y^n \mathrm{e}^{-\frac{y^2}{2}} \mathrm{d}y$$

当n为奇数时，因为被积分函数是奇函数，所以$E(X^n) = 0$．

当n为偶数时，因为被积分函数是偶函数，

$$\begin{aligned}E(X^n) &= \frac{2\sigma^n}{\sqrt{2\pi}} \int_0^{+\infty} y^n \mathrm{e}^{-\frac{y^2}{2}} \mathrm{d}y \quad \left(\diamondsuit \frac{y^2}{2} = t\right) \\ &= \frac{2\sigma^n}{\sqrt{2\pi}} 2^{\frac{n-1}{2}} \int_0^{\infty} t^{\frac{n-1}{2}} \mathrm{e}^{-t} \mathrm{d}t \\ &= \frac{2^{\frac{n}{2}}\sigma^n}{\sqrt{\pi}} \Gamma\left(\frac{n+1}{2}\right) \\ &= \frac{2^{\frac{n}{2}}\sigma^n}{\sqrt{\pi}} \times \frac{n-1}{2} \times \frac{n-3}{2} \times \cdots \times \frac{1}{2} \Gamma\left(\frac{1}{2}\right) \\ &= \sigma^n (n-1)!!\end{aligned}$$

因此，$E(X^n) = \begin{cases} \sigma^n(n-1)!!, & n\text{ 为偶数} \\ 0, & n\text{ 为奇数} \end{cases}$，其中 $n!! = \begin{cases} 2\times 4\times\cdots\times n, & n\text{ 为偶数} \\ 1\times 3\times\cdots\times n, & n\text{ 为奇数} \end{cases}$. 特别地，

若 $X \sim N(0,1)$，则 $E(X^n) = \begin{cases} (n-1)!!, & n\text{ 为偶数} \\ 0, & n\text{ 为奇数} \end{cases}$，例如，$E(X^4) = 3$.

R 程序和输出：

```
> xn<-function(x)x^4*dnorm(x)
> integrate(Vectorize(xn),-Inf,Inf)$val
[1]3
```

§4.3 习题解答

1. 某自动流水线在单位时间内生产的产品中，含有次品数为 X，已知 X 有如下分布

X	0	1	2	3	4	5
P	$\frac{1}{12}$	$\frac{1}{6}$	$\frac{1}{4}$	$\frac{1}{4}$	$\frac{1}{6}$	$\frac{1}{12}$

求 $E(X), D(X), E(X^2-2X)$.

解：

$$E(X) = 0\times\frac{1}{12} + 1\times\frac{1}{6} + 2\times\frac{1}{4} + 3\times\frac{1}{4} + 4\times\frac{1}{6} + 5\times\frac{1}{12} = \frac{5}{2}$$

$$E(X^2) = 0^2\times\frac{1}{12} + 1^2\times\frac{1}{6} + 2^2\times\frac{1}{4} + 3^2\times\frac{1}{4} + 4^2\times\frac{1}{6} + 5^2\times\frac{1}{12} = \frac{49}{6}$$

$$D(X) = E(X^2) - [E(X)]^2 = \frac{23}{12}$$

$$E(X^2-2X) = E(X^2) - 2E(X) = \frac{19}{6}$$

R 程序和输出：

```
> x<-0:5
> weight<-c(1/12,1/6,1/4,1/4,1/6,1/12)
```

```
> mu <- sum(x * weight)
> mu
[1]2.5
> varx <- sum((x - mu)^2 * weight)
> varx
[1]1.916667
> E3 <- sum((x^2 - 2 * x) * weight)
> E3
[1]3.166667
>
> toss <- sample(x,10000,replace = T,weight)
> mean(toss)
[1]2.5116
> var(toss)
[1]1.904656
> mean(toss^2 - 2 * toss)
[1]3.1894
```

2. 设随机变量 X 服从几何分布，其分布律为
$$P(x=k) = p(1-p)^{k-1}, \ k=1, 2, \cdots$$
其中 $0 < p < 1$ 为常数，求 $E(X)$，$D(X)$。

解：
$$E(X) = \sum_{k=1}^{+\infty} k \times p(1-p)^{k-1} = \frac{1}{p}$$

$$E(X^2) = \sum_{k=1}^{+\infty} k^2 \times p(1-p)^{k-1} = \frac{2-p}{p^2}$$

$$D(X) = E(X^2) - [E(X)]^2 = \frac{2-p}{p^2} - \left(\frac{1}{p}\right)^2 = \frac{1-p}{p^2}$$

注意： 此题利用了一些级数求和公式.

$$\sum_{k=1}^{+\infty} kx^{k-1} = \left[\sum_{k=1}^{+\infty} x^k\right]' = \left[\frac{x}{1-x}\right]' = \frac{1}{(1-x)^2}, \ |x| < 1$$

$$\sum_{k=1}^{+\infty} k^2 x^{k-1} = \left[\sum_{k=1}^{+\infty} kx^k\right]' = \left[x\sum_{k=1}^{+\infty} kx^{k-1}\right]' = \left[\frac{x}{(1-x)^2}\right]' = \frac{1+x}{(1-x)^3}, \ |x| < 1$$

R 程序和输出：

```
> p <- 0.1
> 1/p
[1] 10
> (1-p)/p^2
[1] 90
>
> x <- rgeom(10000,p) + 1
> mean(x)
[1] 10.0464
> var(x)
[1] 89.58281
```

3. 设随机变量 X 有概率密度函数为

$$f_X(x) = \begin{cases} x, & 0 < x \leq 1 \\ 2-x, & 1 < x < 2 \\ 0, & 其他 \end{cases}$$

求 $E(X)$, $D(X)$.

解：
$$E(X) = \int_{-\infty}^{+\infty} xf(x)dx = \int_0^1 x^2 dx + \int_1^2 x(2-x)dx = 1$$

$$E(X^2) = \int_{-\infty}^{+\infty} x^2 f(x)dx = \int_0^1 x^3 dx + \int_1^2 x^2(2-x)dx = \frac{7}{6}$$

$$D(X) = E(X^2) - [E(X)]^2 = \frac{1}{6}$$

 R 程序和输出：

```
> f <- function(x){
+ if(x>0&x<=1){y<-x}
+ else if(x>1&x<2){y<-2-x}
+ else{y<-0}
+ return(y)
+ }
> xf <- function(x)x*f(x)
```

```
> x2f <- function(x)x^2 * f(x)
>
> EX <- integrate(Vectorize(xf),-Inf,Inf)$val
> EX
[1]1
> EX2 <- integrate(Vectorize(x2f),-Inf,Inf)$val
> DX <- EX2 - (EX)^2
> DX
[1]0.1666667
```

4. 设随机变量 X 的概率密度函数为 $f(x) = \dfrac{1}{2}e^{-|x|}$ $(-\infty < x < +\infty)$，求 $E(X)$, $D(X)$。

解：
$$E(X) = \int_{-\infty}^{+\infty} xf(x)\,dx = \int_{-\infty}^{+\infty} x \times \frac{1}{2}e^{-|x|}\,dx = 0.$$
$$E(X^2) = \int_{-\infty}^{+\infty} x^2 f(x)\,dx = \int_{-\infty}^{+\infty} x^2 \times \frac{1}{2}e^{-|x|}\,dx = 2\int_{0}^{+\infty} x^2 \times \frac{1}{2}e^{-x}\,dx = 2.$$
$$D(X) = E(X^2) - [E(X)]^2 = 2.$$

R 程序和输出：

```
> f <- function(x){1/2 * exp(-abs(x))}
> xf <- function(x)x * f(x)
> x2f <- function(x)x^2 * f(x)
>
> EX <- integrate(Vectorize(xf),-Inf,Inf)$val
> EX
[1]0
> EX2 <- integrate(Vectorize(x2f),-Inf,Inf)$val
> DX <- EX2 - (EX)^2
> DX
[1]2
```

5. 已知随机变量 X 服从参数为 1 的指数分布，$Y = X + e^{-2X}$，求 $E(Y)$, $D(Y)$。

解：
$$X \sim f(x) = \begin{cases} e^{-x}, & x > 0 \\ 0, & x \leq 0 \end{cases}$$

$$E(Y) = E(X + e^{-2X}) = \int_{-\infty}^{+\infty}(x + e^{-2x})f(x)dx = \int_{0}^{+\infty}(x + e^{-2x}) \times e^{-x}dx = \frac{4}{3}$$

$$E(Y^2) = E[(X + e^{-2X})^2] = \int_{-\infty}^{+\infty}(x + e^{-2x})^2 f(x)dx = \int_{0}^{+\infty}(x + e^{-2x})^2 \times e^{-x}dx = \frac{109}{45}$$

$$D(Y) = E(Y^2) - [E(Y)]^2 = \frac{29}{45}$$

R 程序和输出：

```
> f <- function(x){dexp(x,1)}
> xf <- function(x)(x + exp(-2*x))*f(x)
> x2f <- function(x)(x + exp(-2*x))^2*f(x)
> EY <- integrate(Vectorize(xf),0,Inf)$val
> EY
[1]1.333333
> EY2 <- integrate(Vectorize(x2f),0,Inf)$val
> DY <- EY2 - (EY)^2
> DY
[1]0.6444444
```

6. 设随机变量 (X, Y) 的分布律为

Y\X	1	2	3
-1	0	$\frac{1}{15}$	$\frac{3}{15}$
0	$\frac{2}{15}$	$\frac{5}{15}$	$\frac{4}{15}$

求：(1) $E(X), E(Y), E(X+Y), E(XY)$；(2) $D(X), D(Y), D(X+Y), D(XY)$.

解：(X, Y) 的分布律为

	$Y=1$	$Y=2$	$Y=3$	$P(X=k)$
$X=-1$	0	$\frac{1}{15}$	$\frac{3}{15}$	$\frac{4}{15}$
$X=0$	$\frac{2}{15}$	$\frac{5}{15}$	$\frac{4}{15}$	$\frac{11}{15}$
$P(Y=k)$	$\frac{2}{15}$	$\frac{6}{15}$	$\frac{7}{15}$	1

(1)
$$E(X) = (-1) \times \frac{4}{15} + 0 \times \frac{11}{15} = -\frac{4}{15}$$

$$E(Y) = 1 \times \frac{2}{15} + 2 \times \frac{6}{15} + 3 \times \frac{7}{15} = \frac{7}{3}$$

$$E(X+Y) = E(X) + E(Y) = \frac{31}{15}$$

$$E(XY) = (-1) \times 1 \times 0 + (-1) \times 2 \times \frac{1}{15} + (-1) \times 3 \times \frac{3}{15} +$$

$$0 \times 1 \times \frac{2}{15} + 0 \times 2 \times \frac{5}{15} + 0 \times 3 \times \frac{4}{15} = -\frac{11}{15}$$

(2)
$$E(X^2) = (-1)^2 \times \frac{4}{15} + 0^2 \times \frac{11}{15} = \frac{4}{15}$$

$$D(X) = E(X^2) - [E(X)]^2 = \frac{44}{225}$$

$$E(Y^2) = 1^2 \times \frac{2}{15} + 2^2 \times \frac{6}{15} + 3^2 \times \frac{7}{15} = \frac{89}{15}$$

$$D(Y) = E(Y^2) - [E(Y)]^2 = \frac{22}{45}$$

$$E[(X+Y)^2] = E(X^2) + E(Y^2) + 2E(XY) = \frac{71}{15}$$

$$D(X+Y) = E[(X+Y)^2] - [E(X+Y)]^2 = \frac{104}{225}$$

$$E[(XY)^2] = (-1)^2 \times 1^2 \times 0 + (-1)^2 \times 2^2 \times \frac{1}{15} + (-1)^2 \times 3^2 \times \frac{3}{15} + 0^2 \times 1^2 \times \frac{2}{15} +$$

$$0^2 \times 2^2 \times \frac{5}{15} + 0^2 \times 3^2 \times \frac{4}{15} = \frac{31}{15}$$

$$D(XY) = E[(XY)^2] - [E(XY)]^2 = \frac{344}{225}$$

R 程序和输出：

```
> X <- sample(c(-1,0),10000,replace=T,prob=c(4/15,11/15))
> Y <- numeric(length(X))
> for(i in 1:length(X))
+ {
```

```
+if(X[i] == -1){Y[i]<- sample(1:3,1,replace = T,prob = c(0,1/4,3/4))}
+else{Y[i]<- sample(1:3,1,replace = T,prob = c(2/11,5/11,4/11))}
+ }
>
> mean(X)
[1] -0.2621
> mean(Y)
[1] 2.3481
> mean(X + Y)
[1] 2.086
> mean(X * Y)
[1] -0.7247
> var(X)
[1] 0.1934229
> var(Y)
[1] 0.486575
> var(X + Y)
[1] 0.4614501
> var(X * Y)
[1] 1.525862
```

7. 设随机变量 (X, Y) 的概率密度函数为

$$f(x, y) = \begin{cases} 3x, & 0 < x < 1, 0 < y < x \\ 0, & \text{其他} \end{cases}$$

求 $E(X)$，$E(Y)$，$D(X)$，$D(Y)$.

解：区域 $\{(x, y) \mid 0 < x < 1, 0 < y < x\}$ 如图 4-5 所示.

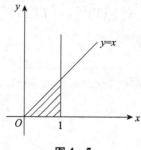

图 4-5

第4章 随机变量的数字特征

$$E(X) = \int_{-\infty}^{+\infty}\int_{-\infty}^{+\infty} xf(x,y)\,dxdy = \int_0^1 \left(\int_0^x 3x^2 dy\right)dx = \int_0^1 3x^3 dx = \frac{3}{4}$$

$$E(Y) = \int_{-\infty}^{+\infty}\int_{-\infty}^{+\infty} yf(x,y)\,dxdy = \int_0^1 \left(\int_0^x 3xy\,dy\right)dx = \int_0^1 \frac{3}{2}x^3 dx = \frac{3}{8}$$

$$E(X^2) = \int_{-\infty}^{+\infty}\int_{-\infty}^{+\infty} x^2 f(x,y)\,dxdy = \int_0^1 \left(\int_0^x 3x^3 dy\right)dx = \int_0^1 3x^4 dx = \frac{3}{5}$$

$$E(Y^2) = \int_{-\infty}^{+\infty}\int_{-\infty}^{+\infty} y^2 f(x,y)\,dxdy = \int_0^1 \left(\int_0^x 3xy^2 dy\right)dx = \int_0^1 x^4 dx = \frac{1}{5}$$

$$D(X) = E(X^2) - [E(X)]^2 = \frac{3}{80}$$

$$D(Y) = E(Y^2) - [E(Y)]^2 = \frac{19}{320}$$

另外,此题也可以先分别求出 X 与 Y 的边缘概率密度再进行计算.

 R 程序和输出:

```
> EX <- integrate(function(x){sapply(x,function(x)
+ {integrate(function(y)3*x^2+0*y,0,x)$val})},0,1)$val
> EY <- integrate(function(x){sapply(x,function(x)
+ {integrate(function(y)3*x*y,0,x)$val})},0,1)$val
> EX2 <- integrate(function(x){sapply(x,function(x)
+ {integrate(function(y)3*x^3+0*y,0,x)$val})},0,1)$val
> EY2 <- integrate(function(x){sapply(x,function(x)
+ {integrate(function(y)3*x*y^2,0,x)$val})},0,1)$val
> DX <- EX2 - (EX)^2
> DY <- EY2 - (EY)^2
> 
> EX
[1]0.75
> EY
[1]0.375
> DX
[1]0.0375
> DY
[1]0.059375
```

8. (1) 设相互独立的两个随机变量 X 和 Y 具有同一分布且 $X \sim B(1, \frac{1}{2})$，求 $E(\max\{X, Y\})$ 和 $E(\min\{X, Y\})$；

(2) 设随机变量 $X_1, X_2, \cdots, X_n$ 相互独立且都服从区间 $[0, 1]$ 上的均匀分布，求 $U = \max\{X_1, X_2, \cdots, X_n\}$ 和 $V = \min\{X_1, X_2, \cdots, X_n\}$ 的数学期望.

解：(1) $\max\{X, Y\}$ 的所有取值为 0，1，$P(\max\{X, Y\} = 0) = P(X = 0, Y = 0) = P(X = 0)P(Y = 0) = \frac{1}{4}$，$P(\max\{X, Y\} = 1) = 1 - \frac{1}{4} = \frac{3}{4}$. 故 $\max\{X, Y\}$ 的分布律为

$\max\{X, Y\}$	0	1
P	$\frac{1}{4}$	$\frac{3}{4}$

$$E(\max\{X, Y\}) = 0 \times \frac{1}{4} + 1 \times \frac{3}{4} = \frac{3}{4}$$

同样，可以求出 $\min\{X, Y\}$ 的分布律为

$\min\{X, Y\}$	0	1
P	$\frac{3}{4}$	$\frac{1}{4}$

$$E(\min\{X, Y\}) = 0 \times \frac{3}{4} + 1 \times \frac{1}{4} = \frac{1}{4}$$

 R 程序和输出：

```
> X <- rbinom(10000,1,1/2)
> Y <- rbinom(10000,1,1/2)
> Z1 <- pmax(X,Y)
> Z2 <- pmin(X,Y)
> mean(Z1)
[1]0.7494
> mean(Z2)
[1]0.2544
```

(2) X_i ($i = 1, \cdots, n$) 的概率密度函数和分布函数分别为

$$f(x) = \begin{cases} 1, & 0 \leq x \leq 1 \\ 0, & 其他 \end{cases}, \quad F(x) = \begin{cases} 0, & x < 0 \\ x, & 0 \leq x \leq 1 \\ 1, & x > 1 \end{cases}$$

随机变量 U 的分布函数为

$$F_U(x) = P(U \leq x) = P(X_1 \leq x, \cdots, X_n \leq x) = [F(x)]^n = \begin{cases} 0, & x < 0 \\ x^n, & 0 \leq x \leq 1 \\ 1, & x > 1 \end{cases}$$

随机变量 U 的概率密度函数为

$$f_U(x) = n[F(x)]^{n-1} f(x) = \begin{cases} nx^{n-1}, & 0 \leq x \leq 1 \\ 0, & 其他 \end{cases}$$

$$E(U) = \int_{-\infty}^{+\infty} x f_U(x) \mathrm{d}x = \int_0^1 n x^n \mathrm{d}x = \frac{n}{n+1}$$

随机变量 V 的分布函数为

$$F_V(x) = P(V \leq x) = 1 - [1 - F(x)]^n = \begin{cases} 0, & x < 0 \\ 1 - (1-x)^n, & 0 \leq x \leq 1 \\ 1, & x > 1 \end{cases}$$

随机变量 V 的概率密度函数为

$$f_V(x) = n[1 - F(x)]^{n-1} f(x) = \begin{cases} n(1-x)^{n-1}, & 0 \leq x \leq 1 \\ 0, & 其他 \end{cases}$$

$$E(V) = \int_{-\infty}^{+\infty} x f_V(x) \mathrm{d}x = \int_0^1 nx(1-x)^{n-1} \mathrm{d}x = \int_0^1 (1-x)^n \mathrm{d}x = \frac{1}{n+1}$$

 R 程序和输出：

```
> n <- 4
> sim <- 10000
> X <- runif(sim*n)
> X <- array(X,c(sim,n))
> Z1 <- apply(X,1,max)
> Z2 <- apply(X,1,min)
> mean(Z1)
[1] 0.8004083
> mean(Z2)
[1] 0.2005166
```

9. 将 n 个球随机地放入 N 个盒子,并且每个球放入各个盒子是等可能的,求有球的盒子数 X 的数学期望.

解:令 $X_i = \begin{cases} 1, & \text{第 } i \text{ 个盒子中有球} \\ 0, & \text{第 } i \text{ 个盒子中无球} \end{cases}$, $i = 1, \cdots, N$,有球盒子数目 $X = X_1 + \cdots + X_N$.

$$P(X_i = 0) = \left(\frac{N-1}{N}\right)^n, P(X_i = 1) = 1 - \left(\frac{N-1}{N}\right)^n$$

$$E(X_i) = 0 \times P(X_i = 0) + 1 \times P(X_i = 1) = 1 - \left(\frac{N-1}{N}\right)^n$$

$$E(X) = E(X_1 + \cdots + X_N) = E(X_1) + \cdots + E(X_N) = N\left[1 - \left(\frac{N-1}{N}\right)^n\right]$$

 R 程序和输出:

```
> n <- 4
> N <- 10
> sim <- 10000
> t <- numeric(sim)
> for(i in 1:sim)
+ {
+ t[i] <- length(unique(sample(1:N,n,replace=T)))
+ }
> mean(t)
[1] 3.4324
> N*(1-((N-1)/N)^n)
[1] 3.439
```

10. 若有 n 把看上去样子相同的钥匙,只有一把能打开门上的锁,用它们去试开门上的锁,设取到每把钥匙是等可能的,若每把钥匙试开一次后除去,试用下面两种方法求试开数 X 的数学期望.

(1) 写出 X 的分布律;(2) 不写出 X 的分布律.

解:(1)

X	1	2	3	$\cdots$	n
P	$\dfrac{1}{n}$	$\dfrac{n-1}{n} \cdot \dfrac{1}{n-1}$	$\dfrac{n-1}{n} \cdot \dfrac{n-2}{n-1} \cdot \dfrac{1}{n-2}$	$\cdots$	$\dfrac{1}{n}$

$$E(X) = \sum_{i=1}^{n} i \times P(X=i) = \frac{1}{n}\sum_{i=1}^{n} i = \frac{n+1}{2}$$

(2) 令 $X_i = \begin{cases} i, & \text{第} i \text{次试开可以开门} \\ 0, & \text{第} i \text{次试开不可以开门} \end{cases}$, $i=1,\cdots,N$, 试开次数 $X = X_1 + \cdots + X_n$.

$$P(X_i = i) = \frac{n-1}{n} \cdot \frac{n-2}{n-1} \cdot \cdots \cdot \frac{1}{n-i+1} = \frac{1}{n}, \quad P(X_i = 0) = 1 - \frac{1}{n}$$

$$E(X_i) = 0 \times P(X_i = 0) + i \times P(X_i = i) = \frac{i}{n}$$

$$E(X) = E(X_1 + \cdots + X_n) = \frac{1}{n} + \frac{2}{n} + \cdots + \frac{n}{n} = \frac{n+1}{2}$$

R 程序和输出：

```
> n <- 8
> sim <- 10000
> X <- numeric(sim)
>
> for(i in 1:sim){
+ keys <- 1:n
+ a <- 0
+ X[i] <- 0
+ while(a! = 1){
+ a <- sample(keys,1)
+ keys <- keys[keys! = a]
+ X[i] <- X[i] + 1
+ }
+ }
> mean(X)
[1] 4.5023
```

11. 设水电公司在指定时间内限于设备能力，其发电量为 X（单位：10^4 kW·h）均匀分布于 [10, 30]，用户用电量 Y（单位：10^4 kW·h）均匀分布于 [10, 20]. 假设 X 与 Y 相互独立，水电公司每供应 1 kW·h 电可获得 0.32 元的利润，但空耗 1 kW·h 损失 0.12 元，而当用户用电量超过供电量时，公司需从别处取电，1 kW·h 电反而赔 0.20 元，求在指定时间内，该公司获利 Z 的数学期望.

解：$X \sim U[10, 30]$，$Y \sim U[10, 20]$，其概率密度函数分别为

$$f_X(x) = \begin{cases} \dfrac{1}{20}, & 10 \leqslant x \leqslant 30 \\ 0, & \text{其他} \end{cases}, \quad f_Y(y) = \begin{cases} \dfrac{1}{10}, & 10 \leqslant y \leqslant 20 \\ 0, & \text{其他} \end{cases}$$

由于 X 与 Y 相互独立，(X, Y) 的联合概率密度函数为

$$f(x, y) = f_X(x)f_Y(y) = \begin{cases} \dfrac{1}{200}, & 10 \leqslant x \leqslant 30, 10 \leqslant y \leqslant 20 \\ 0, & \text{其他} \end{cases}$$

公司获利为

$$Z = g(x, y) = \begin{cases} 0.32y - 0.12(x-y), & x \geqslant y \\ 0.32x - 0.2(y-x), & x < y \end{cases} = \begin{cases} 0.44y - 0.12x, & x \geqslant y \\ 0.52x - 0.2y, & x < y \end{cases}$$

$$E(Z) = E[g(X, Y)]$$
$$= \int_{-\infty}^{+\infty} \int_{-\infty}^{+\infty} g(x,y) f(x,y) \, dx \, dy$$
$$= \int_{10}^{20} \left[\int_{10}^{y} (0.52x - 0.2y) \frac{1}{200} \, dx \right] dy + \int_{10}^{20} \left[\int_{y}^{30} (0.44y - 0.12x) \frac{1}{200} \, dx \right] dy$$
$$= 3.667 (\text{万元})$$

 R 程序和输出：

```
> sim <- 10000
> X <- runif(sim,10,30)
> Y <- runif(sim,10,20)
> Z <- function(x,y){
+ if(x>=y){0.32*y-0.12*(x-y)}
+ else {0.32*x-0.2*(y-x)}
+ }
> profit <- numeric(sim)
> for(i in 1:sim){
+ profit[i] <- Z(X[i],Y[i])
+ }
> mean(profit)
[1] 3.661205
```

12. 若 $X \sim N(0, 4)$，$Y \sim U(0, 4)$ 且 X 与 Y 相互独立，求 $E(XY)$，$D(2X+3Y)$，$D(2X-3Y)$.

解：
$$E(XY) = E(X) \cdot E(Y) = 0 \times 2 = 0.$$

$$D(2X+3Y) = 4D(X) + 9D(Y) = 4 \times 4 + 9 \times \frac{4^2}{12} = 28.$$

$$D(2X-3Y) = 4D(X) + 9D(Y) = 4 \times 4 + 9 \times \frac{4^2}{12} = 28.$$

 R 程序和输出：

```
>X <- rnorm(10000,0,2)
>Y <- runif(10000,0,4)
>mean(X*Y)
[1] -0.03627375
>var(2*X+3*Y)
[1]28.24548
>var(2*X-3*Y)
[1]28.21764
```

13. 设 η 和 ξ 相互独立且 $E(\xi) = E(\eta) = 0, D(\eta) = D(\xi) = 1$，求 $E[(\xi+2\eta)^2]$.

解：$E[(\xi+2\eta)^2] = E(\xi^2 + 4\xi\eta + 4\eta^2) = E(\xi^2) + 4E(\xi\eta) + 4E(\eta^2) = D(\xi) + [E(\xi)]^2 + 4E(\xi)E(\eta) + 4\{D(\eta) + [E(\eta)]^2\} = 1 + 0 + 0 + 4 \times (1+0) = 5.$

14. 设 $X \sim B(n, p)$ 且已知 $E(X) = 2.4$，$D(X) = 1.44$，求参数 n 和 p 的值.

解：$E(X) = np = 2.4$，$D(X) = np(1-p) = 1.44$，解得 $n = 6$，$p = 0.4$.

15. 设 $X \sim U(a, b)$ 且 $E(X) = 3$，$D(X) = \frac{1}{3}$，求 $P(1 < X < 3)$.

解：$E(X) = \frac{a+b}{2} = 3$，$D(X) = \frac{(b-a)^2}{12} = \frac{1}{3}$，解得 $a = 2$，$b = 4$. $X \sim U(2, 4)$.

其概率密度函数为
$$f_X(x) = \begin{cases} \frac{1}{2}, & 2 < x < 4 \\ 0, & \text{其他} \end{cases}$$

所以，
$$P(1 < X < 3) = \int_1^3 f_X(x)\,\mathrm{d}x = \int_2^3 \mathrm{d}x = \frac{1}{2}$$

R 程序和输出：

```
> sim <- 10000
> X <- runif(sim,2,4)
> length(X[X>1&X<3])/sim
[1] 0.4989
```

16. 设随机变量 X 的概率密度函数为 $f(x) = \dfrac{1}{\sqrt{\pi}}e^{-x^2+2x-1}$，求 $E(X)$，$D(X)$.

解： 此概率密度函数可以写为

$$f(x) = \dfrac{1}{\sqrt{\pi}}e^{-x^2+2x-1} = \dfrac{1}{\sqrt{2\pi}\times\dfrac{1}{\sqrt{2}}}e^{-\dfrac{(x-1)^2}{2\left(\dfrac{1}{\sqrt{2}}\right)^2}}$$

X 服从正态分布 $N\left(1,\dfrac{1}{2}\right)$. 因此，$E(X)=1$，$D(X)=\dfrac{1}{2}$.

17. 设随机变量 X 和 Y 相互独立且 $X \sim N(-3,1)$，$Y \sim N(2,1)$. 又随机变量 $Z = X - 2Y + 7$，则 Z 服从什么分布？

解： $E(Z)=E(X)-2E(Y)+7=0$，$D(Z)=D(X)+4D(Y)=5$，故 $Z \sim N(0,5)$.

R 程序和输出：

```
> sim <- 10000
> X <- rnorm(sim,-3,1)
> Y <- rnorm(sim,2,1)
> Z <- X-2*Y+7
> mean(Z)
[1] -0.01040435
> var(Z)
[1] 5.050804
```

18. 设 X 和 Y 是两个随机变量，已知 $D(X)=1$，$D(Y)=4$，$\mathrm{Cov}(X,Y)=1$，$\xi=X-2Y$，$\eta=2X-Y$，求 $D(\xi)$，$D(\eta)$，$\mathrm{Cov}(\xi,\eta)$，$\rho_{\xi\eta}$.

解： $D(\xi)=D(X-2Y)=D(X)+4D(Y)-4\mathrm{Cov}(X,Y)=13$

$D(\eta)=D(2X-Y)=4D(X)+D(Y)-4\mathrm{Cov}(X,Y)=4$

$\mathrm{Cov}(\xi,\eta)=\mathrm{Cov}(X-2Y,2X-Y)=2D(X)+2D(Y)-5\mathrm{Cov}(X,Y)=5$

$$\rho_{\xi\eta} = \frac{\mathrm{Cov}(\xi, \eta)}{\sqrt{D(\xi)}\sqrt{D(\eta)}} = \frac{5}{\sqrt{13}\times\sqrt{4}} = \frac{5\sqrt{13}}{26}$$

19. 设 X 和 Y 是两个随机变量，已知 $D(X)=25$，$D(Y)=36$，$\rho_{XY}=0.4$，$\xi=X-Y$，$\eta=2X+Y$，求 $D(\xi)$，$D(\eta)$，$\mathrm{Cov}(\xi,\eta)$．

解：
$$\mathrm{Cov}(X,Y) = \rho_{XY}\sqrt{D(X)}\sqrt{D(Y)} = 0.4\times 5\times 6 = 12$$
$$D(\xi) = D(X-Y) = D(X)+D(Y)-2\mathrm{Cov}(X,Y) = 25+36-24 = 37$$
$$D(\eta) = D(2X+Y) = 4D(X)+D(Y)+4\mathrm{Cov}(X,Y) = 100+36+48 = 184$$
$$\mathrm{Cov}(\xi,\eta) = \mathrm{Cov}(X-Y, 2X+Y) = 2D(X)-D(Y)-\mathrm{Cov}(X,Y)$$
$$= 50-36-12 = 2$$

20. 设随机变量 (X, Y) 的概率密度函数为
$$f(x, y) = \begin{cases} x\mathrm{e}^{-(x+y)}, & 0<x, 0<y \\ 0, & \text{其他} \end{cases}$$
求 $E(X)$，$E(Y)$，$D(X)$，$D(Y)$，$\mathrm{Cov}(X,Y)$，ρ_{XY}．

解：
$$E(X) = \int_{-\infty}^{+\infty}\int_{-\infty}^{+\infty} xf(x,y)\mathrm{d}x\mathrm{d}y = \int_0^{+\infty}\left[\int_0^{+\infty} x^2\mathrm{e}^{-(x+y)}\mathrm{d}y\right]\mathrm{d}x = \int_0^{+\infty} x^2\mathrm{e}^{-x}\mathrm{d}x = 2$$
$$E(Y) = \int_{-\infty}^{+\infty}\int_{-\infty}^{+\infty} yf(x,y)\mathrm{d}x\mathrm{d}y = \int_0^{+\infty}\left[\int_0^{+\infty} xy\mathrm{e}^{-(x+y)}\mathrm{d}y\right]\mathrm{d}x = \int_0^{+\infty} x\mathrm{e}^{-x}\mathrm{d}x = 1$$
$$E(X^2) = \int_{-\infty}^{+\infty}\int_{-\infty}^{+\infty} x^2 f(x,y)\mathrm{d}x\mathrm{d}y = \int_0^{+\infty}\left[\int_0^{+\infty} x^3\mathrm{e}^{-(x+y)}\mathrm{d}y\right]\mathrm{d}x = \int_0^{+\infty} x^3\mathrm{e}^{-x}\mathrm{d}x = 6$$
$$E(Y^2) = \int_{-\infty}^{+\infty}\int_{-\infty}^{+\infty} y^2 f(x,y)\mathrm{d}x\mathrm{d}y = \int_0^{+\infty}\left[\int_0^{+\infty} xy^2\mathrm{e}^{-(x+y)}\mathrm{d}y\right]\mathrm{d}x = 2\int_0^{+\infty} x\mathrm{e}^{-x}\mathrm{d}x = 2$$
$$E(XY) = \int_{-\infty}^{+\infty}\int_{-\infty}^{+\infty} xyf(x,y)\mathrm{d}x\mathrm{d}y = \int_0^{+\infty}\left[\int_0^{+\infty} x^2 y\mathrm{e}^{-(x+y)}\mathrm{d}y\right]\mathrm{d}x = \int_0^{+\infty} x^2\mathrm{e}^{-x}\mathrm{d}x = 2$$
$$D(X) = E(X^2) - [E(X)]^2 = 6-2^2 = 2$$
$$D(Y) = E(Y^2) - [E(Y)]^2 = 2-1^2 = 1$$
$$\mathrm{Cov}(X,Y) = E(XY)-E(X)E(Y) = 2-2\times 1 = 0$$
$$\rho_{XY} = \frac{\mathrm{Cov}(X,Y)}{\sqrt{D(X)}\sqrt{D(Y)}} = 0$$

此题也可以先分别求出 X 与 Y 的边缘概率密度函数再进行计算．

R 程序和输出：

```
> EX <- integrate(function(x){sapply(x,function(x)
+ {integrate(function(y)x^2*exp(-x-y),0,Inf)$val})},0,Inf)$val
```

```
> EY <- integrate(function(x){sapply(x,function(x)
+ {integrate(function(y)x*y*exp(-x-y),0,Inf)$val})},0,Inf)$val
> EX2 <- integrate(function(x){sapply(x,function(x)
+ {integrate(function(y)x^3*exp(-x-y),0,Inf)$val})},0,Inf)$val
> EY2 <- integrate(function(x){sapply(x,function(x)
+ {integrate(function(y)x*y^2*exp(-x-y),0,Inf)$val})},0,Inf)$val
> EXY <- integrate(function(x){sapply(x,function(x)
+ {integrate(function(y)x^2*y*exp(-x-y),0,Inf)$val})},0,Inf)$val
> DX <- EX2 - (EX)^2
> DY <- EY2 - (EY)^2
> EX
[1] 2
> EY
[1] 1
> DX
[1] 2
> DY
[1] 1
> EXY - EX * EY
[1] 3.309092e-08
> (EXY - EX * EY)/sqrt(DX * DY)
[1] 2.339882e-08
```

21. 设随机变量 (X, Y) 的概率密度函数为

$$f(x, y) = \begin{cases} \dfrac{1}{4}(1 - x^3 y + xy^3) & , \quad -1 < x < 1, -1 < y < 1 \\ 0 & , \quad \text{其他} \end{cases}$$

求证:X 与 Y 不相关,但不相互独立.

证明:首先求 X 的边缘概率密度函数 $f_X(x)$,

① 当 $x \leqslant -1$ 或 $x \geqslant 1$,$f_X(x) = 0$.

② 当 $-1 < x < 1$,$f_X(x) = \int_{-\infty}^{+\infty} f(x, y) \mathrm{d}y = \int_{-1}^{1} \dfrac{1}{4}(1 - x^3 y + xy^3) \mathrm{d}y = \dfrac{1}{2}$.

所以,

$$f_X(x) = \begin{cases} \dfrac{1}{2} & , \quad -1 < x < 1 \\ 0 & , \quad \text{其他} \end{cases}$$

$$E(X) = \int_{-\infty}^{+\infty} x f_X(x) \mathrm{d}x = \int_{-1}^{1} \frac{x}{2} \mathrm{d}x = 0$$

再求 Y 的边缘概率密度函数 $f_Y(y)$，

① 当 $y \leqslant -1$ 或 $y \geqslant 1$，$f_Y(y) = 0$。

② 当 $-1 < y < 1$，$f_Y(y) = \int_{-\infty}^{+\infty} f(x, y) \mathrm{d}x = \int_{-1}^{1} \frac{1}{4}(1 - x^3 y + xy^3) \mathrm{d}x = \frac{1}{2}$。

所以，

$$f_Y(y) = \begin{cases} \dfrac{1}{2}, & -1 < y < 1 \\ 0, & \text{其他} \end{cases}$$

$$E(Y) = \int_{-\infty}^{+\infty} y f_Y(y) \mathrm{d}y = \int_{-1}^{1} \frac{y}{2} \mathrm{d}y = 0$$

$$E(XY) = \int_{-\infty}^{+\infty} \int_{-\infty}^{+\infty} xy f(x, y) \mathrm{d}x \mathrm{d}y = \int_{-1}^{1} \left[\int_{-1}^{1} \frac{1}{4} xy(1 - x^3 y + xy^3) \mathrm{d}y \right] \mathrm{d}x$$

$$= \int_{-1}^{1} \left(\frac{x^2}{10} - \frac{x^4}{6} \right) \mathrm{d}x = 2 \int_{0}^{1} \left(\frac{x^2}{10} - \frac{x^4}{6} \right) \mathrm{d}x = 2 \left[\frac{x^3}{30} - \frac{x^5}{30} \right]_{x=0}^{x=1} = 0$$

$\mathrm{Cov}(X, Y) = E(XY) - E(X)E(Y) = 0$，$X$ 与 Y 不相关。在区域 $\{(x,y) \mid -1 < x < 1, -1 < y < 1\}$ 上，$f(x, y) \neq f_X(x) f_Y(y)$，所以 X 与 Y 不独立。

22. 设随机变量 (X, Y) 的分布律为

Y \ X	-2	-1	1	2
1	0	$\frac{1}{4}$	$\frac{1}{4}$	0
4	$\frac{1}{4}$	0	0	$\frac{1}{4}$

求证：X 与 Y 不相关，但不相互独立。

证明：

	$X = -2$	$X = -1$	$X = 1$	$X = 2$	$P(Y = k)$
$Y = 1$	0	$\frac{1}{4}$	$\frac{1}{4}$	0	$\frac{1}{2}$
$Y = 4$	$\frac{1}{4}$	0	0	$\frac{1}{4}$	$\frac{1}{2}$
$P(X = k)$	$\frac{1}{4}$	$\frac{1}{4}$	$\frac{1}{4}$	$\frac{1}{4}$	1

$E(XY) = (-2) \times 1 \times 0 + (-2) \times 4 \times \dfrac{1}{4} + (-1) \times 1 \times \dfrac{1}{4} + (-1) \times 4 \times 0 + 1 \times$

$1 \times \dfrac{1}{4} + 1 \times 4 \times 0 + 2 \times 1 \times 0 + 2 \times 4 \times \dfrac{1}{4} = 0.$

$E(X) = (-2) \times \dfrac{1}{4} + (-1) \times \dfrac{1}{4} + 1 \times \dfrac{1}{4} + 2 \times \dfrac{1}{4} = 0.$

$E(Y) = 1 \times \dfrac{1}{2} + 4 \times \dfrac{1}{2} = \dfrac{5}{2}.$

$\mathrm{Cov}(X,Y) = E(XY) - E(X)E(Y) = 0$,故 X 与 Y 不相关.

$0 = P(X=-2, Y=1) \neq P(X=-2)P(Y=1) = \dfrac{1}{4} \times \dfrac{1}{2}$,故 X 与 Y 不独立.

另外,随机数 (X, Y) 可以根据 Y 的边缘分布及 $X \mid Y$ 的条件分布产生.

 R 程序和输出:

```
> Y <- sample(c(1,4),10000,replace=T,prob=c(1/2,1/2))
> X <- numeric(length(Y))
> for(i in 1:length(Y))
+ {
+ if(Y[i]==1)
+ {X[i] <- sample(c(-2,-1,1,2),1,replace=T,prob=c(0,1/2,1/2,0))}
+ else{X[i] <- sample(c(-2,-1,1,2),1,replace=T,prob=c(1/2,0,0,1/2))}
+ }
> mean(X*Y) - mean(X)*mean(Y)
[1] -0.00677652
```

23. 设随机变量 (X, Y) 的概率密度函数为
$$f(x,y) = \begin{cases} 1, & |y| < x,\ 0 < x < 1 \\ 0, & \text{其他} \end{cases}$$
求 X 和 Y 的协方差阵.

解:区域 $\{(x,y) \mid |y| < x,\ 0 < x < 1\}$ 如图 4-6 所示.

$E(X) = \displaystyle\int_{-\infty}^{+\infty}\int_{-\infty}^{+\infty} x f(x,y)\,\mathrm{d}x\mathrm{d}y = \int_0^1 \left(\int_{-x}^{x} x\,\mathrm{d}y\right)\mathrm{d}x = \int_0^1 2x^2\,\mathrm{d}x = \dfrac{2}{3}$

$E(X^2) = \displaystyle\int_{-\infty}^{+\infty}\int_{-\infty}^{+\infty} x^2 f(x,y)\,\mathrm{d}x\mathrm{d}y = \int_0^1 \left(\int_{-x}^{x} x^2\,\mathrm{d}y\right)\mathrm{d}x = \int_0^1 2x^3\,\mathrm{d}x = \dfrac{1}{2}$

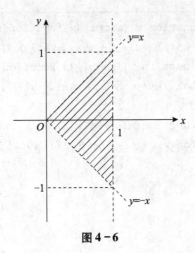

图 4-6

$$D(X) = E(X^2) - [E(X)]^2 = \frac{1}{2} - \left(\frac{2}{3}\right)^2 = \frac{1}{18}$$

$$E(Y) = \int_{-\infty}^{+\infty}\int_{-\infty}^{+\infty} yf(x,y)\,dxdy = \int_0^1 \left(\int_{-x}^x y\,dy\right)dx = \int_0^1 0\,dx = 0$$

$$E(Y^2) = \int_{-\infty}^{+\infty}\int_{-\infty}^{+\infty} y^2 f(x,y)\,dxdy = \int_0^1 \left(\int_{-x}^x y^2\,dy\right)dx = \int_0^1 \frac{2x^3}{3}\,dx = \frac{1}{6}$$

$$D(Y) = E(Y^2) - [E(Y)]^2 = \frac{1}{6} - 0^2 = \frac{1}{6}$$

$$E(XY) = \int_{-\infty}^{+\infty}\int_{-\infty}^{+\infty} xyf(x,y)\,dxdy = \int_0^1 \left(\int_{-x}^x xy\,dy\right)dx = \int_0^1 0\,dx = 0$$

$$\mathrm{Cov}(X,Y) = E(X,Y) - E(X)E(Y) = 0$$

所以 X 与 Y 的协方差阵为 $\begin{bmatrix} D(X) & \mathrm{Cov}(X,Y) \\ \mathrm{Cov}(X,Y) & D(Y) \end{bmatrix} = \begin{bmatrix} \dfrac{1}{18} & 0 \\ 0 & \dfrac{1}{6} \end{bmatrix}$.

 R 程序和输出:

```
> EX <- integrate(function(x){sapply(x,function(x)
+ {integrate(function(y)x+0*y,-x,x)$val})},0,1)$val
> EX2 <- integrate(function(x){sapply(x,function(x)
+ {integrate(function(y)x^2+0*y,-x,x)$val})},0,1)$val
> DX <- EX2 - (EX)^2
```

```
> EY <- integrate(function(x){sapply(x,function(x)
+ {integrate(function(y)0*x+y,-x,x)$val})},0,1)$val
> EY2 <- integrate(function(x){sapply(x,function(x)
+ {integrate(function(y)0*x+y^2,-x,x)$val})},0,1)$val
> DY <- EY2 - (EY)^2
> EXY <- integrate(function(x){sapply(x,function(x)
+ {integrate(function(y)x*y,-x,x)$val})},0,1)$val
> DX
[1]0.05555556
> DY
[1]0.1666667
> EXY - EX * EY
[1]0
```

24. 设随机变量 X 和 Y 相互独立且 $X, Y \sim N(\mu, \sigma^2)$（$\sigma^2 > 0$），又 $U = \alpha X + \beta Y$，$V = \alpha X - \beta Y$，$\alpha \neq 0$，$\beta \neq 0$，均为常数，

(1) 求 U 与 V 的相关系数 ρ_{UV}；(2) 当 α, β 为何值时，U 与 V 相互独立.

解：(1) $\text{Cov}(U,V) = \text{Cov}(\alpha X + \beta Y, \alpha X - \beta Y) = \alpha^2 D(X) - \beta^2 D(Y) = (\alpha^2 - \beta^2)\sigma^2$

$$D(U) = D(\alpha X + \beta Y) = \alpha^2 D(X) + \beta^2 D(Y) = (\alpha^2 + \beta^2)\sigma^2$$

$$D(V) = D(\alpha X - \beta Y) = \alpha^2 D(X) + \beta^2 D(Y) = (\alpha^2 + \beta^2)\sigma^2$$

$$\rho_{UV} = \frac{\text{Cov}(U,V)}{\sqrt{D(U)}\sqrt{D(V)}} = \frac{(\alpha^2 - \beta^2)\sigma^2}{\sqrt{(\alpha^2+\beta^2)\sigma^2}\sqrt{(\alpha^2+\beta^2)\sigma^2}} = \frac{\alpha^2 - \beta^2}{\alpha^2 + \beta^2}$$

(2) X 和 Y 相互独立且服从正态分布，(X, Y) 服从二维正态分布. U 与 V 是 X 和 Y 的线性函数，且 $\begin{bmatrix} U \\ V \end{bmatrix} = \begin{bmatrix} \alpha & \beta \\ \alpha & -\beta \end{bmatrix} \begin{bmatrix} X \\ Y \end{bmatrix}$，$\begin{vmatrix} \alpha & \beta \\ \alpha & -\beta \end{vmatrix} = -2\alpha\beta \neq 0$，所以 (U, V) 也服从二维正态分布. U 与 V 相互独立的充要条件是 $\text{Cov}(U, V) = (\alpha^2 - \beta^2)\sigma^2 = 0$，即 $|\alpha| = |\beta|$.

25. 已知正常男性成人血液每 mL 中白细胞数为 X. 设 $E(X) = 7\,300$，$D(X) = 490\,000$，试利用切比雪夫不等式估计每 mL 血液中白细胞数为 $5\,200 \sim 9\,400$ 的概率.

解：$P(5\,200 < X < 9\,400) = P(|X - 7\,300| < 2\,100) \geq 1 - \frac{490\,000}{2\,100^2} = \frac{8}{9}$.

26. 设随机变量 X 服从参数为 2 的泊松分布，使用切比雪夫不等式估计 $P(|X - 2| \geq 4)$.

解：$X \sim P(2)$，$E(X) = D(X) = 2$，$P(|X - 2| \geq 4) \leq \frac{2}{4^2} = \frac{1}{8}$.

注意：切比雪夫不等式为

$$P[|X-E(X)|\geq\varepsilon]\leq\frac{D(X)}{\varepsilon^2} \text{ 或 } P[|X-E(X)|<\varepsilon]\geq 1-\frac{D(X)}{\varepsilon^2}.$$

 R 程序和输出：

```
> sim <- 10000
> X <- rpois(sim,2)
> length(X[abs(X-2)>=4])/sim
[1]0.0157
```

§4.4 综合题解答

1. 设随机变量 X 的概率密度函数为

$$f(x)=\begin{cases}a\sin x+b, & 0\leq x\leq\frac{\pi}{2}\\ 0, & \text{其他}\end{cases}$$

且 $E(X)=\dfrac{\pi+4}{8}$，求 a 和 b 的值.

解：

$$1=\int_{-\infty}^{+\infty}f(x)\mathrm{d}x=\int_0^{\pi/2}(a\sin x+b)\mathrm{d}x=a+\frac{\pi b}{2}.$$

$$E(X)=\int_{-\infty}^{+\infty}xf(x)\mathrm{d}x=\int_0^{\pi/2}x(a\sin x+b)\mathrm{d}x=a+\frac{\pi^2 b}{8}=\frac{\pi+4}{8}.$$

解得，$a=\dfrac{1}{2}$，$b=\dfrac{1}{\pi}$.

2. 设连续型随机变量 X 的分布函数为

$$F(x)=\begin{cases}0, & x<-1\\ a+b\arcsin x, & -1\leq x<1\\ 1, & x\geq 1\end{cases}$$

确定常数 a 和 b 的值，并求 $E(X)$ 和 $D(X)$.

解：X 为连续型随机变量，其分布函数是连续函数.

$$0=a+b\left(-\frac{\pi}{2}\right),\ 1=a+b\times\frac{\pi}{2},\ \text{解得}\ a=\frac{1}{2},\ b=\frac{1}{\pi}.\ \text{故}$$

$$F(x) = \begin{cases} 0, & x < -1 \\ \dfrac{1}{2} + \dfrac{\arcsin x}{\pi}, & -1 \leq x < 1 \\ 1, & x \geq 1 \end{cases}$$

$$f(x) = F'(x) = \begin{cases} \dfrac{1}{\pi\sqrt{1-x^2}}, & -1 \leq x < 1 \\ 0, & 其他 \end{cases}$$

$$E(X) = \int_{-\infty}^{+\infty} x f(x)\,\mathrm{d}x = \int_{-1}^{1} \dfrac{x}{\pi\sqrt{1-x^2}}\,\mathrm{d}x = 0$$

$$E(X^2) = \int_{-\infty}^{+\infty} x^2 f(x)\,\mathrm{d}x = \int_{-1}^{1} \dfrac{x^2}{\pi\sqrt{1-x^2}}\,\mathrm{d}x = \int_{0}^{1} \dfrac{2x^2}{\pi\sqrt{1-x^2}}\,\mathrm{d}x$$

$$= \dfrac{2}{\pi}\int_{0}^{\pi/2} \sin^2 t\,\mathrm{d}t = \dfrac{1}{\pi}\int_{0}^{\pi/2}(1-\cos 2t)\,\mathrm{d}t = \dfrac{1}{2}$$

所以

$$D(X) = E(X^2) - [E(X)]^2 = \dfrac{1}{2}$$

3. 设篮球队 A 与 B 进行比赛，若有一队胜 4 场则比赛结束. 如果 A，B 在每场比赛中获胜的概率都是 $\dfrac{1}{2}$，试求比赛场数的数学期望.

解：令 X 为需要的比赛场数，其取值为 4，5，6，7. $X = k$ 表示最后一场是 A 或 B 获胜，前面的 $k-1$ 场该队获胜 3 次.

$$P(X=k) = 2 \times C_{k-1}^{3} \times \left(\dfrac{1}{2}\right)^3 \times \left(\dfrac{1}{2}\right)^{k-4} \times \dfrac{1}{2} = C_{k-1}^{3} \times \left(\dfrac{1}{2}\right)^{k-1},\quad k=4,5,6,7.$$

x 的分布律为

X	4	5	6	7
P	$\dfrac{1}{8}$	$\dfrac{1}{4}$	$\dfrac{5}{16}$	$\dfrac{5}{16}$

$$E(X) = 4 \times \dfrac{1}{8} + 5 \times \dfrac{1}{4} + 6 \times \dfrac{5}{16} + 7 \times \dfrac{5}{16} = \dfrac{93}{16}$$

R 程序和输出：

```
> sim<-10000
> t<-numeric(sim)
```

```
> for(i in 1:sim){
+ num1 <- 0
+ num2 <- 0
+ while(max(num1,num2) < 4)
+ {
+ A <- sample(0:1,1)
+ if(A==1){num1 <- num1 +1}
+ else {num2 <- num2 +1}
+ }
+ t[i] <- num1 + num2
+ }
> mean(t)
[1] 5.8167
```

4. 设随机变量 Y 服从参数为 $\lambda=1$ 的指数分布，随机变量

$$X_k = \begin{cases} 0, & Y \leqslant k, \\ 1, & Y > k, \end{cases} \quad k=1, 2$$

(1) 求 X_1 和 X_2 的联合分布律；(2) 求 $E(X_1+X_2)$.

解：(1) $Y \sim f(y) = \begin{cases} e^{-y}, & y > 0 \\ 0, & 其他 \end{cases}$

$$P(X_1=0, X_2=0) = P(Y\leqslant 1, Y\leqslant 2) = P(Y\leqslant 1) = \int_0^1 e^{-y}dy = 1 - e^{-1}$$

$$P(X_1=0, X_2=1) = P(Y\leqslant 1, Y>2) = P(\varnothing) = 0$$

$$P(X_1=1, X_2=0) = P(1<Y\leqslant 2) = \int_1^2 e^{-y}dy = e^{-1} - e^{-2}$$

$$P(X_1=1, X_2=1) = P(Y>1, Y>2) = P(Y>2) = \int_2^{+\infty} e^{-y}dy = e^{-2}$$

X_1 与 X_2 联合分布律为

	$X_1=0$	$X_1=1$
$X_2=0$	$1-e^{-1}$	$e^{-1}-e^{-2}$
$X_2=1$	0	e^{-2}

(2) $E(X_k) = 0 \times P(X_k=0) + 1 \times P(X_k=1) = P(Y>k) = \int_k^{+\infty} e^{-y}dy = e^{-k}, \quad k=1, 2$

$$E(X_1 + X_2) = E(X_1) + E(X_2) = e^{-1} + e^{-2}$$

 R 程序和输出:

```
> #########(1)
> p <- function(x,y){
+ sim <- 10000
+ t <- numeric(sim)
+ for(i in 1:sim){
+ X1 <- 1
+ X2 <- 1
+ Y <- rexp(1,1)
+ X1[Y <= 1] <- 0
+ X2[Y <= 2] <- 0
+ t[i] <- ((X1 == x)&(X2 == y))
+ }
+ mean(t)
+ }
> p(0,0)
[1] 0.6318
> p(0,1)
[1] 0
> p(1,0)
[1] 0.23
> p(1,1)
[1] 0.1389
>
> #########(2)
> sim <- 10000
> X1 <- rep(1,sim)
> X2 <- rep(1,sim)
> Y <- rexp(sim,1)
> X1[Y <= 1] <- 0
> X2[Y <= 2] <- 0
> mean(X1 + X2)
[1] 0.5099
```

5. 设随机变量 X 和 Y 分别服从参数为 $\dfrac{3}{4}$ 与 $\dfrac{1}{2}$ 的 $0-1$ 分布且相关系数 $\rho_{XY}=\dfrac{\sqrt{3}}{3}$，试求 X 和 Y 的联合分布律.

解：
$$X \sim B\left(1, \dfrac{3}{4}\right),\ E(X)=\dfrac{3}{4},\ D(X)=\dfrac{3}{16}.$$

$$Y \sim B\left(1, \dfrac{1}{2}\right),\ E(Y)=\dfrac{1}{2},\ D(Y)=\dfrac{1}{4}.$$

$$\mathrm{Cov}(X,Y)=\rho_{XY}\sqrt{D(X)}\sqrt{D(Y)}=\dfrac{\sqrt{3}}{3}\times\sqrt{\dfrac{3}{16}}\times\sqrt{\dfrac{1}{4}}=\dfrac{1}{8}$$

$$E(XY)=\mathrm{Cov}(X,Y)+E(X)E(Y)=\dfrac{1}{8}+\dfrac{3}{4}\times\dfrac{1}{2}=\dfrac{1}{2}$$

又 $E(XY)=0\times 0\times P(X=0,Y=0)+0\times 1\times P(X=0,Y=1)+1\times 0\times P(X=1,Y=0)+1\times 1\times P(X=1,Y=1)=P(X=1,Y=1)$，所以

$$P(X=1,Y=1)=\dfrac{1}{2}$$

$$P(X=1,Y=0)=P(X=1)-P(X=1,Y=1)=\dfrac{3}{4}-\dfrac{1}{2}=\dfrac{1}{4}$$

$$P(X=0,Y=1)=P(Y=1)-P(X=1,Y=1)=\dfrac{1}{2}-\dfrac{1}{2}=0$$

$$P(X=0,Y=0)=P(X=0)-P(X=0,Y=1)=\dfrac{1}{4}-0=\dfrac{1}{4}$$

X 与 Y 联合分布律为

	$X=0$	$X=1$
$Y=0$	$\dfrac{1}{4}$	$\dfrac{1}{4}$
$Y=1$	0	$\dfrac{1}{2}$

6. 设 A 与 B 是试验的两个事件且 $P(A)>0$，$P(B)>0$，并定义随机变量 X，Y 如下：

$$X=\begin{cases}1, & A\text{ 发生}\\ -1, & A\text{ 不发生}\end{cases},\quad Y=\begin{cases}1, & B\text{ 发生}\\ -1, & B\text{ 不发生}\end{cases}$$

求证：若 $\rho_{XY}=0$，则 X 与 Y 必定相互独立.

证明： $E(X)=1\times P(A)+(-1)\times P(\bar{A})=2P(A)-1$，$E(Y)=2P(B)-1$

$$E(XY) = 1 \times 1 \times P(X=1, Y=1) + 1 \times (-1) \times P(X=1, Y=-1) + (-1) \times 1 \times$$
$$P(X=-1, Y=1) + (-1) \times (-1) \times P(X=-1, Y=-1)$$
$$= P(AB) - P(A\bar{B}) - P(\bar{A}B) + P(\bar{A}\bar{B})$$
$$= P(AB) - [P(A) - P(AB)] - [P(B) - P(AB)] + 1 - P(A) - P(B) + P(AB)$$
$$= 4P(AB) - 2P(A) - 2P(B) + 1$$
$$E(X)E(Y) = [2P(A) - 1][2P(B) - 1] = 4P(A)P(B) - 2P(A) - 2P(B) + 1$$

若 $\rho_{XY} = 0$,$\mathrm{Cov}(X,Y) = E(XY) - E(X)E(Y) = 0$,$P(AB) = P(A)P(B)$,$A$ 与 B 相互独立,因此 A 与 $\bar{B}$,$\bar{A}$ 与 B,$\bar{A}$ 与 $\bar{B}$ 都相互独立.

$$P(X=1, Y=1) = P(AB) = P(A)P(B) = P(X=1)P(Y=1)$$
$$P(X=1, Y=-1) = P(A\bar{B}) = P(A)P(\bar{B}) = P(X=1)P(Y=-1)$$
$$P(X=-1, Y=1) = P(\bar{A}B) = P(\bar{A})P(B) = P(X=-1)P(Y=1)$$
$$P(X=-1, Y=-1) = P(\bar{A}\bar{B}) = P(\bar{A})P(\bar{B}) = P(X=-1)P(Y=-1)$$

所以,X 与 Y 相互独立.

7. 设 X 和 Y 都是标准化随机变量,它们的相关系数为 $\rho_{XY} = \frac{1}{2}$,令 $Z_1 = aX$,$Z_2 = bX + cY$,试确定 a,b,c 的值,使得 $D(Z_1) = D(Z_2) = 1$ 且 Z_1 和 Z_2 不相关.

解:$E(X) = E(Y) = 0$,$D(X) = D(Y) = 1$

(1) $D(Z_1) = a^2 D(X) = a^2 = 1$

(2) $D(Z_2) = b^2 D(X) + c^2 D(Y) + 2bc\mathrm{Cov}(X,Y) = b^2 + c^2 + 2bc\rho_{XY}\sqrt{D(X)}\sqrt{D(Y)}$
$$= b^2 + c^2 + bc = 1$$

(3) $\mathrm{Cov}(Z_1, Z_2) = abD(X) + ac\mathrm{Cov}(X,Y) = ab + ac\rho_{XY}\sqrt{D(X)}\sqrt{D(Y)} = ab + \frac{ac}{2} = 0$

即
$$a^2 = 1, \quad b^2 + c^2 + bc = 1, \quad ab + \frac{ac}{2} = 0$$

解得 $a = \pm 1$,$b = \frac{\sqrt{3}}{3}$,$c = -\frac{2\sqrt{3}}{3}$ 或 $a = \pm 1$,$b = -\frac{\sqrt{3}}{3}$,$c = \frac{2\sqrt{3}}{3}$.

第5章 大数定律和中心极限定理

§5.1 知识点归纳

5.1.1 大数定律

定义 5.1 对于随机变量序列 $\{X_n, n=1, 2, \cdots\}$ 和随机变量（或常量）X，如果对任意的 $\varepsilon > 0$ 有

$$\lim_{n \to +\infty} P(|X_n - X| < \varepsilon) = 1$$

则称随机变量序列 $\{X_n, n=1, 2, \cdots\}$ 依概率收敛于 X，记为 $X_n \xrightarrow{P} X$.

定义 5.2 设 $\{X_n, n=1, 2, \cdots\}$ 是随机变量序列，数学期望 $E(X_n)$ 存在，如果

$$\frac{1}{n}\sum_{i=1}^{n} X_i - \frac{1}{n}\sum_{i=1}^{n} E(X_i)$$

依概率收敛于 0，即对任意的 $\varepsilon > 0$ 有

$$\lim_{n \to +\infty} P\left(\left|\frac{1}{n}\sum_{i=1}^{n} X_i - \frac{1}{n}\sum_{i=1}^{n} E(X_i)\right| < \varepsilon\right) = 1$$

则称随机变量序列 $\{X_n, n=1, 2, \cdots\}$ 服从大数定律，即

$$\frac{1}{n}\sum_{i=1}^{n} X_i - \frac{1}{n}\sum_{i=1}^{n} E(X_i) \xrightarrow{P} 0$$

定理 5.1 （切比雪夫大数定律）设 $\{X_n, n=1, 2, \cdots\}$ 是两两不相关的随机变量序列，每一随机变量都有有限的方差 $D(X_n)$，并且存在公共上界 c，即存在常数 c，使得 $D(X_n) \leq c$，则对任意的 $\varepsilon > 0$ 有

$$\lim_{n\to+\infty} P\left(\left|\frac{1}{n}\sum_{i=1}^{n}X_i - \frac{1}{n}\sum_{i=1}^{n}E(X_i)\right| < \varepsilon\right) = 1$$

推论 5.1 设 $\{X_n, n=1, 2, \cdots\}$ 是独立同分布的随机变量序列且 $E(X_n) = \mu$，$D(X_n) = \sigma^2$，则对任意的 $\varepsilon > 0$ 有

$$\lim_{n\to+\infty} P\left(\left|\frac{1}{n}\sum_{i=1}^{n}X_i - \mu\right| < \varepsilon\right) = 1$$

推论 5.2 （马尔可夫大数定律）设 $\{X_n, n=1, 2, \cdots\}$ 是随机变量序列，如果

$$\lim_{n\to+\infty} D\left(\frac{1}{n}\sum_{i=1}^{n}X_i\right) = 0$$

则对任意的 $\varepsilon > 0$ 有

$$\lim_{n\to+\infty} P\left(\left|\frac{1}{n}\sum_{i=1}^{n}X_i - \frac{1}{n}\sum_{i=1}^{n}E(X_i)\right| < \varepsilon\right) = 1$$

定理 5.2 （伯努利大数定律）设 n_A 是 n 次伯努利试验中事件 A 出现的次数，p ($0 < p < 1$) 是事件 A 在每次试验中出现的概率，则对任意的 $\varepsilon > 0$ 有

$$\lim_{n\to+\infty} P\left(\left|\frac{n_A}{n} - p\right| < \varepsilon\right) = 1$$

推论 5.3 （泊松大数定律）如果在独立试验序列中，事件 A 在第 n 次试验中出现的概率为 p_n，设 n_A 是前 n 次试验中事件 A 出现的次数，则对任意的 $\varepsilon > 0$ 有

$$\lim_{n\to+\infty} P\left(\left|\frac{n_A}{n} - \frac{p_1 + p_2 + \cdots + p_n}{n}\right| < \varepsilon\right) = 1$$

定理 5.3 （辛钦大数定律）设 $\{X_n, n=1, 2, \cdots\}$ 是独立同分布的随机变量序列且 $E(X_n) = \mu$，则对任意的 $\varepsilon > 0$ 有

$$\lim_{n\to+\infty} P\left(\left|\frac{1}{n}\sum_{i=1}^{n}X_i - \mu\right| < \varepsilon\right) = 1$$

注：辛钦大数定律在应用中十分重要，比如使用蒙特卡罗方法计算定积分。

5.1.2 中心极限定理

定义 5.3 设 $\{X_n, n=1, 2, \cdots\}$ 是随机变量序列，并且有有限的数学期望和方差，$E(X_k) = \mu_k$，$D(X_k) = \sigma_k^2$，如果前 n 项和的标准化

$$Y_n = \frac{\sum_{i=1}^{n} X_i - \sum_{i=1}^{n} E(X_i)}{\sqrt{D(\sum_{i=1}^{n} X_i)}}, \quad n = 1, 2, \cdots$$

的分布函数列收敛于标准正态分布函数,即对任意的实数 x 有

$$\lim_{n \to +\infty} P(Y_n \leq x) = \frac{1}{\sqrt{2\pi}} \int_{-\infty}^{x} e^{-\frac{t^2}{2}} dt$$

则称随机变量序列 $\{X_n, n=1, 2, \cdots\}$ 服从中心极限定理.

定理 5.4 (独立同分布的中心极限定理)设 $\{X_n, n=1, 2, \cdots\}$ 是独立同分布的随机变量序列且 $E(X_n) = \mu$, $D(X_n) = \sigma^2$,则对任意的实数 x 有

$$\lim_{n \to +\infty} P\left[\frac{1}{\sqrt{n}\sigma}\left(\sum_{i=1}^{n} X_i - n\mu\right) \leq x\right] = \frac{1}{\sqrt{2\pi}} \int_{-\infty}^{x} e^{-\frac{t^2}{2}} dt$$

注:独立同分布的中心极限定理说明对于独立同分布的随机变量序列,当 n 充分大时候,无论 X_n 服从什么分布,都有 $\sum_{i=1}^{n} X_i \sim N(n\mu, n\sigma^2)$ 或 $\bar{X} = \frac{1}{n}\sum_{i=1}^{n} X_i \sim N\left(\mu, \frac{\sigma^2}{n}\right)$.

定理 5.5 (棣莫弗-拉普拉斯定理)设 n_A 是 n 次伯努利试验中事件 A 出现的次数,p $(0<p<1)$ 是事件 A 在每次试验中出现的概率,则对任意的实数 x 有

$$\lim_{n \to +\infty} P\left[\frac{n_A - np}{\sqrt{np(1-p)}} \leq x\right] = \frac{1}{\sqrt{2\pi}} \int_{-\infty}^{x} e^{-\frac{t^2}{2}} dt$$

注:棣莫弗-拉普拉斯定理在二项分布和正态分布之间建立联系,在实际应用中,可使用正态分布来近似计算二项分布.

§5.2 例题讲解

例 1 根据以往的经验,某种电器元件的寿命服从均值为 100(小时)的指数分布,现随机地取 16 只,设它们的寿命是相互独立的. 求这 16 只元件的寿命总和大于 1 920 小时的概率.

解:设 X_k $(k=1, 2, \cdots, 16)$ 是第 k 只元件的寿命,由题知 $X_1, \cdots, X_{16}$ 独立同分布,

$$\mu = E(X_k) = 100, \quad \sigma^2 = D(X_k) = 100^2, \quad k = 1, 2, \cdots, 16$$

由独立同分布的中心极限定理得，

$$\frac{\sum_{k=1}^{16} X_k - 16 \times 100}{100\sqrt{16}} \sim N(0,1)$$

这16只元件的寿命总和大于1 920小时的概率为

$$P\left(\sum_{k=1}^{16} X_k > 1\ 920\right) = 1 - P\left(\sum_{k=1}^{16} X_k \leqslant 1\ 920\right)$$

$$= 1 - P\left(\frac{\sum_{k=1}^{16} X_k - 16 \times 100}{100\sqrt{16}} \leqslant \frac{1\ 920 - 16 \times 100}{100\sqrt{16}}\right)$$

$$= 1 - \Phi\left(\frac{1\ 920 - 16 \times 100}{100\sqrt{16}}\right)$$

$$= 1 - \Phi(0.8)$$

$$= 1 - 0.788\ 1$$

$$= 0.211\ 9$$

R 程序和输出：

```
> sim <- 10000
> t <- rep(0,sim)
> for(i in 1:sim)
+ {
+ t[i] <- (sum(rexp(16,rate = 1/100)) > 1920)
+ }
> mean(t)
[1] 0.2085
> ### Central Limit Theorem for Exponential distribution
> layout(matrix(c(1,3,2,4),ncol = 2))
> r <- 1000
> lambda <- 1/100
> for(n in c(1,5,10,30)){
+ xbar = c()
+ mu <- 1/lambda
+ sxbar <- 1/(sqrt(n) * lambda)
```

```
+for(i in 1:r){
+xbar[i] = mean(rexp(n,rate = lambda))
+}
+hist(xbar,prob = TRUE,main = paste("SampDist.Xbar,n = ",n),col = gray
(.8))
+Npdf <- dnorm(seq(mu - 3 * sxbar,mu + 3 * sxbar,0.01),mu,sxbar)
+lines(seq(mu - 3 * sxbar,mu + 3 * sxbar,0.01),Npdf,lty = 2,col = "red")
+box()
+}
```

例2 一加法器同时收到20个噪声电压 V_k ($k=1, 2, \cdots, 20$),设它们是相互独立的随机变量,且都在区间 (0, 10) 上服从均匀分布,记 $V = \sum_{k=1}^{20} V_k$,求 $P(V > 105)$.

解:V_k ($k=1, 2, \cdots, 20$) 独立同分布,$\mu = E(V_k) = 5$,$\sigma^2 = D(V_k) = \dfrac{10^2}{12}$. 由独立同分布的中心极限定理得

$$\frac{V - 20 \times 5}{\sqrt{20} \times \sqrt{\frac{10^2}{12}}} \sim N(0,1)$$

因此,

$$P(V > 105) = 1 - P(V \leq 105) = 1 - P\left(\frac{V - 20 \times 5}{\sqrt{20} \times \sqrt{\frac{10^2}{12}}} \leq \frac{105 - 20 \times 5}{\sqrt{20} \times \sqrt{\frac{10^2}{12}}}\right)$$

$$\approx 1 - P(Z \leq 0.387) = 1 - \Phi(0.39) = 1 - 0.652 = 0.348$$

 R 程序和输出:

```
> sim <- 10000
> t <- rep(0,sim)
> for(i in 1:sim)
+ {
+ t[i] <- (sum(runif(20,0,10)) > 105)
+ }
> mean(t)
[1] 0.3433
> ### Central Limit Theorem for Uniform distribution
> layout(matrix(c(1,3,2,4),ncol = 2))
> r <- 1000
> mu <- 5
> sigma <- 10/sqrt(12)
> for(n in c(1,5,10,30)){
+ xbar = c()
+ sxbar <- sigma/sqrt(n)
+ for(i in 1:r){
+ xbar[i] = mean(runif(n,0,10))
+ }
+ hist(xbar,prob = TRUE,main = paste("SampDist.Xbar,n = ",n),
col = gray(0.8),ylim = c(0,1/(sqrt(2 * pi) * sxbar)))
+ Npdf <- dnorm(seq(mu - 3 * sxbar,mu + 3 * sxbar,0.01),mu,sxbar)
+ lines(seq(mu - 3 * sxbar,mu + 3 * sxbar,0.01),Npdf,lty = 2,col = "red")
```

```
+ box()
+ }
```

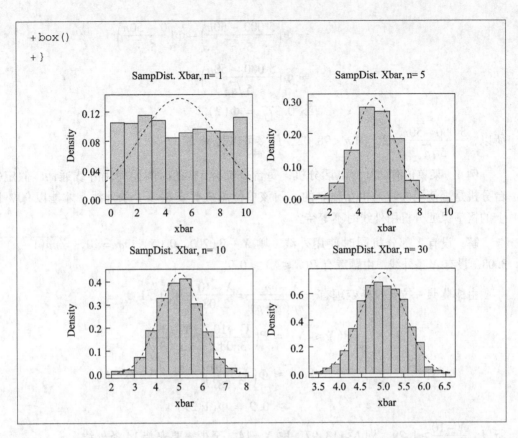

例3 一生产线生产的产品成箱包装,每箱的重量是随机的. 假设每箱平均重50千克,标准差为5千克. 若用最大载重量为5吨的汽车承运,试利用中心极限定理说明每辆车最多可以装多少箱,才能保证不超载的概率大于0.977.

解：设 X_k ($k=1, 2, \cdots, n$) 是装运第 k 箱的重量,总的载重量为
$$T_n = X_1 + X_2 + \cdots + X_n$$
由题知随机变量 X_k ($k=1, 2, \cdots, n$) 独立同分布,$\mu = E(X_k) = 50$,$\sigma^2 = D(X_k) = 25$. 由独立同分布的中心极限定理得
$$\frac{T_n - n\mu}{\sqrt{n}\sigma} = \frac{T_n - 50n}{5\sqrt{n}} \sim N(0,1)$$

不超载的概率为
$$P(0 < T_n \leq 5\,000) = P\left(\frac{0 - 50n}{5\sqrt{n}} < \frac{T_n - 50n}{5\sqrt{n}} \leq \frac{5\,000 - 50n}{5\sqrt{n}}\right)$$

$$\approx \Phi\left(\frac{5\,000-50n}{5\sqrt{n}}\right) - \Phi\left(\frac{0-50n}{5\sqrt{n}}\right)$$

$$\approx \Phi\left(\frac{5\,000-50n}{5\sqrt{n}}\right)$$

$$> 0.977 = \Phi(2)$$

所以，$\dfrac{5\,000-50n}{5\sqrt{n}} > 2$，即 $n < 98.02$，最多可以装 98 箱.

例 4 某单位有 200 台电话分机，每台分机有 5% 的时间要使用外线通话. 假定每台分机是否使用外线是相互独立的，问该单位总机要安装多少条外线，才能以 90% 以上的概率保证分机用外线时不等待?

解：设有 X 部分机同时使用外线，则 $X \sim B(200, 0.05)$. $np = 10$, $\sqrt{np(1-p)} = 3.08$. 设有 N 条外线. 由题意有 $P(X \leq N) \geq 0.9$.

由棣莫弗 – 拉普拉斯定理有 $\dfrac{X - np}{\sqrt{np(1-p)}} = \dfrac{X - 10}{3.08} \sim N(0, 1)$.

$$P(X \leq N) = P\left(\frac{X-10}{3.08} \leq \frac{N-10}{3.08}\right)$$

$$\approx \Phi\left(\frac{N-10}{3.08}\right)$$

$$\geq 0.9 = \Phi(1.29)$$

所以，$\dfrac{N-10}{3.08} \geq 1.29$，即 $N \geq 13.97$，取 $N = 14$，至少需要安装 14 条外线.

 R 程序和输出：

```
> N<-1
> while(pbinom(N,200,0.05)<0.9){N<-N+1}
> N
[1]14
```

例 5 某运输公司有 500 辆汽车参加保险，在一年内每辆汽车出事故的概率为 0.006，每辆参加保险的汽车每年交保险费 800 元，若一辆车出事故保险公司最多赔偿 50 000 元，试利用中心极限定理计算，保险公司一年赚钱不小于 200 000 元的概率.

解：设 X 表示运输公司一年内出事故的车数，则 $X \sim B(500, 0.006)$. 保险公司一年内共收保费 $800 \times 500 = 400\,000$ 元，若保险公司一年赚钱不小于 200 000 元，则有

400 000 − 50 000X ⩾ 200 000，即 X ⩽ 4，出事故的车数不能超过 4 辆.

$$P(X \leqslant 4) = P\left(\frac{X - 500 \times 0.006}{\sqrt{500 \times 0.006 \times 0.994}} \leqslant \frac{4 - 500 \times 0.006}{\sqrt{500 \times 0.006 \times 0.994}}\right)$$
$$\approx P(Z \leqslant 0.58)$$
$$= \Phi(0.58)$$
$$= 0.719\ 0$$

 R 程序和输出：

```
> pbinom(4,500,0.006)
[1]0.8157701
```

注：利用中心极限定理计算得到的结果 0.719 0 和直接使用二项分布得到的结果 0.815 770 1 有些差距，在实际应用中，人们通常会采取 0.5 校正法再使用中心极限定理，此题中，可以如下计算，$P(X \leqslant 4) = P(X < 4 + 0.5) \approx P(Z < 0.87) = 0.807\ 8$.

§5.3 习题解答

1. 一部件包括 10 部分，每部分的长度是一个随机变量，它们是相互独立的且服从同一分布，其均值为 2，根方差为 0.05. 规定总长度为 20 ± 0.1 时产品合格. 求产品合格的概率.

解：设 X_k（$k = 1, \cdots, 10$）表示第 k 部分的长度，$E(X_k) = 2$，$\sigma_{X_k} = 0.05$. 总长度为 $X = \sum_{k=1}^{10} X_k$，$E(X) = 20$，$\sigma_X = \sqrt{10} \times 0.05 = 0.158$. 由独立同分布的中心极限定理得，随机变量 $\frac{X - 20}{0.158}$ 近似服从 $N(0, 1)$.

$$P(20 - 0.1 < X < 20 + 0.1) = P\left(\frac{-0.1}{0.158} < \frac{X - 20}{0.158} < \frac{0.1}{0.158}\right)$$
$$\approx P(-0.63 < Z < 0.63)$$
$$= 2\Phi(0.63) - 1$$
$$= 0.471\ 4$$

2. 设有 30 个电子元件，它们的使用的寿命（单位：h）是相互独立的且都服从 $\lambda = 0.1$ 的指数分布，其使用情况是第 1 个损坏第 2 个立即使用，第 2 个损坏第 3 个立即使用，……令 T 为这 30 个元件使用的总计寿命，求 T 超过 350 h 的概率.

解：设 $X_k(k=1,\cdots,30)$ 表示第 k 个元件的寿命，$E(X_k) = \dfrac{1}{\lambda} = 10$，$\sigma_{X_k} = \sqrt{\dfrac{1}{\lambda^2}} = $

10. 总寿命为 $T = \sum\limits_{k=1}^{30} X_k$，$E(T) = 300$，$\sigma_T = \sqrt{30} \times 10 = 54.772$. 由独立同分布的中心极限定理得，随机变量 $\dfrac{T-300}{54.772}$ 近似服从 $N(0,1)$.

$$P(T > 350) = P\left(\dfrac{T-300}{54.772} > \dfrac{350-300}{54.772}\right)$$
$$\approx P(Z > 0.91)$$
$$= 1 - \Phi(0.91)$$
$$= 0.1814$$

R 程序和输出：

```
> sim <- 10000
> t <- rep(0,sim)
> for(i in 1:sim)
+ {
+ t[i] <- (sum(rexp(30,rate=0.1)) > 350)
+ }
> mean(t)
[1] 0.1828
> ### Central Limit Theorem for Exponential distribution
> layout(matrix(c(1,3,2,4),ncol=2))
> r <- 1000
> lambda <- 0.1
> for(n in c(1,5,10,30)){
+ T = c()
+ mu <- n/lambda
+ sxbar <- sqrt(n)/lambda
+ for(i in 1:r){
+ T[i] = sum(rexp(n,rate=lambda))
+ }
+ hist(T,prob=TRUE,main=paste("SampDist.T,n = ",n),col=gray(.8))
```

```
+Npdf <- dnorm(seq(mu - 3 * sxbar,mu + 3 * sxbar,0.01),mu,sxbar)
+lines(seq(mu - 3 * sxbar,mu + 3 * sxbar,0.01),Npdf,lty = 2,col = "red")
+box()
+ }
```

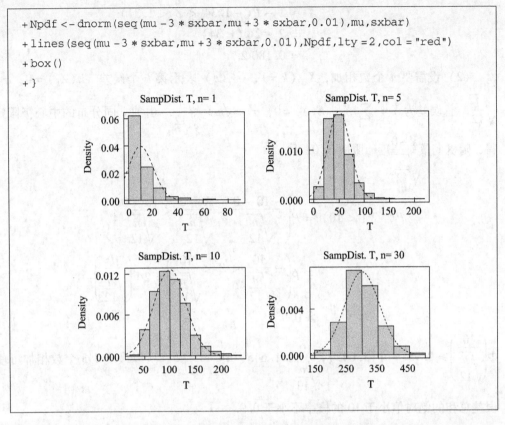

3. 计算器在进行加法运算时，将每个加数舍入最靠近它的整数，设所有舍入误差是独立的且服从（-0.5，0.5）上的均匀分布.

(1) 若将 1 500 个数相加，问误差总和的绝对值超过 15 的概率是多少？

(2) 最多可有几个数相加使得误差总和的绝对值小于 10 的概率不小于 0.9？

解：(1) 设 X_k ($k=1,\cdots,1\,500$) 表示第 k 个误差，$E(X_k)=0$, $\sigma_{X_k}=\sqrt{\dfrac{1}{12}}$. 总误差为 $X = \sum_{k=1}^{1\,500} X_k$, $E(X)=0$, $\sigma_X = \sqrt{1\,500} \times \sqrt{\dfrac{1}{12}} \approx 11.18$. 由独立同分布的中心极限定理得，随机变量 $\dfrac{X-0}{11.18}$ 近似服从 $N(0, 1)$.

$$P(|X| > 15) = 1 - P(|X| \leqslant 15)$$
$$= 1 - P\left(\dfrac{-15-0}{11.18} < \dfrac{X-0}{11.18} < \dfrac{15-0}{11.18}\right)$$

$$\approx 1 - P(-1.34 < Z < 1.34)$$
$$= 2 - 2\Phi(1.34)$$
$$= 0.1802$$

(2) 设需要 n 个数相加，X_k ($k=1, \cdots, n$) 表示第 k 个误差，$E(X_k)=0$，$\sigma_{X_k}=\sqrt{\dfrac{1}{12}}$。总误差为 $X = \sum\limits_{k=1}^{n} X_k$，$E(X)=0$，$\sigma_X = \sqrt{n} \times \sqrt{\dfrac{1}{12}}$。由独立同分布的中心极限定理得，随机变量 $\dfrac{X-0}{\sqrt{\dfrac{n}{12}}}$ 近似服从 $N(0,1)$.

$$P(|X| < 10) = P\left(\dfrac{-10-0}{\sqrt{\dfrac{n}{12}}} < \dfrac{X-0}{\sqrt{\dfrac{n}{12}}} < \dfrac{10-0}{\sqrt{\dfrac{n}{12}}}\right)$$
$$= P\left(-\dfrac{10}{\sqrt{\dfrac{n}{12}}} < Z < \dfrac{10}{\sqrt{\dfrac{n}{12}}}\right) = 2\Phi\left(\dfrac{10}{\sqrt{\dfrac{n}{12}}}\right) - 1$$
$$\geq 0.9$$

$\Phi\left(\dfrac{10}{\sqrt{\dfrac{n}{12}}}\right) \geq 0.95 = \Phi(1.645)$，$\dfrac{10}{\sqrt{\dfrac{n}{12}}} \geq 1.645$，$n \leq 443.45$，所以最多 443 个数相加可使得误差总和的绝对值小于 10 的概率不小于 0.9.

 R 程序和输出：

```
> sim <- 10000
> t <- rep(0, sim)
> for(i in 1:sim)
+ {
+ t[i] <- (abs(sum(runif(1500, -0.5, 0.5))) > 15)
+ }
> mean(t)
[1] 0.1813
> n <- 1
> while(2 * pnorm(10/sqrt(n/12)) - 1 >= 0.9){n <- n + 1}
> n - 1
```

```
[1]443
> ### Central Limit Theorem for Uniform distribution
> layout(matrix(c(1,3,2,4),ncol=2))
> r<-1000
> mu<-0
> sigma<-1/sqrt(12)
> for(n in c(1,5,10,30)){
+ x=c()
+ sx<-sigma*sqrt(n)
+ for(i in 1:r){
+ x[i]=sum(runif(n,-0.5,0.5))
+ }
+ hist(x,prob=TRUE,main=paste("SampDist.X,n = ",n),col=gray(.8))
+ Npdf<-dnorm(seq(mu-3*sx,mu+3*sx,0.01),mu,sx)
+ lines(seq(mu-3*sx,mu+3*sx,0.01),Npdf,lty=2,col="red")
+ box()
+ }
```

4. 设有 2 500 个同一年龄段和同一社会阶层的人参加了某保险公司的人寿保险,假设在一年中每个人死亡的概率为 0.002 5,每个人在年初向保险公司交纳保费 120 元,而死亡时其家属可从保险公司领得 20 000 元. 问:

(1) 保险公司亏本的概率有多大?

(2) 保险公司一年的利润不少于 100 000 元的概率是多少?

解:(1) 年初保险公司的收入为 $120 \times 2\,500 = 300\,000$ 元,设一年中死亡的人数为 X,则 $X \sim B(2\,500, 0.002\,5)$,保险公司需要支出 $20\,000X$ 元,要使保险公司亏本,则 $20\,000X > 300\,000$,即 $X > 15$. 由棣莫弗-拉普拉斯定理得

$$P(X > 15) = P\left(\frac{X - 2\,500 \times 0.002\,5}{\sqrt{2\,500 \times 0.002\,5 \times 0.997\,5}} > \frac{15 - 2\,500 \times 0.002\,5}{\sqrt{2\,500 \times 0.002\,5 \times 0.997\,5}}\right)$$

$$\approx P(Z > 3.5)$$

$$= 1 - \Phi(3.5)$$

$$= 0.000\,2$$

(2) $300\,000 - 20\,000X \geqslant 100\,000$ 即 $X \leqslant 10$. 由棣莫弗-拉普拉斯定理得

$$P(X \leqslant 10) = P\left(\frac{X - 2\,500 \times 0.002\,5}{\sqrt{2\,500 \times 0.002\,5 \times 0.997\,5}} \leqslant \frac{10 - 2\,500 \times 0.002\,5}{\sqrt{2\,500 \times 0.002\,5 \times 0.997\,5}}\right)$$

$$\approx P(Z \leqslant 1.5)$$

$$= \Phi(1.5)$$

$$= 0.933\,2$$

 R 程序和输出:

```
> pbinom(15,2500,0.0025,lower.tail = F)
[1]0.0007642581
> pbinom(10,2500,0.0025)
[1]0.946403
```

5. 一本书共有 1 000 000 个印刷符号,排版时每个符号被排错的概率为 0.000 1,校对后每个排版错误被改正的概率为 0.9. 求在校对后错误不多于 15 个的概率.

解:设 X 为校对后的错误数目,则 $X \sim B(10^6, 0.000\,1 \times (1 - 0.9)) = B(10^6, 10^{-5})$. 由棣莫弗-拉普拉斯定理得

$$P(X \leqslant 15) = P\left(\frac{X - 10^6 \times 10^{-5}}{\sqrt{10^6 \times 10^{-5} \times (1 - 10^{-5})}} \leqslant \frac{15 - 10^6 \times 10^{-5}}{\sqrt{10^6 \times 10^{-5} \times (1 - 10^{-5})}}\right)$$

$$\approx P(Z \leqslant 1.58)$$
$$= \Phi(1.58)$$
$$= 0.9429$$

 R 程序和输出：

```
> pbinom(15,10^6,10^(-5))
[1]0.9512605
```

6. 有一建筑房屋用的木柱，其中80%的长度不小于3 m，现在从这批木柱中随机抽取 100 根，问其中至少有 30 根短于 3 m 的概率是多少？

解：设 100 根木柱中短于 3 m 的数目为 X，则 $X \sim B(100, 0.2)$，由棣莫弗-拉普拉斯定理得

$$P(X \geqslant 30) = P\left(\frac{X - 100 \times 0.2}{\sqrt{100 \times 0.2 \times 0.8}} \geqslant \frac{30 - 100 \times 0.2}{\sqrt{100 \times 0.2 \times 0.8}}\right)$$
$$= P(Z \geqslant 2.5)$$
$$= 1 - \Phi(2.5)$$
$$= 0.0062$$

 R 程序和输出：

```
> sum(dbinom(30:100,100,0.2))
[1]0.01124898
> 1-pnorm((29.5-100*0.2)/sqrt(100*0.2*0.8))
[1]0.008774475
```

7. 一食品店有 3 种蛋糕出售，由于售出哪一种蛋糕是随机的，因而售出一只蛋糕的价格是随机变量，它可以取 1（元），1.2（元），1.5（元），各个值的概率分别为 0.3，0.2，0.5. 若售出 300 只蛋糕.（1）求收入至少为 400（元）的概率.（2）求售出价格为 1.2（元）的蛋糕多于 60 只的概率.

解：设第 i 只蛋糕的价格为 X_i（$i = 1, \cdots, 300$），X_i 的分布律为

X_i	1	1.2	1.5
P	0.3	0.2	0.5

$$E(X_i) = 1 \times 0.3 + 1.2 \times 0.2 + 1.5 \times 0.5 = 1.29$$

$$E(X_i^2) = 1^2 \times 0.3 + 1.2^2 \times 0.2 + 1.5^2 \times 0.5 = 1.713$$
$$D(X_i) = E(X_i^2) - [E(X_i)]^2 = 0.0489$$

(1) 设总收入为 X,则 $X = \sum_{i=1}^{300} X_i$, $E(X) = 300 \times 1.29 = 387$, $\sigma_X = \sqrt{300} \times \sqrt{0.0489} \approx 3.83$. 由独立同分布的中心极限定理得,随机变量 $\dfrac{X-387}{3.83}$ 近似服从 $N(0,1)$.

$$\begin{aligned} P(X \geqslant 400) &= 1 - P(X < 400) \\ &= 1 - P\left(\dfrac{X-387}{3.83} < \dfrac{400-387}{3.83}\right) \\ &\approx 1 - P(Z < 3.39) \\ &= 1 - \Phi(3.39) \\ &= 0.0003 \end{aligned}$$

(2) 设售出价格为 1.2 元的蛋糕数为 Y,则 $Y \sim B(300, 0.2)$,由棣莫弗-拉普拉斯定理得

$$\begin{aligned} P(Y \geqslant 60) &= P\left(\dfrac{Y - 300 \times 0.2}{\sqrt{300 \times 0.2 \times 0.8}} \geqslant \dfrac{60 - 300 \times 0.2}{\sqrt{300 \times 0.2 \times 0.8}}\right) \\ &= P(W \geqslant 0) \\ &= 1 - \Phi(0) \\ &= 0.5 \end{aligned}$$

R 程序和输出:

```
> xi <- c(1,1.2,1.5)
> weight <- c(0.3,0.2,0.5)
> sim <- 10000
> t <- rep(0,sim)
> for(i in 1:sim)
+ {
+ t[i] <- (sum(sample(xi,300,replace = TRUE,prob = weight)) > 400)
+ }
> mean(t)
[1] 3e-04
> sum(dbinom(60:300,300,0.2))
[1] 0.5230223
```

```r
> ### Central Limit Theorem for the cake distribution
> layout(matrix(c(1,3,2,4),ncol=2))
> r <- 1000
> xi <- c(1,1.2,1.5)
> weight <- c(0.3,0.2,0.5)
> mu <- sum(xi*weight)
> sigma <- sqrt(sum(xi^2*weight)-mu^2)
> for(n in c(1,5,10,30)){
+ x = c()
+ mux <- mu*n
+ sx <- sigma*sqrt(n)
+ for(i in 1:r){
+ x[i] = sum(sample(xi,n,replace=TRUE,prob=weight))
+ }
+ hist(x,prob=TRUE,main=paste("SampDist.X,n = ",n),col=gray(.8))
+ Npdf <- dnorm(seq(mux-3*sx,mux+3*sx,0.01),mux,sx)
+ lines(seq(mux-3*sx,mux+3*sx,0.01),Npdf,lty=2,col="red")
+ box()}
```

8. (1) 一复杂的系统由 100 个相互独立起作用的部件组成,在整个运动期间每个部件损坏的概率为 0.10. 为了使整个系统起作用,必须至少有 85 个部件正常工作,求整个系统起作用的概率. (2) 一复杂的系统由 n 个相互独立起作用的部件组成. 每个部件的可靠性为 0.90,并且必须至少有 80% 的部件工作才能使整个系统正常工作,问 n 至少为多大才能使系统的可靠度不低于 0.95.

解:(1) 设 100 个部件中正常工作的部件数为 X,则 $X \sim B(100, 0.9)$,由棣莫弗-拉普拉斯定理得

$$P(X \geq 85) = P\left(\frac{X - 100 \times 0.9}{\sqrt{100 \times 0.9 \times 0.1}} \geq \frac{85 - 100 \times 0.9}{\sqrt{100 \times 0.9 \times 0.1}}\right)$$

$$\approx P(Z \geq -1.67)$$

$$= \Phi(1.67)$$

$$= 0.9525$$

(2) 设 n 个部件中正常工作的部件数为 X,则 $X \sim B(n, 0.9)$,由棣莫弗-拉普拉斯定理得

$$P(X \geq 0.8n) = P\left(\frac{X - n \times 0.9}{\sqrt{n \times 0.9 \times 0.1}} \geq \frac{0.8n - n \times 0.9}{\sqrt{n \times 0.9 \times 0.1}}\right)$$

$$= P\left(Z \geq \frac{-0.1n}{\sqrt{n \times 0.9 \times 0.1}}\right)$$

$$= \Phi\left(\frac{0.1n}{\sqrt{n \times 0.9 \times 0.1}}\right)$$

$$\geq 0.95$$

$$= \Phi(1.645)$$

$\frac{0.1n}{\sqrt{n \times 0.9 \times 0.1}} \geq 1.645$,$n \geq 24.35$,$n$ 至少为 25 才能使系统的可靠性不低于 0.95.

 R 程序和输出:

```
> sum(dbinom(85:100,100,0.9))
[1]0.9601095
> n<-1
> while(pbinom(0.8*n,n,0.9,lower.tail=F)<0.95){n<-n+1}
> n
[1]26
```

9. 已知生男孩的概率为0.515,求在10 000个新生婴儿中女孩不少于男孩的概率.

解:设10 000个新生婴儿中男孩数目为X,则$X \sim B(10\,000, 0.515)$,女孩不少于男孩,$10\,000 - X \geq X$,即$X \leq 5\,000$,由棣莫弗-拉普拉斯定理得

$$P(X \leq 5\,000) = P\left(\frac{X - 10\,000 \times 0.515}{\sqrt{10\,000 \times 0.515 \times 0.485}} \leq \frac{5\,000 - 10\,000 \times 0.515}{\sqrt{10\,000 \times 0.515 \times 0.485}}\right)$$

$$\approx P(Z \leq -3)$$
$$= \Phi(-3)$$
$$= 1 - \Phi(3)$$
$$= 0.001\,3$$

 R 程序和输出:

```
> pbinom(5000,10000,0.515)
[1]0.001391468
```

10. 某种电子器件的寿命(单位:h)具有数学期望μ(未知),方差$\sigma^2 = 400$. 为了估计μ,随机地取n只这种器件,在时刻$t=0$投入测试(设测试是相互独立的),直到失效,测得其寿命为$X_1, \cdots, X_n$,以$\bar{X} = \frac{1}{n}\sum_{k=1}^{n} X_k$作为$\mu$的估计,为了使得$P(|\bar{X} - \mu| < 1) \geq 0.95$,问$n$至少为多少?

解:$E\left(\sum_{k=1}^{n} X_k\right) = n\mu$,$D\left(\sum_{k=1}^{n} X_k\right) = 400n$,由独立同分布的中心极限定理得,随机变量$\frac{\sum_{k=1}^{n} X_k - n\mu}{\sqrt{400n}} = \frac{\bar{X} - \mu}{20/\sqrt{n}}$近似服从$N(0, 1)$.

$$P(|\bar{X} - \mu| < 1) = P\left(\frac{-1}{20/\sqrt{n}} < \frac{\bar{X} - \mu}{20/\sqrt{n}} < \frac{1}{20/\sqrt{n}}\right)$$

$$= P\left(-\frac{\sqrt{n}}{20} < Z < \frac{\sqrt{n}}{20}\right)$$

$$= 2\Phi\left(\frac{\sqrt{n}}{20}\right) - 1$$

$$\geq 0.95$$

$\Phi\left(\dfrac{\sqrt{n}}{20}\right) \geqslant 0.975 = \Phi(1.96)$，$\dfrac{\sqrt{n}}{20} \geqslant 1.96$，$n \geqslant 1\,536.64$，$n$ 至少为 $1\,537$.

 R 程序和输出：

```
> n<-1
> while(2*pnorm(sqrt(n)/20)-1<0.95){n<-n+1}
> n
[1]1537
```

11. 某工厂每月生产 $10\,000$ 台液晶投影机，但它的液晶片车间生产液晶片的合格率为 80%，为了以 99.7% 的可能性保证出厂的液晶投影机都能装上合格的液晶片. 试问该液晶片车间每月至少应该生产多少片液晶片？

解：设需要生产 n 片液晶片，其中合格的液晶片数目为 X，则 $X \sim B(n, 0.8)$. 由棣莫弗-拉普拉斯定理得

$$\begin{aligned}
P(X \geqslant 10\,000) &= P\left(\dfrac{X - n \times 0.9}{\sqrt{n \times 0.8 \times 0.2}} \geqslant \dfrac{10\,000 - n \times 0.8}{\sqrt{n \times 0.8 \times 0.2}}\right) \\
&= P\left(Z \geqslant \dfrac{10\,000 - n \times 0.8}{\sqrt{n \times 0.8 \times 0.2}}\right) \\
&= 1 - \Phi\left(\dfrac{10\,000 - n \times 0.8}{\sqrt{n \times 0.8 \times 0.2}}\right) \\
&= \Phi\left(\dfrac{n \times 0.8 - 10\,000}{\sqrt{n \times 0.8 \times 0.2}}\right) \\
&\geqslant 0.997 \\
&= \Phi(2.75).
\end{aligned}$$

因此，$\dfrac{n \times 0.8 - 10\,000}{\sqrt{n \times 0.8 \times 0.2}} \geqslant 2.75 \Rightarrow 0.8n - 1.1\sqrt{n} - 10\,000 \geqslant 0$，

解得 $n \geqslant 12\,654.68$，所以 n 至少为 $12\,655$ 片.

 R 程序和输出：

```
> n<-1
> while(pbinom(10000,n,0.8,lower.tail=F)<0.997){n<-n+1}
> n
[1]12656
```

第6章 参数估计

§6.1 知识点归纳

6.1.1 样本与统计量

定义 6.1 研究对象的某项数量指标的值的全体称为总体. 从一个总体 X 中随机抽取 n 个个体 X_1，X_2，$\cdots$，X_n，这样取得的 $(X_1, X_2, \cdots, X_n)$ 称为总体 X 的容量为 n 的样本，X_i $(i=1, 2, \cdots, n)$ 也是随机变量，它们的观察值叫样本值，记为 $(x_1, x_2, \cdots, x_n)$.

为了使得抽取的样本能很好地反映总体的特征，并便于数据处理，对随机抽样的方法有如下要求：

(1) 代表性：每个个体 X_i $(i=1, 2, \cdots, n)$ 与总体 X 同分布；

(2) 独立性：各个体 X_i 与 X_j 之间相互独立.

满足以上两个条件的样本称为简单随机样本.

性质 6.1 简单随机样本的性质：设总体 X 的分布函数为 $F(x)$，则样本的联合分布函数为

$$F(x_1, x_2, \cdots, x_n) = \prod_{i=1}^{n} F(x_i)$$

若总体 X 具有概率分布律 $P(X=x) = p(x)$，则样本的联合分布律为

$$P(X_1 = x_1, X_2 = x_2, \cdots, X_n = x_n) = \prod_{i=1}^{n} p(x_i)$$

若总体 X 具有概率密度函数 $f(x)$，则样本的联合概率密度函数为

$$f(x_1, x_2, \cdots, x_n) = \prod_{i=1}^{n} f(x_i)$$

定义 6.2 设 $X_1, X_2, \cdots, X_n$ 是来自总体 X 的一个样本，$g(X_1, X_2, \cdots, X_n)$ 为样本的函数且不含任何未知参数，则称 $g(X_1, X_2, \cdots, X_n)$ 为统计量。统计量 $g(X_1, X_2, \cdots, X_n)$ 是随机变量，当给出样本的一组观察值 $x_1, x_2, \cdots, x_n$，$g(x_1, x_2, \cdots, x_n)$ 称为 $g(X_1, X_2, \cdots, X_n)$ 的观察值。

定义 6.3 设 $X_1, X_2, \cdots, X_n$ 是来自总体 X 的一个样本，则常用的几个统计量如下。

(1) 样本均值：$\overline{X} = \dfrac{1}{n}\sum_{i=1}^{n} X_i$

(2) 样本方差：$S^2 = \dfrac{1}{n-1}\sum_{i=1}^{n}(X_i - \overline{X})^2 = \dfrac{1}{n-1}\left(\sum_{i=1}^{n} X_i^2 - n\overline{X}^2\right)$

(3) 样本标准差：$S = \sqrt{\dfrac{1}{n-1}\sum_{i=1}^{n}(X_i - \overline{X})^2}$

(4) 样本 k 阶原点矩：$A_k = \dfrac{1}{n}\sum_{i=1}^{n} X_i^k \quad (k=1,2,\cdots)$

(5) 样本 k 阶中心矩：$B_k = \dfrac{1}{n}\sum_{i=1}^{n}(X_i - \overline{X})^k \quad (k=1,2,\cdots)$

上述几个常用的统计量表达了样本的数字特征，也称为样本矩。

定理 6.1 设 $X_1, X_2, \cdots, X_n$ 是来自总体 X 的一个样本且期望、方差存在，记作 $E(X) = \mu$，$D(X) = \sigma^2$，则 $E(\overline{X}) = \mu$，$D(\overline{X}) = \dfrac{\sigma^2}{n}$，$E(S^2) = \sigma^2$。

定义 6.4 顺序统计量：设 $X_1, X_2, \cdots, X_n$ 是来自总体 X 的一个样本，$x_1, x_2, \cdots, x_n$ 为样本的一组观察值，将样本观察值按照从小到大的顺序排列得 $x_{(1)} \leqslant x_{(2)} \leqslant \cdots \leqslant x_{(n)}$，$X_{(k)}$ 的观察值为 $x_{(k)}$，则有 $X_{(1)} \leqslant X_{(2)} \leqslant \cdots \leqslant X_{(n)}$，称 $X_{(1)}, X_{(2)}, \cdots, X_{(n)}$ 为样本的一组顺序统计量。其中 $X_{(1)} = \min\limits_{1 \leqslant i \leqslant n}\{X_i\}$ 称为极小顺序统计量，$X_{(n)} = \max\limits_{1 \leqslant i \leqslant n}\{X_i\}$ 称为极大顺序统计量，$R_n = X_{(n)} - X_{(1)}$ 称为极差。

定义 6.5 令 $\widetilde{X} = \begin{cases} X_{k+1} & (n=2k+1) \\ \dfrac{1}{2}[X_k + X_{k+1}] & (n=2k) \end{cases}$，称 $\widetilde{X}$ 为样本中位数。

定义 6.6 设 $X_1, X_2, \cdots, X_n$ 是来自总体 X 的一个样本，将 n 个样本的观察值按大小排成 $x_{(1)} \leqslant x_{(2)} \leqslant \cdots \leqslant x_{(n)}$ 的顺序，并写出分布函数

$$F_n(x) = \begin{cases} 0, & x < x_{(1)} \\ \dfrac{k}{n}, & x_{(k)} \leqslant x < x_{(k+1)}, k=1,2,\cdots,n-1 \\ 1, & x \geqslant x_{(n)} \end{cases}$$

称 $F_n(x)$ 为 X 的经验分布函数. 经验分布函数 $F_n(x)$ 可以用来估计总体 X 的理论分布函数 $F(x)$.

对于连续型随机变量,在实际中常采用直方图法求得概率密度函数. 该法基本步骤如下:①选取区间 (a, b) 包含全部样本值,等分区间为 $a = t_0 < t_1 < t_2 < \cdots < t_m = b$;②计算数据落在各区间内的频数 v_i 及频率 f_i;③在 xOy 平面上,取区间 $[t_i, t_{i+1}]$ 为底,用 $y_i = \dfrac{f_i}{t_{i+1} - t_i}$,$i = 0, 1, \cdots, m-1$ 为高,画一排坚直的长方形.

6.1.2 点估计

设总体 X 的分布函数 $F(x; \theta)$ 的形式已知,θ 是待估参数,$X_1, \cdots, X_n$ 是来自于总体 X 的样本,$x_1, \cdots, x_n$ 是相应的一组样本值,所谓点估计问题,就是构造一个适当的统计量 $\hat{\theta}(X_1, \cdots, X_n)$,用它的样本值 $\hat{\theta}(x_1, \cdots, x_n)$ 来作为 θ 的估计值. 常见的求估计量的方法有以下两种.

1. 矩估计法

用样本矩作为相应的总体矩的估计. 以连续型的总体来说明矩估计法,设总体 X 的概率密度函数为 $f(x; \theta_1, \cdots, \theta_l)$,其中 $\theta_1, \cdots, \theta_l$ 是 l 个未知参数,假设总体 X 的前 l 阶矩存在,则总体 X 的 k 阶原点矩为

$$\mu_k(\theta_1, \cdots, \theta_l) = \int_{-\infty}^{+\infty} x^k f(x; \theta_1, \cdots, \theta_l) \mathrm{d}x \quad (k = 1, 2, \cdots, l)$$

样本的 k 阶原点矩为

$$A_k = \frac{1}{n} \sum_{i=1}^{n} X_i^k \quad (k = 1, 2, \cdots, l)$$

令 $\mu_k = A_k$,解出

$$\hat{\theta}_1 = \hat{\theta}_1(X_1, \cdots, X_n), \cdots, \hat{\theta}_l = \hat{\theta}_l(X_1, \cdots, X_n)$$

它们称为未知参数 $\theta_1, \cdots, \theta_l$ 的矩估计量,$\hat{\theta}_1 = \hat{\theta}_1(x_1, \cdots, x_n), \cdots, \hat{\theta}_l = \hat{\theta}_l(x_1, \cdots, x_n)$ 称为矩估计值.

2. 极大似然法

设总体 X 的概率密度函数为 $f(x; \theta_1, \cdots, \theta_l)$,其中 $\theta_1, \cdots, \theta_l$ 为要估计的参数,$X_1, X_2, \cdots, X_n$ 为简单随机样本,相应的 $x_1, x_2, \cdots, x_n$ 为它的一组观察值,似然函数为

$$L(\theta_1, \cdots, \theta_l) = \prod_{i=1}^{n} f(x_i; \theta_1, \cdots, \theta_l)$$

使得似然函数达到最大值的 $\theta_1, \cdots, \theta_l$ 作为这些参数的估计值，记为 $\hat{\theta}_1(x_1, \cdots, x_n), \cdots,$ $\hat{\theta}_l(x_1, \cdots, x_n)$. $\hat{\theta}_1(X_1, \cdots, X_n), \cdots, \hat{\theta}_l(X_1, \cdots, X_n)$ 称为极大似然估计量.

如果总体 X 是离散型随机变量，其分布律为 $P(X = x) = p(x; \theta_1, \cdots, \theta_l)$，此时似然函数为

$$L(\theta_1, \cdots, \theta_l) = \prod_{i=1}^{n} p(x_i; \theta_1, \cdots, \theta_l)$$

若似然函数 L 关于 θ_j 可微，可采用微积分学求函数极值的一般方法，即可以通过求解方程组

$$\frac{\partial L}{\partial \theta_j} = 0 \quad (j = 1, \cdots, l)$$

求出 $\hat{\theta}_1, \cdots, \hat{\theta}_l$. 由于 $\ln x$ 是 x 的单调函数，实际中常通过求解方程组

$$\frac{\partial \ln L}{\partial \theta_j} = 0 \quad (j = 1, \cdots, l)$$

如果似然函数 L 关于 θ_j 不可微，或上述方程组不存在有限解，则极大似然估计不可以通过方程组求解，就要使用其他方法求解.

性质 6.2 设总体 X 的分布函数 $F(x; \theta)$ 的形式已知，θ 是待估参数，$X_1, \cdots, X_n$ 是来自于总体 X 的样本. 已知 θ 的函数 $u(\theta)$ 有单值的反函数 $\theta = \theta(u)$. 若 $\hat{\theta}$ 是 θ 的极大似然估计量，则 $\hat{u} = u(\hat{\theta})$ 是 $u(\theta)$ 的极大似然估计量. 该性质称为极大似然估计的不变性.

6.1.3 估计量的评选标准

定义 6.7 如果估计量 $\hat{\theta} = \theta(X_1, X_2, \cdots, X_n)$ 的数学期望 $E(\hat{\theta})$ 存在且 $E(\hat{\theta}) = \theta$，则称 $\hat{\theta}$ 是 θ 的无偏估计量.

定义 6.8 若对位置参数 θ 的一列估计量 $\hat{\theta}_n = \theta_n(X_1, X_2, \cdots, X_n)$ 有

$$\lim_{n \to +\infty} E(\hat{\theta}_n) = \theta$$

成立，则称 $\hat{\theta}_n$ 是 θ 的渐近无偏估计量.

定义 6.9 设 $\hat{\theta}_1 = \theta_1(X_1, X_2, \cdots, X_n)$ 与 $\hat{\theta}_2 = \theta_2(X_1, X_2, \cdots, X_n)$ 都是未知参数 θ 的无偏估计量，若有 $D(\hat{\theta}_1) \leq D(\hat{\theta}_2)$，则称 $\hat{\theta}_1$ 较 $\hat{\theta}_2$ 有效.

定义 6.10 设 $\hat{\theta}_n = \theta_n(X_1, X_2, \cdots, X_n)$ 是未知参数 θ 的估计量，若当 $n \to +\infty$ 时，$\hat{\theta} = \theta(X_1, X_2, \cdots, X_n)$ 依概率收敛于 θ，即对任意的 $\varepsilon > 0$，有

$$\lim_{n \to +\infty} P(|\hat{\theta}_n - \theta| > \varepsilon) = 0$$

则称 $\hat{\theta}_n$ 为 θ 的一致估计量或相合估计量.

6.1.4 正态总体统计量的分布

统计量是样本的函数,也是随机变量,其概率分布称为抽样分布. 下面介绍几种常见的来自正态总体的统计量的分布.

1. χ^2 分布

定义 6.11 设 $(X_1, X_2, \cdots, X_n)$ 是来自标准正态总体 $N(0,1)$ 的样本,则称统计量 $\chi^2 = X_1^2 + X_2^2 + \cdots + X_n^2$ 服从自由度为 n 的 χ^2 分布.

$\chi^2(n)$ 的概率密度函数为

$$f(y) = \begin{cases} \dfrac{1}{2^{\frac{n}{2}}\Gamma(n/2)} e^{-\frac{y}{2}} y^{\frac{n}{2}-1}, & y > 0 \\ 0, & y \leq 0 \end{cases}$$

性质 6.3 χ^2 分布具有以下的性质:

(1) $E(\chi^2) = n$, $D(\chi^2) = 2n$;

(2) 如果 $\chi_1^2 \sim \chi^2(n_1)$, $\chi_2^2 \sim \chi^2(n_2)$ 且 χ_1^2, χ_2^2 相互独立,则 $\chi_1^2 + \chi_2^2 \sim \chi^2(n_1 + n_2)$.

2. t 分布

定义 6.12 设 $X \sim N(0,1)$, $Y \sim \chi^2(n)$,且相互独立,则称随机变量

$$t = \frac{X}{\sqrt{Y/n}}$$

服从自由度为 n 的 t 分布,记作 $t \sim t(n)$.

$t(n)$ 的概率密度函数为

$$h(t) = \frac{\Gamma((n+1)/2)}{\sqrt{n\pi}\,\Gamma(n/2)} \left(1 + \frac{t^2}{n}\right)^{-\frac{n+1}{2}} \quad (-\infty < t < +\infty)$$

性质 6.4 t 分布具有以下的性质:

(1) 如果 $t \sim t(n)$,$n > 2$ 时有 $E(t) = 0$, $D(t) = \dfrac{n}{n-2}$;

(2) $h(t)$ 的图形关于 $t = 0$ 对称,曲线形状与正态分布密度函数的曲线形状类似. 当 $n \to +\infty$,$h(t)$ 收敛于标准正态分布的概率密度函数,但对于较小的 n,t 分布和标准正态分布之间有较大差异.

3. F 分布

定义 6.13 设 $X \sim \chi^2(m)$,$Y \sim \chi^2(n)$,且 X 与 Y 相互独立,随机变量 $F = \dfrac{X/m}{Y/n}$ 服从自由度为 (m, n) 的 F 分布,记作 $F \sim F(m, n)$.

F(m, n) 分布的概率密度函数为

$$f(u) = \begin{cases} \dfrac{\Gamma((m+n)/2)}{\Gamma(m/2)\Gamma(n/2)}\left(\dfrac{m}{n}\right)\left(\dfrac{m}{n}u\right)^{\frac{m}{2}-1}\left(1+\dfrac{m}{n}u\right)^{-\frac{m+n}{2}}, & u > 0 \\ 0, & u \leq 0 \end{cases}$$

性质 6.5 F 分布具有以下的性质：

(1) 如果 $F \sim F(m, n)$，则 $\dfrac{1}{F} \sim F(n, m)$．

(2) 如果 $F \sim F(m, n)$，则 $E(F) = \dfrac{n}{n-2}(n>2)$，$D(F) = \dfrac{n^2(2m+2n-4)}{m(n-2)^2(n-4)}(n>4)$．

定义 6.14 设随机变量 X 服从某分布且 $0 < \alpha < 1$，如果存在 x_α，使得

$$P(X > x_\alpha) = \alpha$$

则称点 x_α 为 X 的概率分布的上 α 分位点，简称为 α 分位点．

注： 一些书和计算软件里采用下分位点定义，和此处略有不同．

性质 6.6 分位点具有以下的性质：

(1) 标准正态分布的分位点 u_α 可以通过标准正态分布表查到，$u_{1-\alpha} = -u_\alpha$；

(2) $\chi^2(n)$ 的分位点 $\chi^2_\alpha(n)$ 可以通过 χ^2 分布表查到，当 $n > 45$ 时，$\chi^2_\alpha(n) \approx \dfrac{1}{2}(u_\alpha + \sqrt{2n-1})^2$；

(3) $t(n)$ 的分位点 $t_\alpha(n)$ 可以通过 t 分布表查到，$t_{1-\alpha}(n) = -t_\alpha(n)$；

(4) F(m, n) 的分位点具有以下性质：$F_{1-\alpha}(m, n) = \dfrac{1}{F_\alpha(n, m)}$．

4. 正态总体样本均值和方差的函数的分布

定理 6.2 设 $X_1, X_2, \cdots, X_n$ 是来自正态总体 $N(\mu, \sigma^2)$ 的一个样本，样本均值和方差分别为 $\overline{X} = \dfrac{1}{n}\sum_{i=1}^{n}X_i$，$S^2 = \dfrac{1}{n-1}\sum_{i=1}^{n}(X_i - \overline{X})^2$，则有：

(1) $\overline{X}$ 与 S^2 相互独立；

(2) $\dfrac{\overline{X} - \mu}{\sigma/\sqrt{n}} \sim N(0, 1)$；

(3) $\dfrac{(n-1)S^2}{\sigma^2} \sim \chi^2(n-1)$；

(4) $\dfrac{\bar{X}-\mu}{S/\sqrt{n}} \sim t(n-1)$.

定理 6.3 设 $X_1, X_2, \cdots, X_{n_1}$ 和 $Y_1, Y_2, \cdots, Y_{n_2}$ 是分别来自具有相同方差的两个正态总体 $N(\mu_1, \sigma^2)$ 和 $N(\mu_2, \sigma^2)$ 的样本，它们相互独立，则

$$\frac{(\bar{X}-\bar{Y})-(\mu_1-\mu_2)}{\sqrt{\dfrac{(n_1-1)S_1^2+(n_2-1)S_2^2}{n_1+n_2-2}}\sqrt{\dfrac{1}{n_1}+\dfrac{1}{n_2}}} \sim t(n_1+n_2-2)$$

其中 $\bar{X}, \bar{Y}$ 和 S_1^2, S_2^2 分别为两个样本的样本均值和样本方差.

定理 6.4 设 $X_1, X_2, \cdots, X_{n_1}$ 和 $Y_1, Y_2, \cdots, Y_{n_2}$ 是分别来自正态总体 $N(\mu_1, \sigma_1^2)$ 和 $N(\mu_2, \sigma_2^2)$ 的样本，它们相互独立，则

$$F = \frac{S_1^2/\sigma_1^2}{S_2^2/\sigma_2^2} \sim F(n_1-1, n_2-2)$$

其中 S_1^2, S_2^2 分别为两个样本的样本方差.

6.1.5 置信区间

定义 6.15 设总体 X 的分布函数 $F(x; \theta)$ 含有一个未知参数 θ，$X_1, \cdots, X_n$ 是来自于总体 X 的样本，对于给定的 $\alpha(0<\alpha<1)$，若由样本 $X_1, \cdots, X_n$ 确定的两个统计量 $\theta_1(X_1, \cdots, X_n)$ 和 $\theta_2(X_1, \cdots, X_n)$，使得

$$P(\theta_1 < \theta < \theta_2) = 1-\alpha$$

则称随机区间 (θ_1, θ_2) 是参数 θ 的置信水平为 $1-\alpha$ 的置信区间，θ_1 和 θ_2 分别称为双侧置信区间的置信下限和置信上限，$1-\alpha$ 称为置信水平.

求置信区间的基本步骤如下：

(1) 寻求一个样本的函数 $Q(X_1, \cdots, X_n)$，它包含待估参数 θ，但不包含其他未知参数，且 Q 的分布已知，不依赖于任何未知参数；

(2) 对于给定的置信水平 $1-\alpha$，寻求两常数 a, b，使得

$$P(a < Q < b) = 1-\alpha$$

(3) 由不等式 $a<Q<b$，求出等价的不等式 $\theta_1<\theta<\theta_2$，其中 $\theta_1 = \theta_1(X_1, \cdots, X_n)$，$\theta_2 = \theta_2(X_1, \cdots, X_n)$ 都是统计量，则随机区间 (θ_1, θ_2) 就是 θ 的置信水平为 $1-\alpha$ 的置信区间.

下面介绍一些常见的置信区间：

(1) 单个正态总体参数的置信区间如表 6-1 所示.

表 6-1

条件	待估参数	置信区间
σ^2 已知	μ	$\left(\overline{X} - \dfrac{\sigma_0}{\sqrt{n}} u_{\frac{\alpha}{2}},\ \overline{X} + \dfrac{\sigma_0}{\sqrt{n}} u_{\frac{\alpha}{2}}\right)$
σ^2 未知	μ	$\left(\overline{X} - \dfrac{S}{\sqrt{n}} t_{\frac{\alpha}{2}}(n-1),\ \overline{X} + \dfrac{S}{\sqrt{n}} t_{\frac{\alpha}{2}}(n-1)\right)$
μ 已知	σ^2	$\left(\dfrac{\sum\limits_{i=1}^{n}(X_i-\mu)^2}{\chi^2_{\frac{\alpha}{2}}(n)},\ \dfrac{\sum\limits_{i=1}^{n}(X_i-\mu)^2}{\chi^2_{1-\frac{\alpha}{2}}(n)}\right)$
μ 未知	σ^2	$\left(\dfrac{(n-1)S^2}{\chi^2_{\frac{\alpha}{2}}(n-1)},\ \dfrac{(n-1)S^2}{\chi^2_{1-\frac{\alpha}{2}}(n-1)}\right)$

(2) 两个正态总体参数的置信区间如表 6-2 所示.

表 6-2

条件	待估参数	置信区间
$\sigma_1^2,\ \sigma_2^2$ 已知	$\mu_1 - \mu_2$	$\left(\overline{X} - \overline{Y} - u_{\frac{\alpha}{2}}\sqrt{\dfrac{\sigma_1^2}{m} + \dfrac{\sigma_2^2}{n}},\ \overline{X} - \overline{Y} + u_{\frac{\alpha}{2}}\sqrt{\dfrac{\sigma_1^2}{m} + \dfrac{\sigma_2^2}{n}}\right)$
$\sigma_1^2,\ \sigma_2^2$ 未知	$\mu_1 - \mu_2$	$\left(\overline{X} - \overline{Y} - t_{\frac{\alpha}{2}}(m+n-2) S_w \sqrt{\dfrac{1}{m} + \dfrac{1}{n}},\ \overline{X} - \overline{Y} + t_{\frac{\alpha}{2}}(m+n-2) S_w \sqrt{\dfrac{1}{m} + \dfrac{1}{n}}\right)$
$\mu_1,\ \mu_2$ 已知	σ_1^2 / σ_2^2	$\left(\dfrac{\sum\limits_{i=1}^{m}(X_i-\mu)^2/m}{\sum\limits_{j=1}^{n}(Y_j-\mu)^2/n} \dfrac{1}{F_{\frac{\alpha}{2}}(m,n)},\ \dfrac{\sum\limits_{i=1}^{m}(X_i-\mu)^2/m}{\sum\limits_{j=1}^{n}(Y_j-\mu)^2/n} \dfrac{1}{F_{1-\frac{\alpha}{2}}(m,n)}\right)$
$\mu_1,\ \mu_2$ 未知	σ_1^2 / σ_2^2	$\left(\dfrac{S_1^2}{S_2^2} \dfrac{1}{F_{\frac{\alpha}{2}}(m-1,n-1)},\ \dfrac{S_1^2}{S_2^2} \dfrac{1}{F_{1-\frac{\alpha}{2}}(m-1,n-1)}\right)$

其中 $S_w^2 = \dfrac{(m-1)S_1^2 + (n-1)S_2^2}{m+n-2}$.

(3) 大样本参数的置信区间 ($n \geqslant 50$) 如下.

① 一般总体数学期望的置信区间如表 6-3 所示.

表6-3

条件	待估参数	置信区间
σ^2 已知	μ	$\left(\overline{X} - \dfrac{\sigma}{\sqrt{n}} u_{\frac{\alpha}{2}},\ \overline{X} + \dfrac{\sigma}{\sqrt{n}} u_{\frac{\alpha}{2}}\right)$
σ^2 未知	μ	$\left(\overline{X} - \dfrac{S}{\sqrt{n}} u_{\frac{\alpha}{2}},\ \overline{X} + \dfrac{S}{\sqrt{n}} u_{\frac{\alpha}{2}}\right)$

② 0-1 分布参数的置信区间:

参数 p 的置信水平为 $1-\alpha$ 的近似置信区间为 (p_1, p_2),其中 $p_1 = \dfrac{1}{2a}(-b - \sqrt{b^2 - 4ac})$,$p_2 = \dfrac{1}{2a}(-b + \sqrt{b^2 - 4ac})$,$a = n + u_{\frac{\alpha}{2}}^2$,$b = -(2n\overline{X} + u_{\frac{\alpha}{2}}^2)$,$c = n\overline{X}^2$.

(4) 单侧置信区间如下.

定义 6.16 设总体 X 的分布函数 $F(x;\theta)$ 含有一个未知参数 θ,$X_1, \cdots, X_n$ 是来自于总体 X 的样本,对于给定的 α $(0 < \alpha < 1)$,若存在统计量 $\hat{\theta}_1 = \hat{\theta}_1(X_1, \cdots, X_n)$,使得

$$P(\hat{\theta}_1 < \theta) = 1 - \alpha$$

则称随机区间 $(\theta_1, +\infty)$ 是参数 θ 的置信水平为 $1-\alpha$ 的单侧置信区间,$\hat{\theta}_1$ 称为单侧置信下限. 若存在统计量 $\hat{\theta}_2 = \hat{\theta}_2(X_1, \cdots, X_n)$,使得

$$P(\theta < \hat{\theta}_2) = 1 - \alpha$$

则称随机区间 $(-\infty, \theta_2)$ 是参数 θ 的置信水平为 $1-\alpha$ 的单侧置信区间,$\hat{\theta}_2$ 称为单侧置信上限.

§6.2 例题讲解

例1 设某炸药厂一天中发生着火现象的次数 X 服从参数为 λ 的泊松分布,λ 未知,有以下的样本值,试用矩法估计参数 λ.

着火的次数 k	0	1	2	3	4	5	6
发生 k 次着火的天数 n_k	75	90	54	22	6	2	1

解: 从总体 X 中抽出了容量为 250 的样本,记为 $X_1, \cdots, X_{250}$. 其观察值 $x_1, \cdots, x_{250}$ 中有 75 个取值是 0,90 个取值是 1,……1 个取值是 6. 先求出总体 X 的一阶原

点矩：

$$E(X) = \sum_{i=0}^{+\infty} i \times P(X=i) = \sum_{i=0}^{+\infty} i \times \frac{\lambda^i}{i!} e^{-\lambda} = \lambda$$

样本的一阶原点矩为 $\overline{X} = \frac{1}{n}\sum_{i=1}^{n} x_i$，令样本的一阶原点矩等于总体的一阶原点矩，$\overline{X} = \lambda$，即

$$\hat{\lambda} = \overline{X}$$

$\hat{\lambda} = \overline{X}$ 为参数 λ 的矩估计量. 代入观察值，得到 λ 的矩估计值为

$$\hat{\lambda} = \overline{x} = \frac{1}{250} \times (0 \times 75 + 1 \times 90 + \cdots + 6 \times 1) = 1.22$$

例 2 设总体 $X \sim U[a, b]$，a, b 未知，$X_1, \cdots, X_n$ 是一个样本，求 a, b 的矩估计量.

解：先求出总体 X 的一阶和二阶原点矩

$$E(X) = \frac{a+b}{2}$$

$$E(X^2) = D(X) + [E(X)]^2 = \frac{(b-a)^2}{12} + \frac{(a+b)^2}{4}$$

样本的一阶和二阶原点矩分别为 $A_1 = \overline{X} = \frac{1}{n}\sum_{i=1}^{n} X_i$，$A_2 = \frac{1}{n}\sum_{i=1}^{n} X_i^2$

$$A_1 = \frac{a+b}{2}$$

$$A_2 = \frac{(b-a)^2}{12} + \frac{(a+b)^2}{4}$$

解上述方程组得

$$\hat{a} = A_1 - \sqrt{3(A_2 - A_1^2)} = \overline{X} - \sqrt{\frac{3}{n}\sum_{i=1}^{n}(X_i - \overline{X})^2}$$

$$\hat{b} = A_1 + \sqrt{3(A_2 - A_1^2)} = \overline{X} + \sqrt{\frac{3}{n}\sum_{i=1}^{n}(X_i - \overline{X})^2}$$

例 3 设 $X \sim N(\mu, \sigma^2)$，μ, σ^2 为未知参数，$x_1, \cdots, x_n$ 是来自 X 的一个样本值，求 μ, σ^2 的极大似然估计量.

解：X 的密度函数为

$$f(x; \mu, \sigma^2) = \frac{1}{\sqrt{2\pi}\sigma} e^{-\frac{(x-\mu)^2}{2\sigma^2}}$$

似然函数为

$$L(\mu,\sigma^2) = \prod_{i=1}^{n}f(x_i;\mu,\sigma^2) = (2\pi)^{-\frac{n}{2}}(\sigma^2)^{-\frac{n}{2}}e^{-\frac{\sum_{i=1}^{n}(x_i-\mu)^2}{2\sigma^2}}$$

$$\ln L(\mu,\sigma^2) = -\frac{n}{2}\ln(2\pi) - \frac{n}{2}\ln(\sigma^2) - \frac{\sum_{i=1}^{n}(x_i-\mu)^2}{2\sigma^2}$$

令 $\frac{\partial \ln L}{\partial \mu}=0$, $\frac{\partial \ln L}{\partial \sigma^2}=0$，即

$$\frac{1}{\sigma^2}\left[\left(\sum_{i=1}^{n}x_i\right) - n\mu\right] = 0$$

$$-\frac{n}{2\sigma^2} + \frac{1}{2(\sigma^2)^2}\sum_{i=1}^{n}(x_i-\mu)^2 = 0$$

解得 μ，σ^2 的极大似然估计值为

$$\hat{\mu} = \frac{1}{n}\sum_{i=1}^{n}x_i = \bar{x}, \quad \hat{\sigma}^2 = \frac{1}{n}\sum_{i=1}^{n}(x_i - \bar{x})^2$$

μ，σ^2 的极大似然估计量为

$$\hat{\mu} = \frac{1}{n}\sum_{i=1}^{n}X_i = \bar{X}, \quad \hat{\sigma}^2 = \frac{1}{n}\sum_{i=1}^{n}(X_i - \bar{X})^2$$

例4 设总体 X 的密度函数为

$$f(x;\theta) = \begin{cases} 2e^{-2(x-\theta)}, & x \geq \theta \\ 0, & \text{其他} \end{cases}$$

θ 是未知参数，$x_1,\cdots,x_n$ 是来自 X 的一组样本值，求 θ 的极大似然估计量.

解：似然函数为

$$L(\theta) = \prod_{i=1}^{n}f(x_i;\theta) = \begin{cases} \prod_{i=1}^{n}2e^{-2(x_i-\theta)}, & x_1,x_2,\cdots,x_n \geq \theta \\ 0, & \text{其他} \end{cases}$$

$x_1, x_2, \cdots, x_n \geq \theta$ 等价于 $\theta \leq \min\{x_i\}$. 当 $\theta \leq \min\{x_i\}$ 时，$L(\theta) = 2^n e^{-2\sum_{i=1}^{n}(x_i-\theta)}$.

$$\ln L(\theta) = n\ln 2 - 2\sum_{i=1}^{n}(x_i - \theta)$$

因为 $\frac{d \ln L}{d\theta}=2n>0$，$L(\theta)$ 是 θ 的单调增加函数，又 $\theta \leq \min\{x_i\}$，所以 $L(\theta)$ 在 $\theta = \min\{x_i\}$

处取得最大值，θ 的极大似然估计值为
$$\hat{\theta} = \min\{x_i\}$$
θ 的极大似然估计量为
$$\hat{\theta} = \min\{X_i\}$$

例5 设总体 $X \sim P(\lambda)$，λ 是未知参数，$x_1, \cdots, x_n$ 是来自 X 的一组样本值，求 $P(X=0)$ 的极大似然估计量.

解：X 的分布律为
$$P(X = x) = \frac{\lambda^x}{x!}e^{-\lambda}, \quad x = 0, 1, 2, \cdots$$

似然函数为
$$L(\lambda) = \prod_{i=1}^{n}\frac{\lambda^{x_i}}{x_i!}e^{-\lambda} = \frac{\lambda^{\sum_{i=1}^{n}x_i}}{x_1!\cdots x_n!}e^{-n\lambda}$$

$$\ln L(\lambda) = \left(\sum_{i=1}^{n}x_i\right)\ln\lambda - n\lambda - \sum_{i=1}^{n}\ln(x_i!)$$

令 $\dfrac{\mathrm{d}\ln L}{\mathrm{d}\lambda} = \dfrac{1}{\lambda}\sum_{i=1}^{n}x_i - n = 0$，解得 λ 的极大似然估计值为
$$\hat{\lambda} = \frac{1}{n}\sum_{i=1}^{n}x_i = \bar{x}$$

因为 $P(X=0) = e^{-\lambda}$ 具有单值反函数，根据极大似然估计的不变性得，$P(X=0)$ 的极大似然估计值为 $e^{-\bar{x}}$，极大似然估计量为 $e^{-\bar{X}}$.

例6 设总体 X 服从指数分布，其概率密度函数为
$$f(x; \lambda) = \begin{cases} \lambda e^{-\lambda x}, & x > 0 \\ 0, & \text{其他} \end{cases}$$

其中 $\lambda > 0$ 是未知参数，$X_1, \cdots, X_n$ 是来自 X 的一组样本，$Z = \min\{X_1, \cdots, X_n\}$，试证：(1) $\bar{X}$ 与 nZ 都是 $\theta = \dfrac{1}{\lambda}$ 的无偏估计量；(2) $n > 1$ 时，$\bar{X}$ 比 nZ 有效.

证明：(1) 因为 $E(\bar{X}) = E(X) = \dfrac{1}{\lambda}$，所以 $\bar{X}$ 是 $\theta = \dfrac{1}{\lambda}$ 的无偏估计量.

$Z = \min\{X_1, \cdots, X_n\}$，$X_i \sim E(\lambda)$. X_i 的概率密度函数和分布函数分别为
$$f_{X_i}(x) = \begin{cases} \lambda e^{-\lambda x}, & x > 0 \\ 0, & \text{其他} \end{cases}$$

第6章 参数估计

$$F_{X_i}(x) = \begin{cases} 1 - e^{-\lambda x}, & x > 0 \\ 0, & \text{其他} \end{cases}$$

Z 的分布函数为

$$F_Z(x) = 1 - [1 - F(x)]^n = \begin{cases} 1 - e^{-n\lambda x}, & x > 0 \\ 0, & \text{其他} \end{cases}$$

Z 的概率密度函数为

$$f_Z(x) = F'_Z(x) = \begin{cases} n\lambda e^{-n\lambda x}, & x > 0 \\ 0, & \text{其他} \end{cases}$$

$Z = \min\{X_1, \cdots, X_n\}$ 服从参数为 $n\lambda$ 的指数分布，$E(Z) = \dfrac{1}{n\lambda}$，$E(nZ) = nE(Z) = \dfrac{1}{\lambda}$，$nZ$ 是 $\theta = \dfrac{1}{\lambda}$ 的无偏估计量.

(2) $D(\overline{X}) = \dfrac{1}{n}D(X) = \dfrac{1}{n\lambda^2}$，$D(nZ) = n^2 D(Z) = n^2 \times \dfrac{1}{n^2\lambda^2} = \dfrac{1}{\lambda^2}$，所以当 $n > 1$ 时，$D(\overline{X}) < D(nZ)$，$\overline{X}$ 比 nZ 有效.

例7 设 X_1, X_2, X_3 是总体 $N(2,9)$ 的一组样本，求：(1) $P(\overline{X} > 3)$；(2) $P(|\overline{X} - 2| > 1)$；(3) $P(S^2 > 26.955)$；(4) $P(\max\{X_1, X_2, X_3\} > 4)$；(5) $P(\min\{X_1, X_2, X_3\} < 0)$.

解：(1) 因为 $\overline{X} \sim N(2,3)$，所以 $P(\overline{X} > 3) = 1 - \Phi\left(\dfrac{3-2}{\sqrt{3}}\right) \approx 1 - \Phi(0.58) = 0.281.$

(2) $P(|\overline{X} - 2| > 1) = 1 - P(|\overline{X} - 2| \leq 1) = 1 - P\left(-\dfrac{1}{\sqrt{3}} \leq \dfrac{\overline{X} - 2}{\sqrt{3}} \leq \dfrac{1}{\sqrt{3}}\right) = 1 - \left[\Phi\left(\dfrac{1}{\sqrt{3}}\right) - \Phi\left(-\dfrac{1}{\sqrt{3}}\right)\right] = 2 - 2\Phi\left(\dfrac{1}{\sqrt{3}}\right) \approx 2[1 - \Phi(0.58)] = 0.562.$

(3) 因为 $\dfrac{(3-1)S^2}{9} \sim \chi^2(2)$，所以 $P(S^2 > 26.955) = P\left(\dfrac{2S^2}{9} > 5.99\right) \approx 0.05.$

(4) $P(\max\{X_1, X_2, X_3\} > 4) = 1 - P(\max\{X_1, X_2, X_3\} \leq 4)$
$= 1 - P(X_1 \leq 4, X_2 \leq 4, X_3 \leq 4)$
$= 1 - P(X_1 \leq 4)P(X_2 \leq 4)P(X_3 \leq 4)$
$= 1 - \left[\Phi\left(\dfrac{4-2}{3}\right)\right]^3$
$= 0.58$

(5) $P(\min\{X_1, X_2, X_3\} < 0) = 1 - P(\min\{X_1, X_2, X_3\} \geq 0)$

$$= 1 - P(X_1 \geq 0,\ X_2 \geq 0,\ X_3 \geq 0)$$
$$= 1 - P(X_1 \geq 0)P(X_2 \geq 0)P(X_3 \geq 0)$$
$$= 1 - \left[1 - \Phi\left(\frac{0-2}{3}\right)\right]^3$$
$$= 0.58$$

 R 程序和输出：

```
####(1)
> pnorm(3,mean=2,sd=sqrt(3),lower.tail=F)
[1]0.2818514
> sim<-10000
> p1<-numeric(sim)
> for(i in 1:sim){
+ p1[i]<-(mean(rnorm(3,mean=2,sd=3))>3)
+ }
> mean(p1)
[1]0.2817
>
####(2)
pnorm(3,mean=2,sd=sqrt(3),lower.tail=F)+pnorm(1,mean=2,sd=sqrt(3))
[1]0.5637029
> sim<-10000
> p2<-numeric(sim)
> for(i in 1:sim){
+ p2[i]<-(abs(mean(rnorm(3,mean=2,sd=3))-2)>1)
+ }
> mean(p2)
[1]0.5626
>
####(3)
> pchisq(5.99,df=2,lower.tail=F)
[1]0.05003663
> sim<-10000
> p3<-numeric(sim)
```

```
> for(i in 1:sim){
+ p3[i] <- (var(rnorm(3,mean = 2,sd = 3)) >26.955)
+ }
> mean(p3)
[1]0.051
>
####(4)
> 1 - pnorm(2/3)^3
[1]0.5823172
> sim <- 10000
> p4 <- numeric(sim)
> for(i in 1:sim){
+ p4[i] <- (max(rnorm(3,mean = 2,sd = 3)) >4)
+ }
> mean(p4)
[1]0.5803
####(5)
> 1 - (1 - pnorm(-2/3))^3
[1]0.5823172
> sim <- 10000
> p5 <- numeric(sim)
> for(i in 1:sim){
+ p5[i] <- (min(rnorm(3,mean = 2,sd = 3)) <0)
+ }
> mean(p5)
[1]0.5815
```

例8 设 $X_1, X_2, \cdots, X_{10}$ 与 $Y_1, Y_2, \cdots, Y_{15}$ 分别是总体 $N(20,3)$ 的两个独立样本,求 $P(|\bar{X}-\bar{Y}|>0.1)$.

解: $\bar{X}-\bar{Y} \sim N\left(0, \dfrac{3}{10}+\dfrac{3}{15}\right)$,即 $\bar{X}-\bar{Y} \sim N(0,0.5)$.

$$P(|\bar{X}-\bar{Y}|>0.1) = 1 - P(|\bar{X}-\bar{Y}| \leq 0.1)$$
$$= 1 - P\left(\dfrac{|\bar{X}-\bar{Y}|}{\sqrt{0.5}} \leq \dfrac{0.1}{\sqrt{0.5}}\right)$$

$$\approx 1 - P\left(-0.14 \leq \frac{\overline{X} - \overline{Y}}{\sqrt{0.5}} \leq 0.14\right)$$
$$= 2 - 2\Phi(0.14)$$
$$= 0.8886$$

R 程序和输出：

```
> 2-2*pnorm(0.1/sqrt(0.5))
[1]0.8875371
> sim<-10000
> p<-numeric(sim)
> for(i in 1:sim){
+ p[i]<-(abs(mean(rnorm(10,20,sqrt(3)))-mean(rnorm(15,20,sqrt(3))))>
0.1)
+ }
>mean(p)
[1]0.8855
```

例9 已知幼儿身高服从正态分布，现从 5～6 岁的幼儿中随机地抽查了 9 人，其高度（单位：cm）分别为：115，120，131，115，109，115，115，105，110；假设标准差 $\sigma_0 = 7$，置信度为 95%，试求总体均值 μ 的置信区间.

解： 已知 $\sigma_0 = 7$，$n = 9$，$\alpha = 0.05$，由样本值算得 $\bar{x} = \frac{1}{9} \times (115 + 120 + \cdots + 110) = 115$. 查正态分布表得临界值 $z_{0.025} = 1.96$，所以置信区间为

$$\left(115 - 1.96 \times \frac{7}{\sqrt{9}}, 115 + 1.96 \times \frac{7}{\sqrt{9}}\right) \approx (110.43, 119.57)$$

R 程序和输出：

```
> z.int<-function(x,sigma,alpha){
+ n<-length(x)
+ xbar<-mean(x)
+ u<-qnorm(1-alpha/2)
+ c(xbar-sigma*u/sqrt(n),xbar+sigma*u/sqrt(n))
+ }
```

```
> x <- c(115,120,131,115,109,115,115,105,110)
> z.int(x,7,0.05)
[1]110.4268  119.5732
```

例 10 用仪器测量温度,重复测量 7 次,测得温度(单位:℃)分别为:120,113.4,111.2,114.5,112.0,112.9,113.6;设温度 $X \sim N(\mu, \sigma^2)$,在置信度为 95% 时,试求总体均值 μ 的置信区间.

解:已知 $n=7$,$\alpha=0.05$,由样本值算得 $\bar{x} = \dfrac{1}{7} \times (120 + \cdots + 113.6) \approx 113.94$,$s = 2.88$. 查 t 分布表得临界值 $t_{0.025}(6) = 2.447$,所以置信区间为

$$\left(113.94 - 2.447 \times \dfrac{2.88}{\sqrt{7}}, 113.94 + 2.447 \times \dfrac{2.88}{\sqrt{7}}\right) \approx (111.28, 116.60)$$

R 程序和输出:

```
> t.int <- function(x,alpha){
+ xbar <- mean(x)
+ n <- length(x)
+ s <- sqrt(var(x))
+ t <- qt(1-alpha/2,n-1)
+ c(xbar-t*s/sqrt(n),xbar+t*s/sqrt(n))
+ }
> x <- c(120,113.4,111.2,114.5,112,112.9,113.6)
> t.int(x,0.05)
[1]111.2785  116.6072
```

例 11 设某机床加工的零件长度 $X \sim N(\mu, \sigma^2)$,今抽查 16 个零件,测得长度(单位:mm)分别为:12.15,12.12,12.01,12.08,12.09,12.16,12.03,12.01,12.06,12.13,12.07,12.11,12.08,12.01,12.03,12.06,在置信度为 95% 时,试求总体方差 σ^2 的置信区间.

解:已知 $n=9$,$\alpha=0.05$,由样本值算得 $s^2 = 0.00244$,查 χ^2 分布表得 $\chi^2_{\alpha/2}(n-1) = \chi^2_{0.025}(15) = 27.5$,$\chi^2_{1-\alpha/2}(n-1) = \chi^2_{0.975}(15) = 6.26$,参数 σ^2 的置信区间为

$$\left(\dfrac{(n-1)s^2}{\chi^2_{\alpha/2}(n-1)}, \dfrac{(n-1)s^2}{\chi^2_{1-\alpha/2}(n-1)}\right) = \left(\dfrac{15 \times 0.00244}{27.5}, \dfrac{15 \times 0.00244}{6.26}\right) \approx (0.0013, 0.0059)$$

R 程序和输出：

```
> chisq.int <- function(x,alpha){
+ n <- length(x)
+ c((n-1)*var(x)/qchisq(1-alpha/2,n-1),(n-1)*var(x)/qchisq(alpha/2,n-1))
+ }
> x <- c(12.15,12.12,12.01,12.08,12.09,12.16,12.03,12.01,
+ 12.06,12.13,12.07,12.11,12.08,12.01,12.03,12.06)
> chisq.int(x,0.05)
[1] 0.001331471  0.005844649
```

例 12 为比较甲、乙两类试验田的收获量，随机抽取甲类试验田 8 块，乙类试验田 10 块，分别测得其收获量如下：

甲类：12.6，10.2，11.7，12.3，11.1，10.5，10.6，12.2

乙类：8.6，7.9，9.3，10.7，11.2，11.4，9.8，9.5，10.1，8.5

假设两类试验田的收获量分别服从 $N(\mu_1, \sigma^2)$，$N(\mu_2, \sigma^2)$ 且两个总体独立，μ_1，μ_2 及 σ^2 都是未知的，试求 $\mu_1 - \mu_2$ 的置信水平为 0.95 的置信区间.

解： $m=8$，$n=10$，$m+n-2=16$，$\alpha=0.05$，$t_{\alpha/2}(m+n-2)=t_{0.025}(16)=2.12$，由已知数据计算得 $\bar{x}=11.4$，$s_1^2=0.851$，$\bar{y}=9.7$，$s_2^2=1.378$，$s_w=\sqrt{\dfrac{(m-1)s_1^2+(n-1)s_2^2}{m+n-2}}=$

$\sqrt{\dfrac{8\times 0.851+9\times 1.378}{16}}=1.07$.

$\mu_1-\mu_2$ 的置信水平为 0.95 的置信区间为

$$\left(\bar{x}-\bar{y}-t_{\alpha/2}(m+n-2)s_w\sqrt{\dfrac{1}{m}+\dfrac{1}{n}},\ \bar{x}-\bar{y}+t_{\alpha/2}(m+n-2)s_w\sqrt{\dfrac{1}{m}+\dfrac{1}{n}}\right)$$

$$=\left(11.4-9.7-2.12\times 1.07\times\sqrt{\dfrac{1}{8}+\dfrac{1}{10}},\ 11.4-9.7+2.12\times 1.07\times\sqrt{\dfrac{1}{8}+\dfrac{1}{10}}\right)$$

$$\approx (0.624, 2.776).$$

R 程序和输出：

```
> twosample <- function(x,y,alpha=0.05){
```

```
+   m <- length(x)
+   n <- length(y)
+   xbar <- mean(x)
+   ybar <- mean(y)
+   sp <- sqrt((var(x)*(m-1)+var(y)*(n-1))/(m+n-2))
+   LB <- xbar-ybar-qt(1-alpha/2,m+n-2)*sp*sqrt(1/m+1/n)
+   UB <- xbar-ybar+qt(1-alpha/2,m+n-2)*sp*sqrt(1/m+1/n)
+   c(LB,UB)
+ }
> x <- c(12.6,10.2,11.7,12.3,11.1,10.5,10.6,12.2)
> y <- c(8.6,7.9,9.3,10.7,11.2,11.4,9.8,9.5,10.1,8.5)
> twosample(x,y)
[1] 0.6228305   2.7771695
```

例13 研究由机器 A 与机器 B 生产的钢管的内径，随机抽取机器 A 生产的产品 18 只，测得其样本方差为 $S_A^2 = 0.34(\text{mm}^2)$，随机抽取机器 B 生产的产品 13 只，测得其样本方差为 $S_B^2 = 0.29(\text{mm}^2)$．设 σ_A^2，σ_B^2 分别为 A，B 所测定的测量值总体的方差．设总体均为正态的，求方差比 $\dfrac{\sigma_A^2}{\sigma_B^2}$ 的置信水平为 0.90 的置信区间．

解： $m = 18$，$n = 13$，$S_A^2 = 0.34$，$S_B^2 = 0.29$，$\alpha = 0.10$，查 F 分布表得

$$F_{\alpha/2}(m-1, n-1) = F_{0.05}(17, 12) = 2.59$$

$$F_{1-\alpha/2}(m-1, n-1) = F_{0.95}(17, 12) = \frac{1}{F_{0.05}(12, 17)} = \frac{1}{2.38} = 0.42$$

$\dfrac{\sigma_A^2}{\sigma_B^2}$ 的置信水平为 $1-\alpha = 0.90$ 的置信区间为

$$\left(\frac{S_A^2}{S_B^2 F_{\alpha/2}(m-1,n-1)}, \frac{S_A^2}{S_B^2 F_{1-\alpha/2}(m-1,n-1)} \right)$$

$$= \left(\frac{0.34}{0.29 \times 2.59}, \frac{0.34}{0.29 \times 0.42} \right)$$

$$\approx (0.45, 2.79)$$

R 程序和输出：

```
> alpha = 0.10
```

```
> m <- 18
> n <- 13
> sa2 <- 0.34
> sb2 <- 0.29
> LB <- sa2/(sb2 * qf(1 - alpha/2, m-1, n-1))
> UB <- sa2/(sb2 * qf(alpha/2, m-1, n-1))
> c(LB,UB)
[1] 0.4539245  2.7911118
```

例 14 设在一大批产品中抽取 100 个产品,得一级品 60 个,求这批产品一级品率 p 的置信度为 0.95 的置信区间.

解: 令 $X_i = \begin{cases} 1, & \text{第 } i \text{ 个产品为一级品} \\ 0, & \text{第 } i \text{ 个产品不是一级品} \end{cases}$,则 $X_1, \cdots, X_{100}$ 是来自 0-1 分布的总体 X 的样本, $X \sim B(1, p)$. 由题知, $n = 100$, $\bar{x} = \frac{60}{100} = 0.6$, $\alpha = 0.05$, 查正态分布表得 $u_{\alpha/2} = u_{0.025} = 1.96$, $u_{\alpha/2}^2 = u_{0.025}^2 = 3.8416$.

$$a = u_{\alpha/2}^2 + n = 103.84, \quad b = -(2n\bar{x} + u_{\alpha/2}^2) = -123.84, \quad c = n\bar{x}^2 = 36$$

所以

$$p_1 = \frac{1}{2a}(-b - \sqrt{b^2 - 4ac}) = 0.5, \quad p_2 = \frac{1}{2a}(-b + \sqrt{b^2 - 4ac}) = 0.69$$

因此,这批产品一级品率 p 的置信度为 0.95 的置信区间为 (0.5, 0.69).

 R 程序和输出:

```
> bp <- function(n,m,alpha){
+ x <- m/n
+ a <- n + (qnorm(alpha/2))^2
+ b <- (-2 * n * x - (qnorm(alpha/2))^2)
+ c <- n * x^2
+ LB <- (-b - sqrt(b^2 - 4 * a * c))/(2 * a)
+ UB <- (-b + sqrt(b^2 - 4 * a * c))/(2 * a)
+ c(LB,UB)
+ }
```

```
> bp(100,60,0.05)
[1]0.5020026  0.6905987
```

§6.3 习题解答

1. 总体 $X \sim N(\mu, \sigma^2)$，其中 μ 已知，σ^2 未知，$X_1, X_2, \cdots, X_n$ 是该总体的一个样本，

(1) 写出 $(X_1, X_2, \cdots, X_n)$ 的联合概率密度函数；

(2) 指出 $\sum_{i=1}^{n} X_i^2, \max_{1 \leq i \leq n}\{X_i\}, \dfrac{\sum_{i=1}^{n}(X_i-\mu)^2}{\sigma^2}, \sum_{i=1}^{n} X_i + \mu$ 中哪些是统计量，为什么？

解：(1) $(X_1, X_2, \cdots, X_n)$ 的联合概率密度函数为

$$f(x_1,\cdots,x_n) = \prod_{i=1}^{n} \frac{1}{\sqrt{2\pi}\sigma} e^{-\frac{(x_i-\mu)^2}{2\sigma^2}} = (2\pi)^{-n/2} \sigma^{-n} e^{-\frac{1}{2\sigma^2}\sum_{i=1}^{n}(x_i-\mu)^2}$$

(2) $\sum_{i=1}^{n} X_i^2, \max_{1 \leq i \leq n}\{X_i\}, \sum_{i=1}^{n} X_i + \mu$ 是统计量. $\dfrac{\sum_{i=1}^{n}(X_i-\mu)^2}{\sigma^2}$ 不是统计量，因为其含有未知参数.

2. 设 $(-2, -1.2, 1.5, 2.3, 3.5)$ 是容量为 5 的一组样本观察值，试求经验分布函数，并画出其图形.

解：将样本按从小到大排序得 $-2, -1.2, 1.5, 2.3, 3.5$. 经验分布函数为

$$F_n(x) = \begin{cases} 0, & x < -2 \\ \dfrac{1}{5}, & -2 \leq x < -1.2 \\ \dfrac{2}{5}, & -1.2 \leq x < 1.5 \\ \dfrac{3}{5}, & 1.5 \leq x < 2.3 \\ \dfrac{4}{5}, & 2.3 \leq x < 3.5 \\ 1, & x \geq 3.5 \end{cases}$$

其经验分布函数的图形如图 6-1 所示.

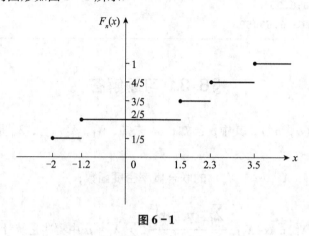

图 6-1

 R 程序和输出：

```
> x <- c(-2,-1.2,1.5,2.3,3.5)
> plot(ecdf(x),col = "red")
> abline(v = 0)
```

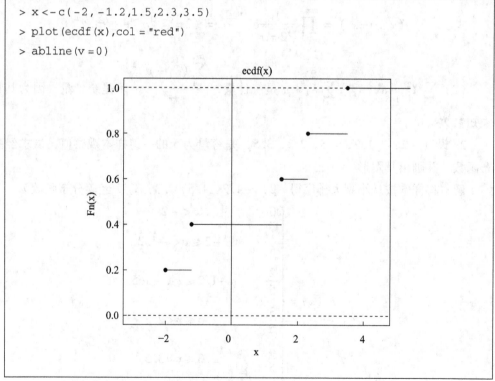

3. 总体 X 服从参数为 λ 的指数分布，其概率密度函数为 $f(x) = \begin{cases} \lambda e^{-\lambda x}, & x > 0 \\ 0, & x \leq 0 \end{cases}$，$\lambda > 0$，$X_1, X_2, \cdots, X_n$ 为 X 的一个样本，$X_{(1)}, X_{(2)}, \cdots, X_{(n)}$ 为样本的顺序统计量，求最大和最小顺序统计量 $X_{(n)}, X_{(1)}$ 的概率密度函数.

解：$f(x) = \begin{cases} \lambda e^{-\lambda x}, & x > 0 \\ 0, & x \leq 0 \end{cases}$, $F(x) = \int_{-\infty}^{x} f(t)\,dt = \begin{cases} 1 - e^{-\lambda x}, & x > 0 \\ 0, & x \leq 0 \end{cases}$

$X_{(n)} = \max\{X_1, \cdots, X_n\}$ 的分布函数为

$$\begin{aligned}
F_{X_{(n)}}(x) &= P(\max\{X_1, \cdots, X_n\} \leq x) \\
&= P(X_1 \leq x, \cdots, X_n \leq x) \\
&= P(X_1 \leq x) \times \cdots \times P(X_n \leq x) \\
&= [F(x)]^n \\
&= \begin{cases} [1 - e^{-\lambda x}]^n, & x > 0 \\ 0, & x \leq 0 \end{cases}
\end{aligned}$$

$X_{(n)}$ 的概率密度函数为

$$f_{X_{(n)}}(x) = F'_{X_{(n)}}(x) = \begin{cases} n\lambda e^{-\lambda x}(1 - e^{-\lambda x})^{n-1}, & x > 0 \\ 0, & x \leq 0 \end{cases}$$

$X_{(1)} = \min\{X_1, \cdots, X_n\}$ 的分布函数为

$$\begin{aligned}
F_{X_{(1)}}(x) &= P(\min\{X_1, \cdots, X_n\} \leq x) \\
&= 1 - P(\min\{X_1, \cdots, X_n\} > x) \\
&= 1 - P(X_1 > x, \cdots, X_n > x) \\
&= 1 - P(X_1 > x) \times \cdots \times P(X_n > x) \\
&= 1 - [1 - P(X_1 \leq x)] \times \cdots \times [1 - P(X_n \leq x)] \\
&= 1 - [1 - F(x)]^n \\
&= \begin{cases} 1 - e^{-n\lambda x}, & x > 0 \\ 0, & x \leq 0 \end{cases}
\end{aligned}$$

$X_{(1)}$ 的概率密度函数为

$$f_{X_{(1)}}(x) = F'_{X_{(1)}}(x) = \begin{cases} n\lambda e^{-n\lambda x}, & x > 0 \\ 0, & x \leq 0 \end{cases}$$

$X_{(1)}$ 服从参数为 $n\lambda$ 的指数分布.

4. 某钢铁厂在正常生产的条件下，测得 120 炉铁水含碳量 X 的数据如下，试用直方图近似画出 X 的概率密度函数曲线.

4.53 4.59 4.44 4.53 4.72 4.72 4.57 4.39 4.57 4.59 4.56 4.47 4.52
4.55 4.73 4.67 4.40 4.62 4.57 4.62 4.57 4.53 4.57 4.57 4.72 4.77
4.52 4.44 4.42 4.59 4.57 4.66 4.60 4.64 4.60 4.62 4.43 4.50 4.67
4.52 4.68 4.57 4.59 4.59 4.84 4.73 4.53 4.58 4.67 4.79 4.70 4.52
4.60 4.60 4.48 4.51 4.50 4.55 4.85 4.61 4.78 4.50 4.61 4.48 4.78
4.57 4.48 4.40 4.60 4.61 4.28 4.66 4.47 4.43 4.42 4.92 4.44 4.57
4.47 4.42 4.57 4.55 4.60 4.54 4.50 4.39 4.69 4.52 4.60 4.56 4.53
4.33 4.58 4.36 4.57 4.41 4.54 4.50 4.60 4.50 4.60 4.52 4.43 4.51
4.63 4.37 4.53 4.50 4.30 4.55 4.65 4.54 4.48 4.68 4.40 4.51 4.49
4.54 4.42 4.50

解：

 R 程序和输出：

```
> x<-c(4.53,4.59,4.44,4.53,4.72,4.72,4.57,4.39,4.57,4.59,4.56,4.47,
+4.52,4.55,4.73,4.67,4.40,4.62,4.57,4.62,4.57,4.53,4.57,4.57,4.72,
+4.77,4.52,4.44,4.42,4.59,4.57,4.66,4.60,4.64,4.60,4.62,4.43,4.50,
+4.67,4.52,4.68,4.57,4.59,4.59,4.84,4.73,4.53,4.58,4.67,4.79,4.70,
+4.52,4.60,4.60,4.48,4.51,4.50,4.55,4.85,4.61,4.78,4.50,4.61,4.48,
+4.78,4.57,4.48,4.40,4.60,4.61,4.28,4.66,4.47,4.43,4.42,4.92,4.44,
+4.57,4.47,4.42,4.57,4.55,4.60,4.54,4.50,4.39,4.69,4.52,4.60,4.56,
+4.53,4.33,4.58,4.36,4.57,4.41,4.54,4.50,4.60,4.50,4.60,4.52,4.43,
+4.51,4.63,4.37,4.53,4.50,4.30,4.55,4.65,4.54,4.48,4.68,4.40,4.51,
+4.49,4.54,4.42,4.50)
> hist(x,breaks=10,freq=F,col="green")
> lines(density(x),col="red",lwd=2)
```

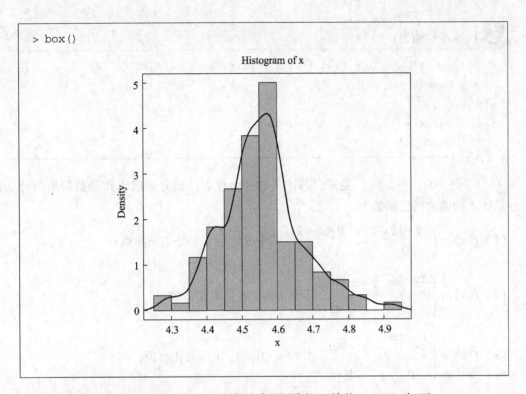

5. 从一批垫圈中随机地取 10 个，测得它们的厚度（单位：mm）如下：

1.23, 1.24, 1.26, 1.29, 1.20, 1.32, 1.23, 1.29, 1.28, 1.23

试求这批垫圈厚度的数学期望和方差的矩估计值.

解：因为 $E(X) = \mu$，$E(X^2) = \sigma^2 + \mu^2$，令 $\begin{cases} \mu = \overline{X} \\ \sigma^2 + \mu^2 = \dfrac{1}{n}\sum\limits_{i=1}^{n} X_i^2 \end{cases}$，解得 μ 和 σ^2 的矩估计量为

$$\hat{\mu} = \overline{X}, \quad \hat{\sigma}^2 = \frac{1}{n}\sum_{i=1}^{n} X_i^2 - \overline{X}^2 = \frac{1}{n}\sum_{i=1}^{n}(X_i - \overline{X})^2$$

所以垫圈厚度 μ 和 σ^2 的估计值为

$$\hat{\mu} = \overline{x} = \frac{1.23 + 1.24 + \cdots + 1.23}{10} = 1.257$$

$$\hat{\sigma}^2 = \frac{1}{n}\sum_{i=1}^{n}(x_i - \overline{x})^2 = 0.001\,241$$

R 程序和输出：

```
> x<-c(1.23,1.24,1.26,1.29,1.20,1.32,1.23,1.29,1.28,1.23)
> mean(x)
[1]1.257
> var(x)*(length(x)-1)/length(x)
[1]0.001241
```

6. 设 $(X_1,\cdots,X_n)$ 是来自总体 X 的一个样本，试分别求未知参数的矩估计. 设总体 X 的概率密度函数为

(1) $f(x)=\begin{cases}(\theta+1)x^\theta, & 0<x<1 \\ 0, & \text{其他}\end{cases}$，其中 $\theta>-1$，θ 是未知参数；

(2) $f(x)=\begin{cases}\dfrac{x}{\theta^2}e^{-\frac{x^2}{2\theta^2}}, & x>0 \\ 0, & \text{其他}\end{cases}$，其中 $\theta>0$，θ 是未知参数；

(3) $f(x)=\begin{cases}\dfrac{1}{\theta}e^{-\frac{x-\mu}{\theta}}, & x\geq\mu \\ 0, & \text{其他}\end{cases}$，其中 $\theta>0$，θ,μ 是未知参数；

(4) $f(x)=\begin{cases}1, & \theta-\dfrac{1}{2}\leq x\leq\theta+\dfrac{1}{2} \\ 0, & \text{其他}\end{cases}$，其中 θ 是未知参数.

解：(1) $E(X)=\int_0^1 x(\theta+1)x^\theta \mathrm{d}x=\dfrac{\theta+1}{\theta+2}$，令 $\dfrac{\theta+1}{\theta+2}=\overline{X}$，解得 $\hat{\theta}=\dfrac{1-2\overline{X}}{\overline{X}-1}$.

(2) $E(X)=\int_0^{+\infty}x\dfrac{x}{\theta^2}e^{-\frac{x^2}{2\theta^2}}\mathrm{d}x=\sqrt{2}\theta\int_0^{+\infty}t^{1/2}e^{-t}\mathrm{d}t=\sqrt{2}\theta\Gamma\left(\dfrac{3}{2}\right)=\dfrac{\sqrt{2\pi}\theta}{2}$，令 $\dfrac{\sqrt{2\pi}\theta}{2}=\overline{X}$，解得 $\hat{\theta}=\sqrt{\dfrac{2}{\pi}}\overline{X}$.

(3) $E(X)=\int_\mu^{+\infty}\dfrac{x}{\theta}e^{-\frac{x-\mu}{\theta}}\mathrm{d}x=\int_0^{+\infty}(\mu+\theta t)e^{-t}\mathrm{d}t=\mu+\theta$，

$E(X^2)=\int_\mu^{+\infty}\dfrac{x^2}{\theta}e^{-\frac{x-\mu}{\theta}}\mathrm{d}x=\int_0^{+\infty}(\mu+\theta t)^2 e^{-t}\mathrm{d}t=\mu^2+2\mu\theta+2\theta^2$，

令 $\mu+\theta=\overline{X}$，$\mu^2+2\mu\theta+2\theta^2=\dfrac{1}{n}\sum_{i=1}^n X_i^2$，解得 $\hat{\theta}=\sqrt{\dfrac{1}{n}\sum_{i=1}^n(X_i-\overline{X})^2}$，$\hat{\mu}=\overline{X}-$

$\sqrt{\dfrac{1}{n}\sum\limits_{i=1}^{n}(X_i-\overline{X})^2}$.

(4) $E(X) = \int_{\theta-\frac{1}{2}}^{\theta+\frac{1}{2}} x\mathrm{d}x = \theta$，令 $\theta = \overline{X}$，解得 $\hat{\theta} = \overline{X}$.

7. 求第 6 题中未知参数的极大似然估计量.

解：(1) 设 $x_1, \cdots, x_n$ 为样本观察值，似然函数为

$$L(\theta) = \prod_{i=1}^{n} f(x_i) = (\theta+1)^n [x_1 x_2 \cdots x_n]^{\theta},\ 0 < x_1, \cdots, x_n < 1$$

$$\ln L(\theta) = n\ln(\theta+1) + \theta \sum_{i=1}^{n} \ln x_i$$

似然方程为 $\dfrac{\mathrm{d}\ln L(\theta)}{\mathrm{d}\theta} = \dfrac{n}{\theta+1} + \sum\limits_{i=1}^{n} \ln x_i = 0$，解得 $\hat{\theta} = -\dfrac{n}{\sum\limits_{i=1}^{n}\ln x_i} - 1$，所以 θ 的

极大似然估计量为 $\hat{\theta} = -\dfrac{n}{\sum\limits_{i=1}^{n}\ln X_i} - 1$.

(2) 设 $x_1, \cdots, x_n$ 为样本观察值，似然函数为

$$L(\theta) = \prod_{i=1}^{n} f(x_i) = \dfrac{x_1 x_2 \cdots x_n}{\theta^{2n}} e^{-\frac{1}{2\theta^2}\sum\limits_{i=1}^{n} x_i^2},\ x_1, \cdots, x_n > 0$$

$$\ln L(\theta) = \sum_{i=1}^{n} \ln x_i - 2n\ln\theta - \dfrac{1}{2\theta^2}\sum_{i=1}^{n} x_i^2$$

似然方程为 $\dfrac{\mathrm{d}\ln L(\theta)}{\mathrm{d}\theta} = -\dfrac{2n}{\theta} + \dfrac{1}{\theta^3}\sum\limits_{i=1}^{n} x_i^2 = 0$，解得 $\hat{\theta} = \sqrt{\dfrac{\sum\limits_{i=1}^{n} x_i^2}{2n}}$，所以 θ 的极大似

然估计量为 $\hat{\theta} = \sqrt{\dfrac{\sum\limits_{i=1}^{n} X_i^2}{2n}}$.

(3) 设 $x_1, \cdots, x_n$ 为样本观察值，似然函数为

$$L(\theta,\mu) = \prod_{i=1}^{n} f(x_i) = \dfrac{1}{\theta^n} e^{-\frac{1}{\theta}\sum\limits_{i=1}^{n}(x_i-\mu)},\ x_1, \cdots, x_n \geq \mu$$

$$\ln L(\theta,\mu) = -n\ln\theta - \dfrac{1}{\theta}\sum_{i=1}^{n}(x_i-\mu),\ x_1, \cdots, x_n \geq \mu$$

$\dfrac{\partial \ln L(\theta,\mu)}{\partial \mu} = \dfrac{n}{\theta} > 0$，$L(\theta,\mu)$ 是 μ 的增函数，又 $\mu \leq x_{(1)} = \min\{x_1, \cdots, x_n\}$，所

以 $\hat{\mu} = x_{(1)}$.

另外，令 $\dfrac{\partial \ln L(\theta,\hat{\mu})}{\partial \theta} = -\dfrac{n}{\theta} + \dfrac{1}{\theta^2}\sum_{i=1}^{n}(x_i - \hat{\mu}) = 0$，

解得 $\hat{\theta} = \bar{x} - \hat{\mu} = \bar{x} - x_{(1)}$ 所以 θ, μ 的极大似然估计量为 $\hat{\theta} = \bar{X} - X_{(1)}$，$\hat{\mu} = X_{(1)}$.

(4) 设 $x_1, \cdots, x_n$ 为样本观察值，似然函数为

$$L(\theta) = \prod_{i=1}^{n} f(x_i) = 1, \quad \theta - \dfrac{1}{2} \leq x_1, \cdots, x_n \leq \theta + \dfrac{1}{2}$$

$\theta - \dfrac{1}{2} \leq x_1, \cdots, x_n \leq \theta + \dfrac{1}{2}$ 等价于 $x_{(n)} - \dfrac{1}{2} \leq \theta \leq x_{(1)} + \dfrac{1}{2}$，其中 $x_{(n)} = \max\{x_1, \cdots, x_n\}$，$x_{(1)} = \min\{x_1, \cdots, x_n\}$.

所以 θ 取区间 $\left[x_{(n)} - \dfrac{1}{2}, x_{(1)} + \dfrac{1}{2}\right]$ 上任一点时，$L(\theta)$ 取极大值 1.

θ 的极大似然估计量为区间 $\left[X_{(n)} - \dfrac{1}{2}, X_{(1)} + \dfrac{1}{2}\right]$ 上任一点.

8. 设总体 $X \sim B(m, p)$，$0 < p < 1$，m 已知. $(X_1, \cdots, X_n)$ 为总体 X 的样本，求参数 p 的矩估计量和极大似然估计量.

解：（1）$E(X) = mp$，令 $mp = \bar{X}$ 解得矩估计量为 $\hat{p} = \dfrac{\bar{X}}{m}$.

（2）似然函数为

$$L(p) = \prod_{i=1}^{n} f(x_i) = \prod_{i=1}^{n} C_m^{x_i} p^{x_i}(1-p)^{m-x_i} = \left(\prod_{i=1}^{n} C_m^{x_i}\right) p^{\sum_{i=1}^{n} x_i}(1-p)^{mn - \sum_{i=1}^{n} x_i}$$

$$\ln L(p) = \ln\left(\prod_{i=1}^{n} C_m^{x_i}\right) + \sum_{i=1}^{n} x_i \ln p + \left(mn - \sum_{i=1}^{n} x_i\right)\ln(1-p)$$

似然方程为 $\dfrac{\mathrm{d}\ln L(p)}{\mathrm{d}p} = \dfrac{1}{p}\sum_{i=1}^{n} x_i - \dfrac{1}{1-p}\left(mn - \sum_{i=1}^{n} x_i\right) = 0$，解得 $\hat{p} = \dfrac{\bar{x}}{m}$，所以 p 的极大似然估计量为 $\hat{p} = \dfrac{\bar{X}}{m}$.

9. 设总体 $X \sim P(\lambda)$（$\lambda > 0$），$(X_1, \cdots, X_n)$ 为总体 X 的样本. 试问参数 λ 的极大似然估计量是无偏估计量吗？

解： 似然函数为

$$L(\lambda) = \prod_{i=1}^{n} f(x_i) = \prod_{i=1}^{n} \dfrac{\lambda^{x_i}}{x_i!} e^{-\lambda} = \dfrac{\lambda^{\sum_{i=1}^{n} x_i} e^{-n\lambda}}{x_1! x_2! \cdots x_n!}$$

$$\ln L(\lambda) = \left(\sum_{i=1}^{n} x_i\right)\ln \lambda - n\lambda - \ln(x_1!x_2!\cdots x_n!)$$

似然方程为 $\dfrac{\mathrm{d}\ln L(\lambda)}{\mathrm{d}\lambda} = \dfrac{1}{\lambda}\sum_{i=1}^{n} x_i - n = 0$，解得 $\hat{\lambda} = \bar{x}$，所以 λ 的极大似然估计量为 $\hat{\lambda} = \bar{X}$.

$E(\bar{X}) = E(X) = \lambda$，参数 λ 的极大似然估计量是无偏估计量.

10. 设总体 X 的概率密度为

$$f(x) = \begin{cases} \dfrac{1}{\theta}, & 0 < x \leq \theta \\ 0, & \text{其他} \end{cases}$$

其中 $\theta > 0$，θ 是未知参数. (X_1, X_2, X_3) 是总体 X 的容量为 3 的样本，试证 $\dfrac{4}{3}\max\limits_{1 \leq i \leq 3}\{X_i\}$ 与 $4\min\limits_{1 \leq i \leq 3}\{X_i\}$ 都是 θ 的无偏估计量，问哪个更有效？

解：$f(x) = \begin{cases} \dfrac{1}{\theta}, & 0 < x \leq \theta \\ 0, & \text{其他} \end{cases}$，$F(x) = \int_{-\infty}^{x} f(t)\mathrm{d}t = \begin{cases} 0, & x \leq 0 \\ \dfrac{x}{\theta}, & 0 < x \leq \theta \\ 1, & x > \theta \end{cases}$

$X_{(3)} = \max\{X_1, X_2, X_3\}$ 的分布函数为

$$\begin{aligned}
F_{X_{(3)}}(x) &= P(\max\{X_1, X_2, X_3\} \leq x) \\
&= P(X_1 \leq x, X_2 \leq x, X_3 \leq x) \\
&= P(X_1 \leq x)P(X_2 \leq x)P(X_n \leq x) \\
&= [F(x)]^3 \\
&= \begin{cases} 0, & x \leq 0 \\ \dfrac{x^3}{\theta^3}, & 0 < x \leq \theta \\ 1, & x > \theta \end{cases}
\end{aligned}$$

$X_{(3)}$ 的概率密度函数为 $f_{X_{(3)}}(x) = F'_{X_{(3)}}(x) = \begin{cases} \dfrac{3x^2}{\theta^3}, & 0 < x \leq \theta \\ 0, & \text{其他} \end{cases}$.

$E\left(\dfrac{4}{3}\max\limits_{1 \leq i \leq 3}\{X_i\}\right) = \dfrac{4}{3}\int_0^{\theta} x \times \dfrac{3x^2}{\theta^3}\mathrm{d}x = \theta$，故 $\dfrac{4}{3}\max\limits_{1 \leq i \leq 3}\{X_i\}$ 是 θ 的无偏估计量.

$E\left[\left(\dfrac{4}{3}\max\limits_{1 \leq i \leq 3}\{X_i\}\right)^2\right] = \left(\dfrac{4}{3}\right)^2\int_0^{\theta} x^2 \times \dfrac{3x^2}{\theta^3}\mathrm{d}x = \dfrac{16}{15}\theta^2$

$$D\left(\frac{4}{3}\max_{1\leq i\leq 3}X_i\right) = \frac{16}{15}\theta^2 - \theta^2 = \frac{1}{15}\theta^2$$

$X_{(1)} = \min\{X_1, X_2, X_3\}$ 的分布函数为

$$\begin{aligned}
F_{X_{(1)}}(x) &= P(\min\{X_1, X_2, X_3\} \leq x) \\
&= 1 - P(\min\{X_1, X_2, X_3\} > x) \\
&= 1 - P(X_1 > x, X_2 > x, X_3 > x) \\
&= 1 - P(X_1 > x)P(X_2 > x)P(X_3 > x) \\
&= 1 - [1 - P(X_1 \leq x)][1 - P(X_2 \leq x)][1 - P(X_3 \leq x)] \\
&= 1 - [1 - F(x)]^3 \\
&= \begin{cases} 0, & x \leq 0 \\ 1 - \left(1 - \dfrac{x}{\theta}\right)^3, & 0 < x \leq \theta \\ 1, & x > \theta \end{cases}
\end{aligned}$$

$X_{(1)}$ 的概率密度函数为 $f_{X_{(1)}}(x) = F'_{X_{(1)}}(x) = \begin{cases} \dfrac{3}{\theta}\left(1 - \dfrac{x}{\theta}\right)^2, & 0 < x \leq \theta \\ 0, & \text{其他} \end{cases}$

$$E(4\min_{1\leq i\leq 3}\{X_i\}) = 4\int_0^\theta x \times \frac{3}{\theta}\left(1 - \frac{x}{\theta}\right)^2 dx = 12\theta\int_0^1 t(1-t)^2 dt = \theta,$$

故 $4\min_{1\leq i\leq 3}\{X_i\}$ 是 θ 的无偏估计量.

$$E\left[\left(4\min_{1\leq i\leq 3}\{X_i\}\right)^2\right] = 16\int_0^\theta x^2 \times \frac{3}{\theta}\left(1 - \frac{x}{\theta}\right)^2 dx = 48\theta^2\int_1^0 t^2(1-t)^2 dt = \frac{8}{5}\theta^2$$

$$D\left(4\min_{1\leq i\leq 3}\{X_i\}\right) = \frac{8}{5}\theta^2 - \theta^2 = \frac{3}{5}\theta^2$$

因为 $D\left(\dfrac{4}{3}\max_{1\leq i\leq 3}\{X_i\}\right) < D\left(4\min_{1\leq i\leq 3}\{X_i\}\right)$,所以 $\dfrac{4}{3}\max_{1\leq i\leq 3}\{X_i\}$ 更有效.

11. 若 $(X_1, \cdots, X_n)$ 为总体 X 的样本,欲使得 $\hat{\sigma}^2 = k\sum_{i=1}^{n-1}(X_{i+1} - X_i)^2$ 是总体 X 的方差 σ^2 的无偏估计量,问 k 取什么值?

解:

$$\begin{aligned}
E(\hat{\sigma}^2) &= k\sum_{i=1}^{n-1} E[(X_{i+1} - X_i)^2] \\
&= k\sum_{i=1}^{n-1} E(X_{i+1}^2 - 2X_{i+1}X_i + X_i^2)
\end{aligned}$$

$$= k \sum_{i=1}^{n-1} [E(X_{i+1}^2) - 2E(X_{i+1})E(X_i) + E(X_i^2)]$$

$$= k \sum_{i=1}^{n-1} \{2E(X^2) - 2[E(X)]^2\}$$

$$= 2k(n-1)\sigma^2$$

令 $2k(n-1)\sigma^2 = \sigma^2$，解得 $k = \dfrac{1}{2(n-1)}$.

12. 设总体 $X \sim N(\mu, \sigma^2)$，(X_1, X_2, X_3) 是来自 X 的样本，试证明下列估计量：

$$\hat{\mu}_1 = \frac{1}{5}X_1 + \frac{3}{10}X_2 + \frac{1}{2}X_3,$$

$$\hat{\mu}_2 = \frac{1}{3}X_1 + \frac{1}{4}X_2 + \frac{5}{12}X_3,$$

$$\hat{\mu}_3 = \frac{1}{3}X_1 + \frac{1}{6}X_2 + \frac{1}{2}X_3,$$

都是 μ 的无偏估计量，并说明它们哪个更有效.

解： $E(\hat{\mu}_1) = \dfrac{1}{5}E(X_1) + \dfrac{3}{10}E(X_2) + \dfrac{1}{2}E(X_3) = \dfrac{1}{5}\mu + \dfrac{3}{10}\mu + \dfrac{1}{2}\mu = \mu$

$E(\hat{\mu}_2) = \dfrac{1}{3}E(X_1) + \dfrac{1}{4}E(X_2) + \dfrac{5}{12}E(X_3) = \dfrac{1}{3}\mu + \dfrac{1}{4}\mu + \dfrac{5}{12}\mu = \mu$

$E(\hat{\mu}_3) = \dfrac{1}{3}E(X_1) + \dfrac{1}{6}E(X_2) + \dfrac{1}{2}E(X_3) = \dfrac{1}{3}\mu + \dfrac{1}{6}\mu + \dfrac{1}{2}\mu = \mu$

所以 $\hat{\mu}_1, \hat{\mu}_2, \hat{\mu}_3$ 都是 μ 的无偏估计量.

$$D(\hat{\mu}_1) = \left(\frac{1}{5}\right)^2 D(X_1) + \left(\frac{3}{10}\right)^2 D(X_2) + \left(\frac{1}{2}\right)^2 D(X_3)$$

$$= \left(\frac{1}{5}\right)^2 \sigma^2 + \left(\frac{3}{10}\right)^2 \sigma^2 + \left(\frac{1}{2}\right)^2 \sigma^2 = \frac{19}{50}\sigma^2$$

$$D(\hat{\mu}_2) = \left(\frac{1}{3}\right)^2 D(X_1) + \left(\frac{1}{4}\right)^2 D(X_2) + \left(\frac{5}{12}\right)^2 D(X_3)$$

$$= \left(\frac{1}{3}\right)^2 \sigma^2 + \left(\frac{1}{4}\right)^2 \sigma^2 + \left(\frac{5}{12}\right)^2 \sigma^2 = \frac{25}{72}\sigma^2$$

$$D(\hat{\mu}_3) = \left(\frac{1}{3}\right)^2 D(X_1) + \left(\frac{1}{6}\right)^2 D(X_2) + \left(\frac{1}{2}\right)^2 D(X_3)$$

$$= \left(\frac{1}{3}\right)^2 \sigma^2 + \left(\frac{1}{6}\right)^2 \sigma^2 + \left(\frac{1}{2}\right)^2 \sigma^2 = \frac{7}{18}\sigma^2$$

因为 $\frac{25}{72}\sigma^2 < \frac{19}{50}\sigma^2 < \frac{7}{18}\sigma^2$，所以 $\hat{\mu}_2$ 最有效.

13. 为了估计总体平均值，抽取容量足够大的样本，使得样本平均值偏离总体平均值不超过总体标准差的 20% 的概率为 0.95，求样本容量.

解：样本容量足够大，根据中心极限定理得，$\overline{X} \sim N\left(\mu, \dfrac{\sigma^2}{n}\right)$.

$0.95 = P(|\overline{X} - \mu| \leqslant 0.2\sigma) = P\left(\dfrac{\overline{X}-\mu}{\sigma/\sqrt{n}} \leqslant 0.2\sqrt{n}\right) = \Phi(0.2\sqrt{n}) - \Phi(-0.2\sqrt{n}) = 2\Phi(0.2\sqrt{n}) - 1$，即 $\Phi(0.2\sqrt{n}) = 0.975 = \Phi(1.96)$，$0.2\sqrt{n} = 1.96$，$n = 96.04$，所以样本容量至少为 97.

R 程序和输出：

```
> n <- 1
> while(2 * pnorm(0.2 * sqrt(n)) - 1 < 0.95){n <- n + 1}
> n
[1] 97
```

14. 已知总体 $X \sim N(55, 6.3^2)$，从中随机地抽取容量为 $n = 36$ 的样本，求样本均值落在区间 $(53.8, 56.8)$ 的概率.

解：$\overline{X} \sim N\left(55, \dfrac{6.3^2}{36}\right) = N(55, 1.05^2)$.

$$P(53.8 < \overline{X} < 56.8) = P\left(\dfrac{53.8 - 55}{1.05} < \dfrac{\overline{X}-55}{1.05} < \dfrac{56.8-55}{1.05}\right)$$
$$\approx P(-1.14 < Z < 1.71)$$
$$= \Phi(1.71) - \Phi(-1.14)$$
$$= \Phi(1.71) + \Phi(1.14) - 1$$
$$= 0.8293$$

R 程序和输出：

```
> pnorm(56.8,55,1.05) - pnorm(53.8,55,1.05)
[1] 0.8302129
> sim <- 10000
> t <- numeric(sim)
> for(i in 1:sim)
```

```
+ {
+ a <- mean(rnorm(36,55,6.3))
+ t[i] <- ((a<56.8)&(a>53.8))
+ }
> mean(t)
[1]0.8296
```

15. 设总体 $X \sim N(0, 1)$，$(X_1, X_2, \cdots, X_n)$ 为来自 X 的样本，试问下列统计量各服从什么分布：(1) $X_1 - X_2$；(2) $\dfrac{X_1 - X_2}{\sqrt{X_3^2 + X_4^2}}$；(3) $\dfrac{\sqrt{n-1}\, X_n}{\sqrt{\sum_{i=1}^{n-1} X_i^2}}$；(4) $\dfrac{n-5}{5} \cdot \dfrac{\sum_{i=1}^{5} X_i^2}{\sum_{i=6}^{n} X_i^2}$.

解：(1) 独立正态随机变量的线性组合服从正态分布，故 $X_1 - X_2 \sim N(0, 2)$.

(2) $\dfrac{X_1 - X_2}{\sqrt{2}} \sim N(0,1)$，$X_3^2 + X_4^2 \sim \chi^2(2)$，$\dfrac{X_1 - X_2}{\sqrt{2}}$ 和 $X_3^2 + X_4^2$ 相互独立，所以

$$\dfrac{X_1 - X_2}{\sqrt{X_3^2 + X_4^2}} = \dfrac{\dfrac{X_1 - X_2}{\sqrt{2}}}{\sqrt{\dfrac{X_3^2 + X_4^2}{2}}} \sim t(2).$$

(3) $X_n \sim N(0,1)$，$\sum_{i=1}^{n-1} X_i^2 \sim \chi^2(n-1)$，$X_n$ 和 $\sum_{i=1}^{n-1} X_i^2$ 相互独立，所以 $\dfrac{\sqrt{n-1}\, X_n}{\sqrt{\sum_{i=1}^{n-1} X_i^2}} =$

$\dfrac{X_n}{\sqrt{\dfrac{\sum_{i=1}^{n-1} X_i^2}{n-1}}} \sim t(n-1).$

(4) $\sum_{i=1}^{5} X_i^2 \sim \chi^2(5)$，$\sum_{i=6}^{n} X_i^2 \sim \chi^2(n-5)$，$\sum_{i=1}^{5} X_i^2$ 和 $\sum_{i=6}^{n} X_i^2$ 相互独立，所以

$\dfrac{n-5}{5} \dfrac{\sum_{i=1}^{5} X_i^2}{\sum_{i=6}^{n} X_i^2} = \dfrac{\left(\sum_{i=1}^{5} X_i^2\right)/5}{\left(\sum_{i=6}^{n} X_i^2\right)/(n-5)} \sim F(5, n-5).$

R 程序和输出：

```
####(1)
> r1 <- function(n){
+ rnorm(n) - rnorm(n)
+ }
> 
> T1 <- function(n){
+ x = seq(-6,6,0.01)
+ truth = dnorm(x,0,sqrt(2))
+ plot(density(r1(n)),main = "Density Estimate of T1",
+ ylim = c(0,0.4),lwd = 2,lty = 2)
+ lines(x,truth,col = "red",lwd = 2)
+ legend("topright",c("True Density","Estimated Density"),
+ col = c("red","black"),lwd = 2,lty = c(1,2))
+ }
> T1(1000)
```

[Density Estimate of T1 plot: N = 1000 Bandwidth = 0.3289]

```
####(2)
> r2 <- function(n){
+ (rnorm(n) - rnorm(n))/sqrt(rnorm(n)^2 + rnorm(n)^2)
```

```
+ }
> 
> T2 <- function(n){
+ x = seq(-6,6,0.01)
+ truth = dt(x,2)
+ plot(density(r2(n)),main = "Density Estimate of T2",
+ ylim = c(0,0.4),lwd = 2,lty = 2)
+ lines(x,truth,col = "red",lwd = 2)
+ legend("topright",c("True Density","Estimated Density"),
+ col = c("red","black"),lwd = 2,lty = c(1,2))
+ }
> T2(1000)
```

(3)

```
> r3 <- function(n,k){### k is the sample size
+ sqrt(k - 1) * rnorm(n)/sqrt(rowSums(replicate(k - 1,rnorm(n)^2)))
+ }
> 
> T3 <- function(n,k){
+ x = seq(-6,6,0.01)
+ truth = dt(x,k - 1)
```

```
+ plot(density(r3(n,k)),main = "Density Estimate of T3",
+ ylim = c(0,0.4),lwd = 2,lty = 2)
+ lines(x,truth,col = "red",lwd = 2)
+ legend("topright",c("True Density","Estimated Density"),
+ col = c("red","black"),lwd = 2,lty = c(1,2))
+ }
> T3(1000,5)
```

Density Estimate of T3

```
####(4)
> r4 <- function(n,k){ ### k is the sample size
+ (k - 5)/5 * rowSums(replicate(5,rnorm(n)^2))/rowSums(replicate(k - 5,
rnorm(n)^2))
+ }
>
> T4 <- function(n,k){
+ x = seq(0,6,0.01)
+ truth = df(x,5,k - 5)
+ plot(density(r4(n,k)),main = "Density Estimate of T4",
+ ylim = c(0,1),lwd = 2,lty = 2,xlim = c(0,6))
+ lines(x,truth,col = "red",lwd = 2)
+ legend("topright",c("True Density","Estimated Density"),
```

```
+col=c("red","black"),lwd=2,lty=c(1,2))
+}
> T4(1000,20)
```

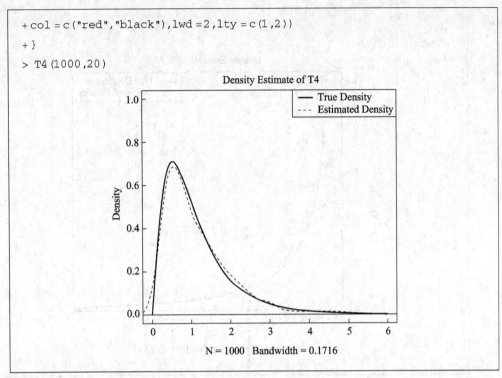

16. 若 $T \sim t(n)$，求证 $T^2 \sim F(1, n)$．

解：$T \sim t(n)$，T 可以写成 $T = \dfrac{X}{\sqrt{Y/n}}$，其中 $X \sim N(0, 1)$，$Y \sim \chi^2(n)$，而且 X 与 Y 相互独立，$X^2 \sim \chi^2(1)$，所以 $T^2 = \dfrac{X^2}{Y/n} = \dfrac{X^2/1}{Y/n} \sim F(1, n)$．

 R 程序和输出：

```
> Tsqure<-function(n,k){### k is the degrees of freedom
+x = seq(0,6,0.01)
+truth=df(x,1,k)
+plot(density(rt(n,k)^2),main="Density Estimate of T^2",
+ylim=c(0,1),lwd=2,lty=2,xlim=c(0,6))
+lines(x,truth,col="red",lwd=2)
+legend("topright",c("True Density","Estimated Density"),
+col=c("red","black"),lwd=2,lty=c(1,2))
```

```
+ }
> Tsqure(1000,6)
```

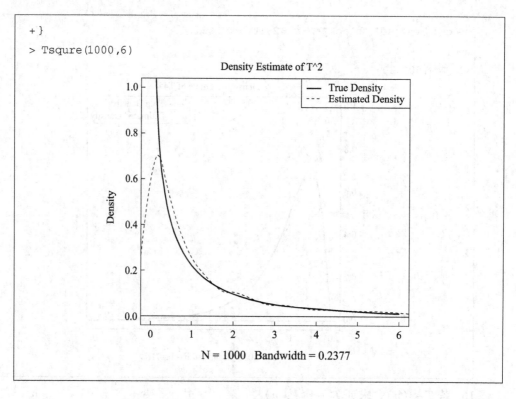

17. $(X_1, X_2, \cdots, X_{10})$ 为来自总体 $X \sim N(0, 0.3^2)$ 的一个样本，求 $P\left(\sum_{i=1}^{10} X_i^2 > 1.44\right)$.

解：$X \sim N(0, 0.3^2)$，$\dfrac{X}{0.3} \sim N(0, 1)$，$\dfrac{X^2}{0.09} \sim \chi^2(1)$.

$$P\left(\sum_{i=1}^{10} X_i^2 > 1.44\right) = P\left(\sum_{i=1}^{10} \frac{X_i^2}{0.09} > \frac{1.44}{0.09}\right)$$
$$= P[\chi^2(10) > 16]$$
$$= 0.10$$

 R 程序和输出：

```
> pchisq(16,10,lower.tail = F)
[1]0.0996324
>
> sim <-10000
```

```
> t <- numeric(sim)
> for(i in 1:sim){
+ t[i] <- (sum(replicate(10,rnorm(1,0,0.3)^2))>1.44)
+ }
> mean(t)
[1] 0.1002
```

18. 查表求下列的上侧 α 分位点：

(1) $u_{0.975}$，$u_{0.95}$，$u_{0.145}$；

(2) $\chi^2_{0.95}(5)$，$\chi^2_{0.01}(20)$，$\chi^2_{0.05}(12)$；

(3) $t_{0.99}(7)$，$t_{0.975}(20)$，$t_{0.005}(5)$；

(4) $F_{0.95}(7,3)$，$F_{0.01}(10,6)$，$F_{0.05}(12,6)$.

解：此题为上侧分位点

(1) $u_{0.975} = -u_{0.025} = -1.96$

$u_{0.95} = -u_{0.05} = -1.645$

$u_{0.145} = 1.06$

(2) $\chi^2_{0.95}(5) = 1.145$

$\chi^2_{0.01}(20) = 37.566$

$\chi^2_{0.05}(12) = 21.026$

(3) $t_{0.99}(7) = -t_{0.01}(7) = -2.998$

$t_{0.975}(20) = -t_{0.025}(20) = -2.086$

$t_{0.005}(5) = 4.0322$

(4) $F_{0.95}(7,3) = \dfrac{1}{F_{0.05}(3,7)} = \dfrac{1}{4.35} = 0.2299$

$F_{0.01}(10,6) = 7.87$

$F_{0.05}(12,6) = 4.00$

19. 设总体 $X \sim N(\mu, \sigma^2)$，$X_1, X_2, \cdots, X_n$ 为 X 的一个样本，$\overline{X}$ 为样本均值，S^2 为样本方差，求：

(1) $P(\mu - kS < \overline{X} < \mu + kS) = 0.9$ 中的常数 k；

(2) 当 $\sigma = 5$ 时，$P(S^2 > \lambda) = 0.1$ 中的常数 λ.

解：(1) $\dfrac{\overline{X}-\mu}{S/\sqrt{n}} \sim t(n-1)$，

$$0.9 = P(\mu - kS < \overline{X} < \mu + kS)$$
$$= P\left(-k\sqrt{n} < \dfrac{\overline{X}-\mu}{S/\sqrt{n}} < k\sqrt{n}\right)$$

$P\left(\dfrac{\overline{X}-\mu}{S/\sqrt{n}} > k\sqrt{n}\right) = 0.05$，$k\sqrt{n} = t_{0.05}(n-1)$，所以，$k = \dfrac{t_{0.05}(n-1)}{\sqrt{n}}$.

(2) $\dfrac{(n-1)S^2}{\sigma^2} \sim \chi^2(n-1)$，

$0.1 = P(S^2 > \lambda) = P\left[\dfrac{(n-1)S^2}{\sigma^2} > \dfrac{(n-1)\lambda}{\sigma^2}\right]$，$\dfrac{(n-1)\lambda}{\sigma^2} = \chi^2_{0.1}(n-1)$，所以，$\lambda = \dfrac{\sigma^2 \chi^2_{0.1}(n-1)}{n-1} = \dfrac{25\chi^2_{0.1}(n-1)}{n-1}$.

20. 已知两个总体 X，Y 相互独立，$X \sim N(1.8, 2^2)$，$Y \sim N(1.8, 3^2)$，分别从 X，Y 中取出容量 $n_1 = 12$，$n_2 = 30$ 的简单随机样本，样本均值分别为 $\overline{X}$，$\overline{Y}$，求 $P(|\overline{X}-\overline{Y}| \leq 0.2)$.

解：$\overline{X} \sim N\left(1.8, \dfrac{2^2}{12}\right) = N\left(1.8, \dfrac{1}{3}\right)$，$\overline{Y} \sim N\left(1.8, \dfrac{3^2}{30}\right) = N\left(1.8, \dfrac{3}{10}\right)$.

$\overline{X}$ 与 $\overline{Y}$ 相互独立，$\overline{X}-\overline{Y} \sim N\left(0, \dfrac{19}{30}\right)$.

$$P(|\overline{X}-\overline{Y}| \leq 0.2) = P\left(\dfrac{|\overline{X}-\overline{Y}|}{\sqrt{\dfrac{19}{30}}} \leq \dfrac{0.2}{\sqrt{\dfrac{19}{30}}}\right)$$
$$\approx P(|Z| \leq 0.25)$$
$$= 2\Phi(0.25) - 1$$
$$= 0.1974$$

 R 程序和输出：

```
> pnorm(0.2,0,sqrt(19/30))-pnorm(-0.2,0,sqrt(19/30))
[1]0.1984274
>
> sim<-10000
```

```
> t <- numeric(sim)
> for(i in 1:sim){
+ t[i] <- (abs(mean(rnorm(12,1.8,2))-mean(rnorm(30,1.8,3))) <= 0.2)
+ }
> mean(t)
[1] 0.1977
```

21. 从一批钉子中抽取 16 枚，测得长度（单位：cm）为

$\qquad$ 2.14, 2.10, 2.13, 2.15, 2.13, 2.12, 2.13, 2.10,

$\qquad$ 2.15, 2.12, 2.14, 2.10, 2.13, 2.11, 2.14, 2.11

设钉长服从正态分布 $N(\mu, \sigma^2)$. 试求总体数学期望 μ 的置信水平为 0.90 的置信区间，

(1) 已知 $\sigma = 0.01$ （cm）；

(2) σ 未知.

解：（1） $n = 16$，$\bar{x} = \frac{1}{16} \times (2.14 + \cdots + 2.11) = 2.125$，$\alpha = 0.10$，$u_{\alpha/2} = u_{0.05} = 1.645$，参数 μ 的置信区间为

$$\left(\bar{x} - \frac{\sigma u_{\alpha/2}}{\sqrt{n}}, \bar{x} + \frac{\sigma u_{\alpha/2}}{\sqrt{n}} \right) = \left(2.125 - \frac{0.01 \times 1.645}{\sqrt{16}}, 2.125 + \frac{0.01 \times 1.645}{\sqrt{16}} \right) = (2.121, 2.129)$$

（2） $n = 16$，$\bar{x} = \frac{1}{16} \times (2.14 + \cdots + 2.11) = 2.125$，$s = 0.01713$，$\alpha = 0.10$，$t_{\alpha/2}(n-1) = t_{0.05}(15) = 1.7531$，参数 μ 的置信区间为

$$\left(\bar{x} - \frac{s t_{\alpha/2}(n-1)}{\sqrt{n}}, \bar{x} + \frac{s t_{\alpha/2}(n-1)}{\sqrt{n}} \right)$$

$$= \left(2.125 - \frac{0.01713 \times 1.7531}{\sqrt{16}}, 2.125 + \frac{0.01713 \times 1.7531}{\sqrt{16}} \right)$$

$$\approx (2.1175, 2.1325)$$

R 程序和输出：

```
> z.int <- function(x,sigma,alpha){
+ n <- length(x)
+ xbar <- mean(x)
+ u <- qnorm(1-alpha/2)
```

```
+   c(xbar - sigma * u/sqrt(n),xbar + sigma * u/sqrt(n))
+ }
> x <- c(2.14,2.10,2.13,2.15,2.13,2.12,2.13,2.10,
+          2.15,2.12,2.14,2.10,2.13,2.11,2.14,2.11)
> z.int(x,0.01,0.1)
[1]2.120888  2.129112
>
> t.int <- function(x,alpha){
+ xbar <- mean(x)
+ n <- length(x)
+ s <- sqrt(var(x))
+ t <- qt(1 - alpha/2,n-1)
+ c(xbar - t * s/sqrt(n),xbar + t * s/sqrt(n))
+ }
> x <- c(2.14,2.10,2.13,2.15,2.13,2.12,2.13,2.10,
+          2.15,2.12,2.14,2.10,2.13,2.11,2.14,2.11)
> t.int(x,0.1)
[1]2.117494  2.132506
```

22. 为了了解某批灯泡的数学期望 μ 和标准差 σ，测量 10 个灯泡得 $\bar{x} = 1\,500$（h），$s = 20$（h）. 如果又知灯泡的使用时间服从正态分布，求 μ 和 σ 的置信水平为 0.95 的置信区间.

解： $n = 10$，$\bar{x} = 1\,500$，$s = 20$，$\alpha = 0.05$，$t_{\alpha/2}(n-1) = t_{0.025}(9) = 2.262\,2$，参数 μ 的置信区间为

$$\left(\bar{x} - \frac{st_{\alpha/2}(n-1)}{\sqrt{n}}, \bar{x} + \frac{st_{\alpha/2}(n-1)}{\sqrt{n}}\right) = \left(1\,500 - \frac{20 \times 2.262\,5}{\sqrt{10}}, 1\,500 + \frac{20 \times 2.262\,2}{\sqrt{10}}\right)$$

$$\approx (1\,485.693, 1\,514.307).$$

$\chi^2_{\alpha/2}(n-1) = \chi^2_{0.025}(9) = 19.022$，$\chi^2_{1-\alpha/2}(n-1) = \chi^2_{0.975}(9) = 2.7$，参数 σ^2 的置信区间为

$$\left(\frac{(n-1)s^2}{\chi^2_{\alpha/2}(n-1)}, \frac{(n-1)s^2}{\chi^2_{1-\alpha/2}(n-1)}\right) = \left(\frac{9 \times 20^2}{19.022}, \frac{9 \times 20^2}{2.7}\right) \approx (189.254\,5, 1\,333.333).$$

参数 σ 的置信区间为 $(\sqrt{189.254\,5}, \sqrt{1\,333.333}) \approx (13.757, 36.515)$.

R 程序和输出：

```
> t.int <- function(xbar,s,n,alpha){
+ LB <- xbar - qt(1 - alpha/2,n-1) * s/sqrt(n)
+ UB <- xbar + qt(1 - alpha/2,n-1) * s/sqrt(n)
+ c(LB,UB)
+ }
> t.int(1500,20,10,0.05)
[1]1485.693  1514.307
>
> chisq.int <- function(s,n,alpha){
+ LB <- sqrt((n-1)*(s^2)/qchisq(1 - alpha/2,n-1))
+ UB <- sqrt((n-1)*(s^2)/qchisq(alpha/2,n-1))
+ c(LB,UB)
+ }
> chisq.int(20,10,0.05)
[1]13.7567  36.5122
```

23. 设某油漆的 9 个样品，其干燥时间（单位：h）分别为

$$6.0,\ 5.7,\ 5.8,\ 6.5,\ 7.0,\ 6.3,\ 5.6,\ 6.1,\ 5.0,$$

设干燥时间总体服从正态分布 $N(\mu, \sigma^2)$，求 μ 和 σ 的置信水平为 0.95 的置信区间．

解： $n = 9$，$\bar{x} = \dfrac{1}{9} \times (6.0 + \cdots + 5.0) = 6$，$s = 0.5745$，$\alpha = 0.05$，$t_{\alpha/2}(n-1) = t_{0.025}(8) = 2.3060$，参数 μ 的置信区间为

$$\left(\bar{x} - \dfrac{st_{\alpha/2}(n-1)}{\sqrt{n}}, \bar{x} + \dfrac{st_{\alpha/2}(n-1)}{\sqrt{n}}\right) = \left(6 - \dfrac{0.5745 \times 2.3060}{\sqrt{9}}, 6 + \dfrac{0.5745 \times 2.3060}{\sqrt{9}}\right)$$

$$\approx (5.558, 6.442)$$

$\chi_{\alpha/2}^2(n-1) = \chi_{0.025}^2(8) = 17.534$，$\chi_{1-\alpha/2}^2(n-1) = \chi_{0.975}^2(8) = 2.18$，参数 σ^2 的置信区间为

$$\left(\dfrac{(n-1)s^2}{\chi_{\alpha/2}^2(n-1)}, \dfrac{(n-1)s^2}{\chi_{1-\alpha/2}^2(n-1)}\right) = \left(\dfrac{8 \times 0.5745^2}{17.534}, \dfrac{8 \times 0.5745^2}{2.18}\right) \approx (0.1506, 1.2112)$$

参数 σ 的置信区间为

$$(\sqrt{0.1506}, \sqrt{1.2112}) \approx (0.388, 1.1)$$

R 程序和输出：

```
> t.int <- function(x,alpha){
+ xbar <- mean(x)
+ n <- length(x)
+ s <- sd(x)
+ t <- qt(c(1 - alpha/2),n - 1)
+ c(xbar - t*s/sqrt(n),xbar + t*s/sqrt(n))
+ }
> x <- c(6,5.7,5.8,6.5,7.0,6.3,5.6,6.1,5)
> t.int(x,0.05)
[1] 5.558434   6.441566
> chisq.int <- function(x,alpha){
+ n <- length(x)
+ c(sqrt((n - 1)*var(x)/qchisq(1 - alpha/2,n - 1)),
+ sqrt((n - 1)*var(x)/qchisq(alpha/2,n - 1)))
+ }
> x <- c(6,5.7,5.8,6.5,7.0,6.3,5.6,6.1,5)
> chisq.int(x,0.05)
[1] 0.3880205   1.1005266
```

24. 设总体 X 服从正态分布 $N(\mu, \sigma^2)$，如果 σ^2 已知，问样本容量 n 取多大时才能保证 μ 的置信水平为 $1-\alpha$ $(0<\alpha<1)$ 的置信区间的长度不大于 L?

解：σ^2 已知，μ 的置信区间为 $\left(\bar{x} - \dfrac{\sigma u_{\alpha/2}}{\sqrt{n}}, \bar{x} + \dfrac{\sigma u_{\alpha/2}}{\sqrt{n}}\right)$，其长度为 $2\dfrac{\sigma u_{\alpha/2}}{\sqrt{n}}$. 所以 $2\dfrac{\sigma u_{\alpha/2}}{\sqrt{n}} \leq L$，即 $n \geq \dfrac{4\sigma^2 u_{\alpha/2}^2}{L^2}$.

25. 已知某零件的长度服从正态分布 $N(\mu, 0.5^2)$. 问至少应抽取多大容量的样本，才能使得样本均值 $\bar{X}$ 与总体数学期望的绝对误差不超过 0.1 的概率不低于 0.95.

解：$\bar{X} \sim N\left(\mu, \dfrac{0.5^2}{n}\right)$.

$0.95 \leq P(|\bar{X} - \mu| \leq 0.1) = P\left(\left|\dfrac{\bar{X} - \mu}{0.5/\sqrt{n}}\right| \leq 0.2\sqrt{n}\right) = \Phi(0.2\sqrt{n}) - \Phi(-0.2\sqrt{n}) =$

$2\Phi(0.2\sqrt{n}) - 1$，即 $\Phi(0.2\sqrt{n}) \geq 0.975 = \Phi(1.96)$，$0.2\sqrt{n} \geq 1.96$，$n \geq 96.04$，所以样本容量至少为 97．

 R 程序和输出：

```
> n <- 1
> while(2*pnorm(0.2*sqrt(n))-1 < 0.95){n <- n+1}
> n
[1] 97
```

26. 随机地从 A 批导线中抽取 4 根，从 B 批导线中抽取 5 根，测得其电阻分别为：
    A 批导线：0.143，0.142，0.143，0.137
    B 批导线：0.14，0.142，0.136，0.138，0.14

设两批导线的电阻分别服从 $N(\mu_1, \sigma^2)$，$N(\mu_2, \sigma^2)$，且两个总体相互独立，μ_1，μ_2 及 σ^2 都是未知的，试求 $\mu_1 - \mu_2$ 的置信水平为 0.95 的置信区间．

解： $m=4$，$n=5$，$m+n-2=7$，$\alpha=0.05$，$t_{\alpha/2}(m+n-2) = t_{0.025}(7) = 2.3646$，由数据计算得

$$\bar{x} = 0.14125,\ s_1 = 0.002872,\ \bar{y} = 0.1392,\ s_2 = 0.002280$$

$$s_w^2 = \frac{(m-1)s_1^2 + (n-1)s_2^2}{m+n-2} = \frac{3 \times 0.002872^2 + 4 \times 0.002280^2}{7}$$

$$= 0.000006506$$

$s_w = 0.002551$

$\mu_1 - \mu_2$ 的置信水平为 0.95 的置信区间为

$$\left(\bar{x} - \bar{y} - t_{\alpha/2}(m+n-2)s_w\sqrt{\frac{1}{m}+\frac{1}{n}},\ \bar{x} - \bar{y} + t_{\alpha/2}(m+n-2)s_w\sqrt{\frac{1}{m}+\frac{1}{n}}\right)$$

$$= \left(0.14125 - 0.1392 - 2.3646 \times 0.002551 \times \sqrt{\frac{1}{4}+\frac{1}{5}},\right.$$

$$\left. 0.14125 - 0.1392 + 2.3646 \times 0.002551 \times \sqrt{\frac{1}{4}+\frac{1}{5}}\right)$$

$$= (-0.001996,\ 0.006096)$$

 R 程序和输出：

```
> twosample <- function(x,y,alpha=0.05){
```

```
+ m <- length(x)
+ n <- length(y)
+ xbar <- mean(x)
+ ybar <- mean(y)
+ sp <- sqrt((var(x)*(m-1)+var(y)*(n-1))/(m+n-2))
+ LB <- xbar-ybar-qt(1-alpha/2,m+n-2)*sp*sqrt(1/m+1/n)
+ UB <- xbar-ybar+qt(1-alpha/2,m+n-2)*sp*sqrt(1/m+1/n)
+ c(LB,UB)
+ }
> x <- c(0.143,0.142,0.143,0.137)
> y <- c(0.14,0.142,0.136,0.138,0.14)
> twosample(x,y)
[1] -0.001996351  0.006096351
```

27. 设两位化验员 A，B，他们独立地对某种聚合物的含氯量用相同的方法各做了 10 次测定，其测定值的样本方差依次为 $s_A^2 = 0.5419$，$s_B^2 = 0.6065$. 设 σ_A^2，σ_B^2 分别为 A，B 所测定的测量值总体的方差. 设总体均为正态的，求方差比 $\dfrac{\sigma_A}{\sigma_B}$ 的置信水平为 0.95 的置信区间.

解：$m = 10$，$n = 10$，$s_A^2 = 0.5419$，$s_B^2 = 0.6065$，$\alpha = 0.05$，查 F 分布表得

$$F_{\alpha/2}(m-1, n-1) = F_{0.025}(9, 9) = 4.03$$

$$F_{1-\alpha/2}(m-1, n-1) = F_{0.975}(9, 9) = \frac{1}{F_{0.025}(9, 9)} = 0.2481$$

$\dfrac{\sigma_A^2}{\sigma_B^2}$ 的置信水平为 0.95 的置信区间为

$$\left(\frac{s_A^2}{s_B^2 F_{\alpha/2}(m-1,n-1)},\ \frac{s_A^2}{s_B^2 F_{1-\alpha/2}(m-1,n-1)} \right) = \left(\frac{0.5419}{0.6065 \times 4.03},\ \frac{0.5419}{0.6065 \times 0.2481} \right)$$

$$= (0.2217, 3.6013)$$

R 程序和输出：

```
> alpha = 0.05
> m <- 10
```

第6章　参数估计

```
> n <- 10
> sa2 <- 0.5419
> sb2 <- 0.6065
> LB <- sa2/(sb2 * qf(1 - alpha/2, m - 1, n - 1))
> UB <- sa2/(sb2 * qf(alpha/2, m - 1, n - 1))
> c(LB, UB)
[1] 0.2219296  3.5971743
```

28. 假定一枚硬币掷了400次，正面出现了175次，求正面出现的概率的置信水平为0.99的置信区间．这是一枚均匀的硬币吗？

解： 令 $X_i = \begin{cases} 1, & \text{第 } i \text{ 次为正面} \\ 0, & \text{第 } i \text{ 次为反面} \end{cases}$，则 $X_1, \cdots, X_{400}$ 是来自 0-1 分布的总体 X 的样本，

$X \sim B(1, p)$．由题，$n = 400$，$\bar{x} = \dfrac{175}{400} = 0.4375$，$\alpha = 0.01$，查正态分布表得 $u_{\alpha/2} = u_{0.005} = 2.575$，$u_{\alpha/2}^2 = u_{0.005}^2 = 6.631$．

$a = u_{\alpha/2}^2 + n = 406.631$，$b = -(2n\bar{x} + u_{\alpha/2}^2) = -356.631$，$c = n\bar{x}^2 = 76.5625$．所以

$p_1 = \dfrac{1}{2a}(-b - \sqrt{b^2 - 4ac}) = 0.3752$，$p_2 = \dfrac{1}{2a}(-b + \sqrt{b^2 - 4ac}) = 0.5019$

因此，正面出现的概率的置信水平0.99的置信区间是 (0.3752, 0.5019)．该区间包含0.5，这是一枚均匀硬币．

 R 程序和输出：

```
> bp <- function(n, m, alpha){
+ x <- m/n
+ a <- n + (qnorm(alpha/2))^2
+ b <- (-2 * n * x - (qnorm(alpha/2))^2)
+ c <- n * x^2
+ LB <- (-b - sqrt(b^2 - 4 * a * c))/(2 * a)
+ UB <- (-b + sqrt(b^2 - 4 * a * c))/(2 * a)
+ c(LB, UB)
+ }
> bp(400, 175, 0.01)
[1] 0.3751443  0.5018953
```

29. 从某台机器一周内生产的滚珠轴承中随机抽取 200 只,测它们的直径(单位:cm)可得样本均值为 $\bar{x} = 0.824$,样本标准差 $s = 0.042$,试求所有滚珠轴承平均直径的置信水平为 0.95 的置信区间.

解: $\alpha = 0.05$,$u_{\alpha/2} = u_{0.025} = 1.96$,所有滚珠平均直径置信水平 0.95 的置信区间为

$$\left(\bar{x} - u_{\alpha/2}\frac{s}{\sqrt{n}},\ \bar{x} + u_{\alpha/2}\frac{s}{\sqrt{n}}\right) = \left(0.824 - 1.96 \times \frac{0.042}{\sqrt{200}},\ 0.824 + 1.96 \times \frac{0.042}{\sqrt{200}}\right)$$

$$= (0.8182,\ 0.8298)$$

 R 程序和输出:

```
> z <- function(xbar,sigma,n,alpha){
+ LB <- xbar - sigma * qnorm(1 - alpha/2)/sqrt(n)
+ UB <- xbar + sigma * qnorm(1 - alpha/2)/sqrt(n)
+ c(LB,UB)
+ }
> z(0.824,0.042,200,0.05)
[1]0.8181792  0.8298208
```

30. 设 $(X_1, \cdots, X_n)$ 是总体 $X \sim P(\lambda)$ $(\lambda > 0)$ 的样本,λ 是未知参数. 试求 λ 的置信水平为 $1 - \alpha$ $(0 < \alpha < 1)$ 的置信区间.

解: 由中心极限定理知,当 n 充分大时,随机变量 $\dfrac{\sum_{i=1}^{n} X_i - n\lambda}{\sqrt{n\lambda}}$ 近似地服从正态分布 $N(0, 1)$,即 $U = \dfrac{\bar{X} - \lambda}{\sqrt{\dfrac{\lambda}{n}}} \sim N(0, 1)$.

对给定的 α,查正态分布表得 $u_{\alpha/2}$,使得

$$P\left(\left|\frac{\bar{X} - \lambda}{\sqrt{\dfrac{\lambda}{n}}}\right| < u_{\alpha/2}\right) = 1 - \alpha$$

不等式 $\left|\dfrac{\bar{X} - \lambda}{\sqrt{\dfrac{\lambda}{n}}}\right| < u_{\alpha/2}$ 等价于 $\lambda^2 - \left(2\bar{X} + \dfrac{u_{\alpha/2}^2}{n}\right)\lambda + \bar{X}^2 < 0$.

设

第6章 参数估计

$$\lambda_1 = \frac{2\overline{X} + \frac{u_{\alpha/2}^2}{n} - \sqrt{\left(2\overline{X} + \frac{u_{\alpha/2}^2}{n}\right)^2 - 4\overline{X}^2}}{2},$$

$$\lambda_2 = \frac{2\overline{X} + \frac{u_{\alpha/2}^2}{n} + \sqrt{\left(2\overline{X} + \frac{u_{\alpha/2}^2}{n}\right)^2 - 4\overline{X}^2}}{2},$$

λ 的置信水平 $1-\alpha$ 的置信区间为 (λ_1, λ_2).

31.（1）求21题中 μ 的置信水平为0.95的单侧置信上限；

（2）求22题中 σ 的置信水平为0.95的单侧置信下限；

（3）求27中方差比 $\dfrac{\sigma_A^2}{\sigma_B^2}$ 的置信水平为0.95的单侧置信上限.

解：（1）21题中 μ 的0.95单侧置信上限.

① $n=16$，$\overline{x} = \dfrac{1}{16} \times (2.14 + \cdots + 2.11) = 2.125$，$\alpha = 0.05$，$u_\alpha = u_{0.05} = 1.645$，参数 μ 的单侧置信区间为

$$\left(-\infty, \overline{x} + \frac{\sigma u_\alpha}{\sqrt{n}}\right) = \left(-\infty, 2.125 + \frac{0.01 \times 1.645}{\sqrt{16}}\right) = (-\infty, 2.1291)$$

② $n=16$，$\overline{x} = \dfrac{1}{16} \times (2.14 + \cdots + 2.11) = 2.125$，$s = 0.01713$，$\alpha = 0.05$，$t_\alpha(n-1) = t_{0.05}(15) = 1.7531$，参数 μ 的单侧置信区间为

$$\left(-\infty, \overline{x} + \frac{st_\alpha(n-1)}{\sqrt{n}}\right) = \left(-\infty, 2.125 + \frac{0.01713 \times 1.7531}{\sqrt{16}}\right) = (-\infty, 2.1325)$$

（2）22题中 σ 的0.95单侧置信下限

$n=10$，$\overline{x} = 1500$，$s=20$，$\alpha=0.05$，$\chi_\alpha^2(n-1) = \chi_{0.05}^2(9) = 16.919$，参数 σ^2 的单侧置信区间为 $\left(\dfrac{(n-1)s^2}{\chi_\alpha^2(n-1)}, +\infty\right) = \left(\dfrac{9 \times 20^2}{16.919}, +\infty\right) = (212.7785, +\infty)$.

参数 σ 的置信区间为 $(\sqrt{212.7785}, +\infty) = (14.5869, +\infty)$.

（3）27题中 $\dfrac{\sigma_A^2}{\sigma_B^2}$ 的0.95单侧置信上限.

$m=10$，$n=10$，$s_A^2 = 0.5419$，$s_B^2 = 0.6065$，$\alpha=0.05$，查F分布表得

$$F_{1-\alpha}(m-1, n-1) = F_{0.95}(9,9) = \frac{1}{F_{0.05}(9,9)} = 0.3145$$

$\dfrac{\sigma_A^2}{\sigma_B^2}$ 的置信水平为 0.95 的单侧置信区间为

$$\left(0, \dfrac{s_A^2}{s_B^2 F_{1-\alpha}(m-1, n-1)}\right) = \left(0, \dfrac{0.541\,9}{0.606\,5 \times 0.314\,5}\right) = (0, 2.841)$$

 R 程序和输出：

```
####(1)
> z.int <- function(x,sigma,alpha){
+ n <- length(x)
+ xbar <- mean(x)
+ u <- qnorm(1 - alpha)
+ xbar + sigma * u/sqrt(n)
+ }
> x <- c(2.14,2.10,2.13,2.15,2.13,2.12,2.13,2.10,
+        2.15,2.12,2.14,2.10,2.13,2.11,2.14,2.11)
> z.int(x,0.01,0.05)
[1]2.129112
>
> t.int <- function(x,alpha){
+ xbar <- mean(x)
+ n <- length(x)
+ s <- sd(x)
+ t <- qt(1 - alpha,n - 1)
+ xbar + t * s/sqrt(n)
+ }
> x <- c(2.14,2.10,2.13,2.15,2.13,2.12,2.13,2.10,
+        2.15,2.12,2.14,2.10,2.13,2.11,2.14,2.11)
> t.int(x,0.05)
[1]2.132506
####(2)
> chisq.int <- function(s,n,alpha){
+ LB <- sqrt((n - 1) * (s^2)/qchisq(1 - alpha,n - 1))
+ LB
```

```
+ }
> chisq.int(20,10,0.05)
[1]14.58694
####(3)
> alpha=0.05
> m<-10
> n<-10
> sa2<-0.5419
> sb2<-0.6065
> UB<-sa2/(sb2*qf(alpha,m-1,n-1))
> UB
[1]2.8403
```

32. 设总体 X 服从分布

$$f(x) = \begin{cases} \lambda e^{-\lambda x} &, x > 0 \\ 0 &, x < 0 \end{cases}$$

其中 $\lambda > 0$，从总体中抽取数量为 n 的样本 $(X_1, \cdots, X_n)$，求参数 λ 的置信水平为 $1-\alpha$ 的单侧置信下限.

解：如果 $X_i \sim E(\lambda)$，$i=1, 2, \cdots, n$ 且相互独立，则 $X_1 + \cdots + X_n \sim G\left(n, \frac{1}{\lambda}\right)$. 其概率密度函数为

$$f(x) = \begin{cases} \dfrac{1}{\beta^\alpha \Gamma(\alpha)} x^{\alpha-1} e^{-\frac{x}{\beta}} &, x > 0 \\ 0 &, x \leq 0 \end{cases} = \begin{cases} \dfrac{\lambda^n}{(n-1)!} x^{n-1} e^{-\lambda x} &, x > 0 \\ 0 &, x \leq 0 \end{cases}$$

$Y = 2n\lambda \bar{X} = 2\lambda(X_1 + \cdots + X_n)$，其概率密度函数为

$$f(y) = \begin{cases} \dfrac{\lambda^n}{(n-1)!} \left(\dfrac{y}{2\lambda}\right)^{n-1} e^{-\lambda\left(\frac{y}{2\lambda}\right)} \times \left|\dfrac{1}{2\lambda}\right| &, y > 0 \\ 0 &, y \leq 0 \end{cases} = \begin{cases} \dfrac{y^{n-1}}{2^n(n-1)!} e^{-\frac{y}{2}} &, y > 0 \\ 0 &, y \leq 0 \end{cases}$$

这正是 $\chi^2(2n)$ 的概率密度函数. 即 $2n\lambda \bar{X} \sim \chi^2(2n)$.

$2n\lambda \bar{X}$ 的分布也可以使用另外一种方法：首先考察 $Y = 2\lambda X$ 的概率密度函数

$$f(y) = \begin{cases} \lambda e^{-\lambda\left(\frac{y}{2\lambda}\right)} \times \left|\dfrac{1}{2\lambda}\right| &, y > 0 \\ 0 &, y \leq 0 \end{cases} = \begin{cases} \dfrac{1}{2} e^{-\frac{y}{2}} &, y > 0 \\ 0 &, y \leq 0 \end{cases} \sim \chi^2(2)$$

利用 χ^2 分布的可加性，$2n\lambda \bar{X} = 2\lambda X_1 + \cdots + 2\lambda X_n \sim \chi^2(2n)$．

$$1 - \alpha = P[2n\lambda \bar{X} > \chi^2_{1-\alpha}(2n)] = P\left[\lambda > \frac{\chi^2_{1-\alpha}(2n)}{2n\bar{X}}\right]$$

参数 λ 的置信水平为 $1-\alpha$ 的单侧置信下限为 $\dfrac{\chi^2_{1-\alpha}(2n)}{2n\bar{X}}$．

第 7 章 假设检验

§7.1 知识点归纳

7.1.1 假设检验的基本概念

定义 7.1 对总体的分布函数的某些参数或分布函数的形式作出某种假设，然后利用样本的有关信息对所作的假设的正确性进行推断，这类统计问题叫作假设检验.

命题 7.1 假设检验的原理是小概率事件在一次试验中几乎是不会发生的. 假设检验的思路是反证法，即先提出假设，然后根据一次抽样所得到的样本值进行计算，若导致小概率事件发生，则否定原假设，否则接受原假设.

定义 7.2 假设检验中的两类错误.

第一类错误（弃真错误）：否定了真实假设，即 H_0 为真的情况下，由于样本的随机性，样本观测值落入拒绝域而作出了拒绝 H_0 的选择. 但犯此类错误的概率至多为 α（显著性水平）.

第二类错误（受伪错误）：接受了错误假设，即在 H_0 为假的情况下，由于样本的随机性，样本观测值落入接受域而作出了接受 H_0 的选择.

定义 7.3 设检验问题 $H_0: \theta \in \Theta_0$ 和 $H_1: \theta \in \Theta_1$ 的拒绝域为 W，则样本观测值 X 落在拒绝域 W 内的概率称为该检验的势函数，记为 $g(\theta) = P_\theta(X \in W)$，$\theta \in \Theta_0 \cup \Theta_1$.

定义 7.4 对检验问题 $H_0: \theta \in \Theta_0$ 和 $H_1: \theta \in \Theta_1$，如果一个检验满足对任意 $\theta \in \Theta_0$ 都有 $g(\theta) \leq \alpha$，则称该检验为显著性水平为 α 的显著性检验，简称为水平为 α 的检验.

命题 7.2 假设检验的基本步骤：

(1) 根据实际问题提出原假设 H_0 和备选假设 H_1；

(2) 构造检验统计量与确定拒绝域的形式；

(3) 选择适当的显著性水平 α，再根据检验统计量的分布给出拒绝域的临界值；

（4）根据样本观测值确定是否拒绝 H_0。

7.1.2 正态总体均值的假设检验

1. 一个正态总体均值的假设检验（如表 7-1 所示）

表 7-1

	原假设 H_0	检验统计量	备选假设 H_1	拒绝域
σ^2 已知	$\mu \leq \mu_0$	$Z = \dfrac{\overline{X} - \mu_0}{\sigma/\sqrt{n}}$	$\mu > \mu_0$	$z \geq z_\alpha$
σ^2 已知	$\mu \geq \mu_0$	$Z = \dfrac{\overline{X} - \mu_0}{\sigma/\sqrt{n}}$	$\mu < \mu_0$	$z \leq -z_\alpha$
σ^2 已知	$\mu = \mu_0$	$Z = \dfrac{\overline{X} - \mu_0}{\sigma/\sqrt{n}}$	$\mu \neq \mu_0$	$|z| \geq z_{\alpha/2}$
σ^2 未知	$\mu \leq \mu_0$	$T = \dfrac{\overline{X} - \mu_0}{S/\sqrt{n}}$	$\mu > \mu_0$	$t \geq t_\alpha(n-1)$
σ^2 未知	$\mu \geq \mu_0$	$T = \dfrac{\overline{X} - \mu_0}{S/\sqrt{n}}$	$\mu < \mu_0$	$t \leq -t_\alpha(n-1)$
σ^2 未知	$\mu = \mu_0$	$T = \dfrac{\overline{X} - \mu_0}{S/\sqrt{n}}$	$\mu \neq \mu_0$	$|t| \geq t_{\alpha/2}(n-1)$

2. 两个正态总体均值差的检验 $\left(S_w^2 = \dfrac{(n_1-1)S_1^2 + (n_2-1)S_2^2}{n_1+n_2-2} \right)$（如表 7-2 所示）

表 7-2

	原假设 H_0	检验统计量	备选假设 H_1	拒绝域
σ_1^2, σ_2^2 已知	$\mu_1 - \mu_2 \leq \delta$	$Z = \dfrac{\overline{X} - \overline{Y} - \delta}{\sqrt{\sigma_1^2/n_1 + \sigma_2^2/n_2}}$	$\mu_1 - \mu_2 > \delta$	$z \geq z_\alpha$
σ_1^2, σ_2^2 已知	$\mu_1 - \mu_2 \geq \delta$	$Z = \dfrac{\overline{X} - \overline{Y} - \delta}{\sqrt{\sigma_1^2/n_1 + \sigma_2^2/n_2}}$	$\mu_1 - \mu_2 < \delta$	$z \leq -z_\alpha$

续表

原假设 H_0		检验统计量	备选假设 H_1	拒绝域
σ_1^2, σ_2^2 已知	$\mu_1 - \mu_2 = \delta$	$Z = \dfrac{\overline{X} - \overline{Y} - \delta}{\sqrt{\sigma_1^2/n_1 + \sigma_2^2/n_2}}$	$\mu_1 - \mu_2 \neq \delta$	$\|z\| \geq z_{\alpha/2}$
σ_1^2, σ_2^2 未知	$\mu_1 \leq \mu_2$	$T = \dfrac{\overline{X} - \overline{Y}}{S_w \sqrt{1/n_1 + 1/n_2}}$	$\mu_1 > \mu_2$	$t \geq t_\alpha(n_1 + n_2 - 2)$
σ_1^2, σ_2^2 未知	$\mu_1 \geq \mu_2$	$T = \dfrac{\overline{X} - \overline{Y}}{S_w \sqrt{1/n_1 + 1/n_2}}$	$\mu_1 < \mu_2$	$t \leq -t_\alpha(n_1 + n_2 - 2)$
σ_1^2, σ_2^2 未知	$\mu_1 = \mu_2$	$T = \dfrac{\overline{X} - \overline{Y}}{S_w \sqrt{1/n_1 + 1/n_2}}$	$\mu_1 \neq \mu_2$	$\|t\| \geq t_{\alpha/2}(n_1 + n_2 - 2)$

3. 基于成对数据的检验（如表 7-3 所示）

设有 n 对相互独立的观测结果：$(X_1, Y_1), \cdots, (X_n, Y_n)$，令 $D_1 = X_1 - Y_1, \cdots, D_n = X_n - Y_n$，设 $D_i \sim N(\mu_D, \sigma_D^2)$，$i = 1, 2, \cdots, n$。

表 7-3

原假设 H_0		检验统计量	备选假设 H_1	拒绝域
σ_D^2 未知	$\mu_D \leq 0$	$T = \dfrac{\overline{D}}{S_D / \sqrt{n}}$	$\mu_D > 0$	$t \geq t_\alpha(n-1)$
σ_D^2 未知	$\mu_D \geq 0$	$T = \dfrac{\overline{D}}{S_D / \sqrt{n}}$	$\mu_D < 0$	$t \leq -t_\alpha(n-1)$
σ_D^2 未知	$\mu_D = 0$	$T = \dfrac{\overline{D}}{S_D / \sqrt{n}}$	$\mu_D \neq 0$	$\|t\| \geq t_{\alpha/2}(n-1)$

7.1.3 正态总体方差的检验

1. 一个正态总体方差的检验（如表 7-4 所示）

表 7-4

原假设 H_0		检验统计量	备选假设 H_1	拒绝域
μ 已知	$\sigma^2 \leq \sigma_0^2$	$\chi^2 = \dfrac{\sum_{i=1}^{n}(X_i - \mu)^2}{\sigma_0^2}$	$\sigma^2 > \sigma_0^2$	$\chi^2 \geq \chi_\alpha^2(n)$
μ 已知	$\sigma^2 \geq \sigma_0^2$	$\chi^2 = \dfrac{\sum_{i=1}^{n}(X_i - \mu)^2}{\sigma_0^2}$	$\sigma^2 < \sigma_0^2$	$\chi^2 \leq \chi_{1-\alpha}^2(n)$

续表

原假设 H_0	检验统计量	备选假设 H_1	拒绝域
μ 已知 $\sigma^2 = \sigma_0^2$	$\chi^2 = \dfrac{\sum_{i=1}^{n}(X_i - \mu)^2}{\sigma_0^2}$	$\sigma^2 \neq \sigma_0^2$	$\chi^2 \geq \chi_{\alpha/2}^2(n)$ 或 $\chi^2 \leq \chi_{1-\alpha/2}^2(n)$
μ 未知 $\sigma^2 \leq \sigma_0^2$	$\chi^2 = \dfrac{(n-1)S^2}{\sigma_0^2}$	$\sigma^2 > \sigma_0^2$	$\chi^2 \geq \chi_\alpha^2(n-1)$
μ 未知 $\sigma^2 \geq \sigma_0^2$	$\chi^2 = \dfrac{(n-1)S^2}{\sigma_0^2}$	$\sigma^2 < \sigma_0^2$	$\chi^2 \leq \chi_{1-\alpha}^2(n-1)$
μ 未知 $\sigma^2 = \sigma_0^2$	$\chi^2 = \dfrac{(n-1)S^2}{\sigma_0^2}$	$\sigma^2 \neq \sigma_0^2$	$\chi^2 \geq \chi_{\alpha/2}^2(n-1)$ 或 $\chi^2 \leq \chi_{1-\alpha/2}^2(n-1)$

2. 两个正态总体方差比的检验（如表 7-5 所示）

设总体 $X \sim N(\mu_1, \sigma_1^2)$，$X_1, \cdots, X_{n_1}$ 是 X 的一个样本，总体 $Y \sim N(\mu_2, \sigma_2^2)$，$Y_1, \cdots, Y_{n_2}$ 是 Y 的一个样本，并且两个总体相互独立，考虑 μ_1，μ_2 未知时候的方差比的检验问题。

表 7-5

原假设 H_0	检验统计量	备选假设 H_1	拒绝域
$\sigma_1^2 \leq \sigma_2^2$	$F = \dfrac{S_1^2}{S_2^2}$	$\sigma_1^2 > \sigma_2^2$	$F \geq F_\alpha(n_1 - 1, n_2 - 1)$
$\sigma_1^2 \geq \sigma_2^2$	$F = \dfrac{S_1^2}{S_2^2}$	$\sigma_1^2 < \sigma_2^2$	$F \leq F_{1-\alpha}(n_1 - 1, n_2 - 1)$
$\sigma_1^2 = \sigma_2^2$	$F = \dfrac{S_1^2}{S_2^2}$	$\sigma_1^2 \neq \sigma_2^2$	$F \geq F_{\alpha/2}(n_1 - 1, n_2 - 1)$ 或 $F \leq F_{1-\alpha/2}(n_1 - 1, n_2 - 1)$

7.1.4 置信区间与假设检验之间的关系

设 $X_1, X_2, \cdots, X_n$ 是来自总体 X 的样本，$x_1, x_2, \cdots, x_n$ 是相应的样本值，Θ 是参数 θ 的可能取值范围，则置信区间和假设检验具有下面的关系：

考虑检验假设 $H_0: \theta = \theta_0$，$H_1: \theta \neq \theta_0$ 时，先求出 θ 的置信水平为 $1-\alpha$ 的置信区间，然后考察 θ_0 是否包含在此置信区间中，若 θ_0 在此区间中，则接受 H_0. 若 θ_0 不在此区间中，则拒绝 H_0. 反之，要求出参数 θ 的置信水平为 $1-\alpha$ 的置信区间，先求出显著性水平为 α 的假设检验问题的接受域：$\theta_1(x_1, x_2, \cdots, x_n) < \theta_0 < \theta_2(x_1, x_2, \cdots, x_n)$，则

$$(\theta_1(x_1, x_2, \cdots, x_n), \theta_2(x_1, x_2, \cdots, x_n))$$

就是 θ 的置信水平为 $1-\alpha$ 的置信区间.

同理,对于单边检验与单侧置信区间也有与上面类似的关系.

7.1.5 分布拟合检验

定义 7.5 在给定的显著性水平 α 下,对假设

$$H_0: F(x) = F_0(x), \quad H_1: F(x) \neq F_0(x)$$

做显著性检验,其中 $F_0(x)$ 为已知的、具有明确表达式的分布函数,这种假设检验通常称为分布拟合检验.

定理 7.1 设 $F_0(x; \theta_1, \cdots, \theta_r)$ 为总体的真实分布,其中 $\theta_1, \theta_2, \cdots, \theta_r$ 为 r 个未知参数,在总体分布中用 $\theta_1, \theta_2, \cdots, \theta_r$ 的极大似然估计量 $\hat{\theta}_1, \hat{\theta}_2, \cdots, \hat{\theta}_r$ 代替,可以得 $F_0(x; \hat{\theta}_1, \hat{\theta}_2, \cdots, \hat{\theta}_r)$,把总体 X 的值域 Ω 划分为互不相交的 k 个区间: $A_1 = (a_0, a_1], \cdots, A_k = (a_{k-1}, a_k]$. 设 $(x_1, \cdots, x_n)$ 为总体的样本观测值,v_i 为样本落在 A_i 的频数,$\sum_{i=1}^{k} v_i = n$,令

$$\hat{p}_i = F_0(a_i; \hat{\theta}_1, \hat{\theta}_2, \cdots, \hat{\theta}_r) - F_0(a_{i-1}; \hat{\theta}_1, \hat{\theta}_2, \cdots, \hat{\theta}_r)$$

则当样本容量 $n \to +\infty$ 时,

$$\chi^2 = \sum_{i=1}^{k} \frac{(v_i - n\hat{p}_i)^2}{n\hat{p}_i} \xrightarrow{L} \chi^2(k-r-1).$$

χ^2 检验的基本步骤如下:

(1) 用极大似然估计法求出 $F_0(x; \theta_1, \theta_2, \cdots, \theta_r)$ 的所有未知参数的估计值 $\hat{\theta}_1, \hat{\theta}_2, \cdots, \hat{\theta}_r$;

(2) 把总体的值域划分为 k 个互不相交的区间 $(a_{i-1}, a_i]$ $(i=1, 2, \cdots, k)$,若样本值已经是分组观测值,则可参考其分点,将各组做适当合并,一般情况下,$5 \leq k \leq 16$,每个区间通常包括不少于 5 个的数据,数据少于 5 个的区间并入相邻区间;

(3) 假设 H_0 成立,计算 $\hat{p}_i = F_0(a_i; \hat{\theta}_1, \hat{\theta}_2, \cdots, \hat{\theta}_r) - F_0(a_{i-1}; \hat{\theta}_1, \hat{\theta}_2, \cdots, \hat{\theta}_r)$;

(4) 根据样本观测值 $(x_1, x_2, \cdots, x_n)$ 算出落在区间 $(a_{i-1}, a_i]$ 中的实际频数 v_i,再计算统计量 χ^2 的观测值 $\chi^2 = \sum_{i=1}^{k} \frac{(v_i - n\hat{p}_i)^2}{n\hat{p}_i}$;

(5) 根据显著性水平 α,查 χ^2 分布表得 $\chi_\alpha^2(k-r-1)$;

(6) 若 $\chi^2 \geq \chi_\alpha^2(k-r-1)$,则拒绝 H_0;若 $\chi^2 < \chi_\alpha(k-r-1)^2$,则接受 H_0.

§7.2 例题讲解

例1 要求一种元件平均使用寿命不得低于 1 000 h，生产者从这一批这种元件中随机抽取 25 件，测得其寿命的平均值为 950 h. 已知该种元件寿命服从标准差为 $\sigma = 100$ h 的正态分布，试在显著性水平 $\alpha = 0.05$ 下判断这批元件是否合格？

解： 由题意可知，本题是要求在显著性水平 $\alpha = 0.05$ 下，检验正态总体均值的假设

$$H_0: \mu \geq 1\,000,\ H_1: \mu < 1\,000$$

因 σ^2 已知，采用 U 检验，取检验统计量 $U = \dfrac{\bar{X} - \mu_0}{\sigma/\sqrt{n}}$，由 $n = 25$，$\bar{x} = 950$，$\sigma = 100$，$\alpha = 0.05$，$z_{0.05} = 1.645$，故此检验的拒绝域为

$$u = \dfrac{\bar{x} - \mu_0}{\sigma/\sqrt{n}} \leq z_{0.05} = -1.645$$

因 U 的观测值为 $u = \dfrac{950 - 1\,000}{100/\sqrt{25}} = -2.5 < -1.645$，落在拒绝域内，故在水平 $\alpha = 0.05$ 下拒绝原假设 H_0，认为这批元件不合格.

R 程序和输出：

```
> z.test = function(mean,mu,sigma,alternative = "less"){
+ result = list()
+ n = 25
+ z = (mean - mu)/(sigma/sqrt(n))
+ result $ z = z
+ result $ p = pnorm(z)
+ result
+ }
> z.test(mean = 950,mu = 1000,sigma = 100,alternative = "less")
$z
[1] -2.5
$p
[1] 0.006209665
```

例2 设某批矿砂的镍含量（单位:%）的测定值总体 X 服从正态分布，从中随机地抽取 5 个样品，测定镍含量为 3.25，3.27，3.24，3.26，3.24. 问在 $\alpha=0.01$ 的情况下，能否认为这批矿砂镍含量的均值为 3.25%？

解：由题意可知，本题是在 σ^2 未知的条件下，均值 μ 的假设检验问题

$$H_0: \mu = \mu_0 = 3.25, \quad H_1: \mu \neq \mu_0$$

在原假设 H_0 下，检验统计量

$$T = \frac{\overline{X} - \mu_0}{S/\sqrt{n}} \sim t(n-1)$$

当显著性水平为 $\alpha = 0.01$ 时，此检验的拒绝域为

$$|T| > t_{\alpha/2}(n-1)$$

其中 $t_{0.005}(4) = 4.6041$. 由样本值可得 $n = 5$. 并求得 $\overline{x} = 3.252$，$s^2 = 1.7 \times 10^{-4}$，$s = 0.013$，由此统计量的观测值为

$$|t| = \frac{3.252 - 3.25}{0.013/\sqrt{5}} \approx 0.344 < 4.6041$$

因此，应接受 H_0，可以认为这批矿砂镍含量的均值为 3.25%.

R 程序和输出：

```
> data<-c(3.25,3.27,3.24,3.26,3.24)
> t.test(x=data,alternative="two.sided",mu=3.25,conf.level=0.99)

One Sample t-test

data:data
t = 0.343,df = 4,p-value = 0.7489
alternative hypothesis:true mean is not equal to 3.25
95 percent confidence interval:
 3.225154  3.278846
sample estimates:
mean of x
 3.252
```

例3 某化工厂为了提高某种化工产品的得率（单位:%），提出了两种方案，为了研究哪一种方案更能提高得率，分别用两种工艺各进行了 10 次试验，数据如下：

方案甲得率 68.1, 62.4, 64.3, 64.7, 68.4, 66.0, 65.5, 66.7, 67.3, 66.2;
方案乙得率 69.1, 71.0, 69.1, 70.0, 69.1, 69.1, 67.3, 70.2, 72.1, 67.3;
假设两种方案的得率分别服从 $N(\mu_1, \sigma^2)$ 和 $N(\mu_2, \sigma^2)$，其中 σ^2 是未知的. 问方案乙是否比方案甲显著提高得率（取显著性水平 $\alpha=0.01$）？

解： 由题意可知，本题要做的检验问题为

$$H_0: \mu_1 \geq \mu_2, \quad H_1: \mu_1 < \mu_2$$

对于 $\alpha=0.01$，查 t 分布表得 $t_{0.09}(18) = -2.5524$，则此检验的拒绝域为 $W = \{t \leq -2.5524\}$，由样本可得 $\bar{x} = 65.96$, $\bar{y} = 69.43$, $s_1^2 = 3.3755$, $s_2^2 = 2.2244$，则检验统计量的观测值为

$$t = \frac{\bar{x} - \bar{y}}{\sqrt{\dfrac{9s_1^2 + 9s_2^2}{10+10-2}}\sqrt{\dfrac{1}{10}+\dfrac{1}{10}}} = \frac{65.96 - 69.43}{\sqrt{\dfrac{9 \times (3.3755 + 2.2244)}{18}} \times \sqrt{\dfrac{1}{5}}} \approx -4.637$$

因为 $t = -4.637 < -2.5524$，所以应拒绝 H_0，即认为采用方案乙可以比方案甲提高得率.

R 程序和输出：

```
> x<-c(68.1,62.4,64.3,64.7,68.4,66.0,65.5,66.7,67.3,66.2)
> y<-c(69.1,71.0,69.1,70.0,69.1,69.1,67.3,70.2,72.1,67.3)
> t.test(x,y,var.equal=TRUE,alternative="less",conf.level=0.99)

        Two Sample t-test

data:x and y
t = -4.6469,df = 18,p-value = 0.0001002
alternative hypothesis:true difference in means is less than 0
99 percent confidence interval:
 -Inf  -1.564052
sample estimates:
mean of x mean of y
   65.96     69.43
```

例 4 要比较甲、乙两种橡胶轮胎的耐磨性，现从甲、乙两种轮胎中各抽取 8 个，各取一个组成一对，在随机抽取 8 架飞机，将 8 对轮胎随机配给 8 架飞机，做耐磨试

验,进行了一定时间的起落飞行后,测得轮胎磨损量(单位:mg)数据如下:

甲:4 900,5 220,5 500,6 020,6 340,7 660,8 650,4 870;

乙:4 930,4 900,5 140,5 700,6 110,6 880,7 930,5 010.

试问这两种轮胎的耐磨性能有无显著性的差异?取 $\alpha = 0.05$,假定甲、乙两种轮胎的磨损量分别为 X,Y,又 $X \sim N(\mu_1, \sigma_1^2)$,$Y \sim N(\mu_2, \sigma_2^2)$ 且两个总体相互独立.

解:将试验数据进行配对分析. 记 $D = X - Y$,则 $D \sim N(\mu_1 - \mu_2, \sigma_1^2 + \sigma_2^2) = N(\mu_D, \sigma_D^2)$,$d_i = x_i - y_i (i = 1, 2, \cdots, n)$ 为 D 的一组样本观测值. 当 $n = 8$ 时有

$$d_i: -30, 320, 360, 320, 230, 780, 720, -140$$

问题转化为在显著性水平 $\alpha = 0.05$ 下,检验假设

$$H_0: \mu_D = 0, \quad H_1: \mu_D \neq 0$$

通过计算得 $\bar{d} = 320$,$s_D^2 = 102\ 100$,

$$t = \frac{\bar{d} - \mu_D}{s_D / \sqrt{n}} = \frac{320 - 0}{\sqrt{102\ 100 / 8}} \approx 2.83$$

查 t 分布表得 $t_{0.025}(7) = 2.364\ 6$,于是有 $|t| = 2.83 > 2.364\ 4$,应拒绝 H_0,即认为这两种轮胎的耐磨性有显著性的差异,并且从 $\bar{d} > 0$ 可推得甲种轮胎磨损比乙种轮胎厉害.

 R 程序和输出:

```
> x <- c(4900,5220,5500,6020,6340,7660,8650,4870)
> y <- c(4930,4900,5140,5700,6110,6880,7930,5010)
> t.test(x-y,alternative = "two.sided",conf.level = 0.95)

One Sample t-test

data:x - y
t = 2.8312,df = 7,p-value = 0.02536
alternative hypothesis:true mean is not equal to 0
95 percent confidence interval:
52.73469 587.26531
sample estimates:
mean of x
320
```

例 5 某厂生产某种型号的电机,其寿命长期以来服从方差为 $\sigma^2 = 2\ 500$ (h^2) 的

正态分布，现有一批这种电机，从它的生产情况来看，寿命的波动性有所改变，现随机取 26 台电机，测出其寿命的样本方差 $s^2 = 4\ 600$（h^2）. 问根据这一数据，能否推断这批电机的寿命的波动性较以往有显著变化（取显著性水平 $\alpha = 0.02$）？

解：本题要求在显著性水平 $\alpha = 0.02$ 下检验假设

$$H_0: \sigma^2 = \sigma_0^2 = 2\ 500, \quad H_1: \sigma^2 \neq \sigma_0^2 = 2\ 500$$

现有

$$n = 26,\ \chi_{\alpha/2}^2(n-1) = \chi_{0.01}^2(25) = 44.313$$

$$\chi_{1-\alpha/2}^2(n-1) = \chi_{0.99}^2(25) = 11.523$$

此检验的拒绝域为

$$\frac{(n-1)s^2}{\sigma_0^2} \geq 44.313 \text{ 或 } \frac{(n-1)s^2}{\sigma_0^2} \leq 11.523$$

由观测值 $s^2 = 4\ 600$ 得 $\frac{(n-1)s^2}{\sigma_0^2} = 46 > 44.313$，所以应拒绝 H_0，认为这批电机寿命的波动性较以往有显著变化.

R 程序和输出：

```
> chisq.var.test = function(n,s2,var,alpha){
+ df = n - 1
+ result = list()
+ result $ df = df;
+ result $ chi2 = df * s2 / var
+ result $ q = c(qchisq(alpha / 2,df),qchisq(1 - alpha / 2,df))
+ result
+ }
> chisq.var.test(26,4600,2500,0.02)
$ df
[1]25
$ chi2
[1]46
$ q
[1]11.52398   44.31410
```

例 6 某化工厂为了提高某种化工产品的得率（单位:%），提出了两种方案，为了研究哪一种方案更能提高得率，分别用两种工艺各进行了 10 次试验，数据如下：

方案甲得率　68.1，62.4，64.3，64.7，68.4，66.0，65.5，66.7，67.3，66.2；
方案乙得率　69.1，71.0，69.1，70.0，69.1，69.1，67.3，70.2，72.1，67.3；
假设得率服从正态分布，问方案乙是否比方案甲显著提高得率（取显著性水平 $\alpha = 0.01$）？

解：设用方案甲和方案乙的得率分别服从正态分布 $N(\mu_1, \sigma_1^2)$ 和 $N(\mu_2, \sigma_2^2)$，所关心的是两种方案的得率是否有变化，即对两个总体均值进行检验，需要用到 t 检验法，但这要求两个总体的方差相等，而题中没有给出任何关于 σ_1^2 和 σ_2^2 的信息. 因此，首先要做如下的检验问题:

$$H_0: \sigma_1^2 = \sigma_2^2, \quad H_1: \sigma_1^2 \neq \sigma_2^2$$

对于方差的检验，通常选取较大的显著性水平. 令 $\alpha = 0.5$，查 F 分布表得 $F_{0.25}(9, 9) = 1.59$，从而得 $F_{0.75}(9, 9) = \dfrac{1}{1.59}$，检验的拒绝域为

$$F = \frac{s_1^2}{s_2^2} \leq \frac{1}{1.59} \text{ 或 } F = \frac{s_1^2}{s_2^2} > 1.59$$

由样本值算得两个总体的样本均值和样本方差为

$$\bar{x}_1 = 65.96, \bar{x}_2 = 69.43, s_1^2 = 3.335\,11, s_2^2 = 2.224\,4, F = \frac{s_1^2}{s_2^2} = 1.51$$

因为 $\dfrac{1}{1.59} < 1.51 < 1.59$. 所以应接受假设 $H_0: \sigma_1^2 = \sigma_2^2$.

接下来在条件 $\sigma_1^2 = \sigma_2^2$ 下，再检验假设

$$H'_0: \mu_1 \geq \mu_2, \quad H'_1: \mu_1 < \mu_2$$

对于 $\alpha = 0.01$，查 t 分布表得 $t_{0.01}(18) = 2.552\,4$，假设 H'_0 的拒绝域为 $W = \{t \leq -2.552\,4\}$. 由样本值算得

$$t = \frac{\bar{x}_1 - \bar{x}_2}{\sqrt{\dfrac{9s_1^2 + 9s_2^2}{10 + 10 - 2}} \times \sqrt{\dfrac{1}{10} + \dfrac{1}{10}}} = \frac{65.96 - 69.43}{\sqrt{\dfrac{9 \times (3.351\,1 + 2.224\,4)}{18}} \times \sqrt{\dfrac{1}{5}}} = -4.647$$

因为 $t = -4.647 < -2.552\,4$，所以应拒绝 H'_0，即认为采用方案乙可以比方案甲提高得率.

R 程序和输出：

```
> x<-c(68.1,62.4,64.3,64.7,68.4,66.0,65.5,66.7,67.3,66.2)
> y<-c(69.1,71.0,69.1,70.0,69.1,69.1,67.3,70.2,72.1,67.3)
> var.test(x,y)
```

```
F test to compare two variances

data:x and y
F = 1.5066,num df = 9,denom df = 9,p-value = 0.5512
alternative hypothesis:true ratio of variances is not equal to 1
95 percent confidence interval:
 0.3742226 6.0656355
sample esti mates:
ratio of variances
 1.506618
>
> t.test(x,y,var.equal=TRUE,alternative = "less",conf.level=0.99)

Two Sample t-test

data:x and y
t = -4.6469,df = 18,p-value = 0.0001002
alternative hypothesis:true difference in means is less than 0
99 percent confidence interval:
 -Inf -1.564052
sample estimates:
mean of x mean of y
 65.96      69.43
```

例7 上海 1875—1955 年的 81 年间，根据其中 63 年观察记录到的一年中（5—9月）下暴雨次数的整理资料（如表 7-6 所示）：

表 7-6

一年中暴雨次数 i	0	1	2	3	4	5	6	7	8	≥9
实际年数 n_i	4	8	14	19	10	4	2	16	1	0

试检验一年中下暴雨的次数 X 是否服从泊松分布（取显著性水平 $\alpha = 0.05$）？

解： 现在的问题是显著性水平 $\alpha = 0.05$ 下要检验

$$H_0: X \text{ 服从 } P(\lambda), \lambda > 0$$

依题意有

$$\sum_{i=0}^{9} v_i = n = 63$$

先计算出在假定 H_0 为真时,参数 λ 的极大似然估计值

$$\hat{\lambda} = \bar{x} = \frac{1}{63} \times (0 \times 4 + 1 \times 8 + \cdots + 8 \times 1 + 9 \times 0) = \frac{180}{63} \approx 2.857\,1$$

按 X 服从泊松分布,由

$$\hat{p}_i = \hat{P}\{X = i\} = \frac{(2.857\,1)^i}{i!} e^{-2.857\,1}, \quad i = 0, 1, \cdots, 6$$

把暴雨次数大于 6 的频数和为一组算得($i \geqslant 6$ 作为一组)

$$\hat{p}_0 = 0.057\,4, \quad \hat{p}_1 = 0.164\,1, \quad \hat{p}_2 = 0.234\,4,$$
$$\hat{p}_3 = 0.223\,3, \quad \hat{p}_4 = 0.159\,5, \quad \hat{p}_5 = 0.091\,1,$$
$$\hat{p}_6 = \sum_{i=6}^{+\infty} \frac{(2.857\,1)^i}{i!} e^{-2.857\,1} = 0.070\,2$$

检验统计量 χ^2 的观测值为

$$\chi^2 = \sum_{i=0}^{6} \frac{(v_i - 63\hat{p}_i)^2}{63\hat{p}_i} = 2.906\,4$$

由 χ^2 分布表可得 $\chi^2_\alpha(k-r-1) = \chi^2_{0.05}(7-1-1) = 11.07$,则 $\chi^2 = 2.906\,4 < 11.07$. 根据 χ^2 拟合检验法则,应接受原假设 H_0,即认为 X 服从泊松分布.

 R 程序和输出:

```
> x<-c(rep(0,4),rep(1,8),rep(2,14),rep(3,19),rep(4,10),rep(5,4),rep(6,
2),7,8)
> xbar<-mean(x)
> p<-c(dpois(0:5,xbar),1-ppois(5,xbar))
> v<-c(4,8,14,19,10,4,4)
> sum((v-63*p)^2/(63*p))
[1]2.908962
> qchisq(1-0.05,7-1-1)
[1]11.0705
```

例 8 这是遗传学上的一个著名的例子. 遗传学家孟德尔(Mendel)根据对豌豆的观察发现豌豆的两对特征——圆和皱、黄和绿所出现的 4 种组合有下述频数(如表 7-7 所示):

表 7-7

组合	圆黄	皱黄	圆绿	皱绿
n_i	315	101	108	32

根据他的遗传学理论,孟德尔认为豌豆的上述 4 种组合应该有理论上的概率(如表 7-8 所示):

表 7-8

组合	圆黄	皱黄	圆绿	皱绿
概率	9/16	3/16	3/16	1/16

则可否认为孟德尔的理论与实际观测结果相符(取显著性水平 $\alpha = 0.05$)?

解:利用 χ^2 统计量来检验孟德尔的理论与实际观测数据的拟合优度. 当 $\alpha = 0.05$ 时,查表可得 $\chi^2_{0.05}(3) = 7.815$,由样本可得 χ^2 统计量的值为

$$\chi^2 = \frac{\left(315 - 556 \times \frac{9}{16}\right)^2}{556 \times \frac{9}{16}} + \frac{\left(101 - 556 \times \frac{3}{16}\right)^2}{556 \times \frac{3}{16}} + \frac{\left(108 - 556 \times \frac{3}{16}\right)^2}{556 \times \frac{3}{16}} + \frac{\left(32 - 556 \times \frac{1}{16}\right)^2}{556 \times \frac{1}{16}} \approx 0.47 < 7.815$$

由此可知,理论分布与实际数据拟合得很好.

R 程序和输出:

```
> x <- c(315,101,108,32)
> p <- c(9/16,3/16,3/16,1/16)
> chisq.test(x,p=p)

    Chi-squared test for given probabilities

data:x
X-squared = 0.47002,df = 3,p-value = 0.9254
```

第7章 假设检验

§7.3 习题解答

1. 为了检验投币正面出现的概率 p 是否为 0.5，独立的投币 10 次，检验如下假设：
$$H_0: p=0.5, H_1: p \neq 0.5$$
当 10 次投币全为正面或全为反面时，拒绝原假设，试求这一检验法则的实际检验水平是多少？

解：检验水平为
$$P(拒绝 H_0 \mid H_0 为真) = P(10 次投币全为正面或全为反面 \mid p = 0.5)$$
$$= 2 \times (0.5)^{10}$$
$$= 2^{-9}$$

2. 设 $x_1, x_2, \cdots, x_n$ 是来自 $N(\mu, 1)$ 的样本，考虑如下假设检验问题：
$$H_0: \mu=2, H_1: \mu=3$$
若检验由拒绝域为 $W = \{\bar{x} \geq 2.6\}$ 确定，

(1) 当 $n=20$ 时，求检验犯两类错误的概率；

(2) 如果要使得检验犯第二类错误的概率 $\beta \leq 0.01$，则 n 最小应取多少？

(3) 证明当 $n \rightarrow +\infty$ 时，$\alpha \rightarrow 0, \beta \rightarrow 0$。

解：(1) 第一类错误为
$$P(拒绝 H_0 \mid H_0 为真) = P(\bar{x} \geq 2.6 \mid \mu = 2)$$
$$= P\left(\frac{\bar{x}-2}{1/\sqrt{20}} \geq \frac{2.6-2}{1/\sqrt{20}}\right)$$
$$\approx 1 - \Phi(2.68)$$
$$= 0.003\,6$$

第二类错误为
$$P(接受 H_0 \mid H_1 为真) = P(\bar{x} < 2.6 \mid \mu = 3)$$
$$= P\left(\frac{\bar{x}-3}{1/\sqrt{20}} < \frac{2.6-3}{1/\sqrt{20}}\right)$$
$$\approx \Phi(-1.79)$$
$$= 0.036\,7$$

(2) $\Phi\left(\dfrac{2.6-3}{1/\sqrt{n}}\right) \leq 0.01$，$\dfrac{2.6-3}{1/\sqrt{n}} \leq -2.33$，$n \geq 33.9$，故 n 最小应取 34。

(3) 当 $n \to +\infty$ 时，第一类错误 $\alpha = 1 - \Phi\left(\dfrac{2.6-2}{1/\sqrt{n}}\right) = 1 - \Phi(0.6\sqrt{n}) \to 0$，第二类错误 $\beta = \Phi\left(\dfrac{2.6-3}{1/\sqrt{n}}\right) = \Phi(-0.4\sqrt{n}) \to 0$。

 R 程序和输出：

```
####(1)
> mu0 <- 2
> mu1 <- 3
> alpha <- pnorm(2.6,mu0,1/sqrt(20),lower.tail=F)
> alpha
[1] 0.003645179
> beta <- pnorm(2.6,mu1,1/sqrt(20))
> beta
[1] 0.03681914
####(2)
> mu1 <- 3
> n <- 1
> while(pnorm(2.6,mu1,1/sqrt(n))>0.01){n <- n+1}
> n
[1] 34
```

3. 设总体为均匀分布 $U(0, \theta)$，$x_1, x_2, \cdots, x_n$ 是样本，考虑检验问题 $H_0: \theta \geq 3$ 和 $H_1: \theta < 3$，拒绝域取为 $W = \{x_{(n)} \leq 2.5\}$，求检验犯第一类错误的最大值 α，若要使得该最大值 α 不超过 0.05，则 n 至少应取多大？

解： 总体 X 的概率密度函数为

$$f(x) = \begin{cases} \dfrac{1}{\theta}, & 0 < x < \theta \\ 0, & \text{其他} \end{cases}$$

极大值 $X_{(n)}$ 的分布函数为

$$F_{X_{(n)}}(x) = [F(x)]^n = \begin{cases} 0, & x \leq \theta \\ \left(\dfrac{x}{\theta}\right)^2, & 0 < x < \theta \\ 1, & x \geq \theta \end{cases}$$

第一类错误为

$$P(拒绝 H_0 \mid H_0 为真) = P(x_{(n)} \leq 2.5 \mid \theta \geq 3)$$
$$= F_{X_{(n)}}(2.5)$$
$$= \left(\dfrac{2.5}{\theta}\right)^n$$
$$\leq \left(\dfrac{2.5}{3}\right)^n$$

若要使得该最大值 α 不超过 0.05,则

$$\left(\dfrac{2.5}{3}\right)^n \leq 0.05$$

即 $n \geq \dfrac{\ln 0.05}{\ln(2.5/3)} = 16.4$,故 n 至少应取 17.

 R 程序和输出:

```
> n <- 1
> while((2.5/3)^n > 0.05){n <- n+1}
> n
[1] 17
```

4. 设正态总体的方差 σ^2 已知,均值 μ 只可取 μ_0 或 μ_1 ($>\mu_0$) 二值之一,$\bar{x}$ 为总体的容量为 n 的样本均值. 在给定的水平 α 下,检验假设

$$H_0: \mu = \mu_0, \; H_1: \mu = \mu_1 \; (>\mu_0)$$

时,犯第二类错误的概率 β,

$$\beta = P(\bar{X} - \mu_0 < k \mid \mu = \mu_1)$$

试验证

$$\beta = \Phi\left(z_\alpha - \dfrac{\mu_1 - \mu_0}{\sigma/\sqrt{n}}\right)$$

并由此推导出关系式

$$z_\alpha + z_\beta = \dfrac{\mu_1 - \mu_0}{\sigma/\sqrt{n}}$$

及
$$n = (z_\alpha + z_\beta)^2 \frac{\sigma^2}{(\mu_1 - \mu_0)^2}$$

又问（1）若 n 固定，则当 α 减少时，β 的值怎么变化？（2）若 n 固定，则当 β 减少时，α 的值怎么变化？并写出当 $\sigma = 0.12$，$\mu_1 - \mu_0 = 0.02$，$\alpha = 0.05$，$\beta = 0.025$ 时，样本容量 n 至少等于多少？

解：第一类错误为
$$\begin{aligned}\alpha &= P(\text{拒绝 } H_0 \mid H_0 \text{ 为真}) \\ &= P\{\overline{X} - \mu_0 \geq k \mid \mu = \mu_0\} \\ &= P\left(\frac{\overline{X} - \mu_0}{\sigma/\sqrt{n}} \geq \frac{k}{\sigma/\sqrt{n}}\right) \\ &= 1 - \Phi\left(\frac{k}{\sigma/\sqrt{n}}\right)\end{aligned}$$

所以，$z_\alpha = \dfrac{k}{\sigma/\sqrt{n}}$，$k = \sigma z_\alpha / \sqrt{n}$.

第二类错误 β 为
$$\begin{aligned}P(\text{接受 } H_0 \mid H_1 \text{ 为真}) &= P(\overline{X} - \mu_0 < k \mid \mu = \mu_1) \\ &= P\left(\frac{\overline{X} - \mu_1}{\sigma/\sqrt{n}} < \frac{k + \mu_0 - \mu_1}{\sigma/\sqrt{n}}\right) \\ &= \Phi\left(z_\alpha - \frac{\mu_1 - \mu_0}{\sigma/\sqrt{n}}\right)\end{aligned}$$

所以，$z_\beta = \dfrac{\mu_1 - \mu_0}{\sigma/\sqrt{n}} - z_\alpha$，即
$$z_\alpha + z_\beta = \frac{\mu_1 - \mu_0}{\sigma/\sqrt{n}}, \quad n = (z_\alpha + z_\beta)^2 \frac{\sigma^2}{(\mu_1 - \mu_0)^2}$$

（1）若 n 固定，则当 α 减少时，上分位点 z_α 增大，z_β 减小，β 增大.（2）若 n 固定，则当 β 减少时，上分位点 z_β 增大，z_α 减小，α 的值增大.

$$n = (z_\alpha + z_\beta)^2 \frac{\sigma^2}{(\mu_1 - \mu_0)^2} = (1.645 + 1.96)^2 \times \frac{0.12^2}{0.02^2} = 467.85$$

样本容量 n 至少等于 468.

5. 有一种电子元件，要求其使用寿命不得低于 1 000 h，现抽取 25 件，测得其均值为 950 h. 已知该种元件的寿命服从正态分布，并且已知 $\sigma = 100$，问在 $\alpha = 0.05$ 下，这

批元件是否合格?

解：本题要求在 $\alpha = 0.05$ 下检验假设
$$H_0: \mu \geq 1\,000, \ H_1: \mu < 1\,000$$

因总体方差 σ^2 已知，取检验统计量 $U = \dfrac{\overline{X} - \mu_0}{\sigma/\sqrt{n}}$，现有 $n = 25$，$\bar{x} = 950$，$\sigma = 100$，$\alpha = 0.05$，$z_{0.05} = 1.645$，检验的拒绝域为
$$u = \dfrac{\bar{x} - \mu_0}{\sigma/\sqrt{n}} \leq -z_{0.05} = -1.645$$

因 U 的观测值为 $u = \dfrac{950 - 1\,000}{100/\sqrt{25}} = -2.5 < -1.645$，落在拒绝域内，所以在 $\alpha = 0.05$ 下拒绝原假设 H_0，认为这批元件不合格．

 R 程序和输出：

```
> z.test = function(mean,mu,sigma,alternative = "less"){
+ result = list()
+ n = 25
+ z = (mean - mu)/(sigma/sqrt(n))
+ result $ z = z
+ result $ p = pnorm(z)
+ result
+ }
> z.test(mean = 950,mu = 1000,sigma = 100,alternative = "less")
$ z
[1] -2.5
$ p
[1] 0.006209665
```

6. 从甲地发送一个信号到乙地，设乙地接收到信号值是一个服从正态分布 $N(\mu, 0.2^2)$ 的随机变量，其中 μ 为甲地发送信号的真实值．现甲地重复发送同一信号 5 次，乙地接收到的信号值为 8.05，8.15，8.2，8.1，8.25，设接收方有理由猜测甲地发送的信号值为 8，问能否接受这个猜测（取显著性水平 $\alpha = 0.05$）？

解：本题要求在 $\alpha = 0.05$ 下检验假设
$$H_0: \mu = 8, \ H_1: \mu \neq 8$$

因总体方差 $\sigma^2 = 0.2^2$ 已知,取检验统计量 $U = \dfrac{\overline{X} - \mu_0}{\sigma/\sqrt{n}}$,现有 $n=5$,$\overline{x} = \dfrac{8.05 + 8.15 + 8.2 + 8.1 + 8.25}{5} = 8.15$,$\sigma = 0.2$,$\alpha = 0.05$,$z_{\alpha/2} = z_{0.025} = 1.96$,检验的拒绝域为

$$|u| = \left|\dfrac{\overline{x} - \mu_0}{\sigma/\sqrt{n}}\right| > z_{0.025} = 1.96$$

因 U 的观测值为 $|u| = \left|\dfrac{8.15 - 8}{0.2/\sqrt{5}}\right| = 1.677 < 1.96$,落在拒绝域之外,所以在 $\alpha = 0.05$ 下不拒绝原假设 H_0,可以接受这个猜测.

 R 程序和输出:

```
> z.test = function(x,mu,sigma,alternative = "two.sided"){
+ result = list()
+ n = length(x)
+ mean = mean(x)
+ z = (mean - mu)/(sigma/sqrt(n))
+ result $ mean = mean;result $ z = z
+ result $ p = 2 * pnorm(abs(z),lower.tail = FALSE)
+ if(alternative == "greater")result $ p = pnorm(z,lower.tail = FALSE)
+ else if(alternative == "less")result $ p = pnorm(z)
+ result
+ }
> bj <- c(8.05,8.15,8.2,8.1,8.25)
> z.test(x = bj,mu = 8,sigma = 0.2,alternative = "two.sided")
$ mean
[1]8.15
$ z
[1]1.677051
$ p
[1]0.09353251
```

7. 收割机正常工作时,切割出的每段金属棒长 X 是服从正态分布的随机变量,即总体 $X \sim N(\mu, \sigma^2)$,$\mu = 10.5$ cm,$\sigma = 0.15$ cm. 今从生产出的一批产品中随机地抽取 15 段进行测量,测得长度如下:

10.4, 10.6, 10.1, 10.4, 10.5, 10.3, 10.3,

$$10.2,\ 10.9,\ 10.6,\ 10.8,\ 10.5,\ 10.7,\ 10.2,\ 10.7$$

试问该切割机工作是否正常（取显著性水平 $\alpha = 0.05$）？

解：本题要求在 $\alpha = 0.05$ 下检验假设

$$H_0: \mu = 10.5,\quad H_1: \mu \neq 10.5$$

因总体方差 $\sigma^2 = 0.15^2$ 已知，取检验统计量 $U = \dfrac{\overline{X} - \mu_0}{\sigma/\sqrt{n}}$，现有 $n = 15$，$\bar{x} = \dfrac{10.4 + 10.6 + \cdots + 10.7}{15} = 10.48$，$\sigma = 0.15$，$\alpha = 0.05$，$z_{\alpha/2} = z_{0.025} = 1.96$，检验的拒绝域为

$$|u| = \left|\dfrac{\bar{x} - \mu_0}{\sigma/\sqrt{n}}\right| > z_{0.025} = 1.96$$

因 U 的观测值为 $|u| = \left|\dfrac{10.48 - 10.5}{0.15/\sqrt{15}}\right| = 0.516 < 1.96$，落在拒绝域之外，所以在 $\alpha = 0.05$ 下不拒绝原假设 H_0，该切割机工作正常．

 R 程序和输出：

```
> z.test = function(x,mu,sigma,alternative = "two.sided"){
+ result = list()
+ n = length(x)
+ mean = mean(x)
+ z = (mean - mu)/(sigma/sqrt(n))
+ result $ mean = mean;result $ z = z
+ result $ p = 2 * pnorm(abs(z),lower.tail = FALSE)
+ if(alternative == "greater")result $ p = pnorm(z,lower.tail = FALSE)
+ else if(alternative == "less")result $ p = pnorm(z)
+ result
+ }
> bj <- c(10.4,10.6,10.1,10.4,10.5,10.3,10.3,10.2,10.9,10.6,
+ 10.8,10.5,10.7,10.2,10.7)
> z.test(x = bj,mu = 10.5,sigma = 0.15,alternative = "two.sided")
$mean
[1]10.48
```

```
$z
[1] -0.5163978
$p
[1] 0.6055766
```

8. 某厂生产一种钢索, 其断裂强度 X (单位: 10^5 Pa) 服从正态分布 $N(\mu, 40^2)$, 从中抽取容量为 9 的样本, 测得断裂强度值为

$$793, 782, 795, 802, 797, 775, 768, 798, 809$$

据此样本值能否认为这批钢索的平均断裂强度为 800×10^5 Pa (取显著性水平 $\alpha = 0.05$)?

解: 本题要求在 $\alpha = 0.05$ 下检验假设

$$H_0: \mu = 800, \quad H_1: \mu \neq 800$$

因总体方差 $\sigma^2 = 40^2$ 已知, 取检验统计量 $U = \dfrac{\overline{X} - \mu_0}{\sigma/\sqrt{n}}$, 现有 $n = 9$, $\overline{x} = \dfrac{793 + 782 + \cdots + 809}{9} = 791$, $\sigma = 40$, $\alpha = 0.05$, $z_{\alpha/2} = z_{0.025} = 1.96$, 检验的拒绝域为

$$|u| = \left|\dfrac{\overline{x} - \mu_0}{\sigma/\sqrt{n}}\right| > z_{0.025} = 1.96$$

因观测值 $|u| = \left|\dfrac{791 - 800}{40/\sqrt{9}}\right| = 0.675 < 1.96$, 落在拒绝域之外, 所以在 $\alpha = 0.05$ 下不拒绝原假设 H_0, 认为这批钢索的平均断裂强度为 800×10^5 Pa.

 R 程序和输出:

```
> z.test = function(x,mu,sigma,alternative = "two.sided"){
+ result = list()
+ n = length(x)
+ mean = mean(x)
+ z = (mean - mu)/(sigma/sqrt(n))
+ result$mean = mean;result$z = z
+ result$p = 2 * pnorm(abs(z),lower.tail = FALSE)
+ if(alternative == "greater")result$p = pnorm(z,lower.tail = FALSE)
+ else if(alternative == "less")result$p = pnorm(z)
+ result
```

```
+ }
> bj <- c(793,782,795,802,797,775,768,798,809)
> z.test(x = bj,mu = 800,sigma = 40,alternative = "two.sided")
$mean
[1]791
$z
[1] - 0.675
$p
[1]0.4996758
```

9. 现规定某种食物每 100 g 中维生素 C 的含量不少于 21 mg. 设维生素 C 含量的测定值总体 X 服从正态分布 $N(\mu, \sigma^2)$. 现从这批食品中随机抽取 17 个样品，测得每 100 g 食品中维生素 C 的含量（单位：mg）为

16, 22, 21, 20, 23, 21, 19, 15, 13, 23, 17, 20, 29, 18, 22, 16, 25

试以 $\alpha = 0.05$ 的检验水平，检验这批食品的维生素 C 含量是否合格.

解：本题要求在 $\alpha = 0.05$ 下检验假设

$$H_0: \mu \geq 21, \quad H_1: \mu < 21$$

因总体方差 σ^2 未知，取检验统计量 $T = \dfrac{\overline{X} - \mu_0}{S/\sqrt{n}}$，现有 $n = 17$, $\bar{x} = \dfrac{16 + 22 + \cdots + 25}{17} = 20$, $s^2 = 15.875$, $s = 3.984$, $\alpha = 0.05$, $t_\alpha(n - 1) = t_{0.05}(16) = 1.746$，检验的拒绝域为

$$t = \frac{\bar{x} - \mu_0}{s/\sqrt{n}} < - t_{0.05}(16) = - 1.746$$

因 T 的观测值为 $t = \dfrac{20 - 21}{3.984/\sqrt{17}} = - 1.035 > - 1.746$，落在拒绝域之外，所以在 $\alpha = 0.05$ 下不拒绝原假设 H_0，认为这批食品的维生素 C 含量合格.

 R 程序和输出：

```
> bj <- c(16,22,21,20,23,21,19,15,13,23,17,20,29,18,22,16,25)
> t.test(x = bj,alternative = "less",mu = 21,conf.level = 0.95)
One Sample t - test
data:bj
t = -1.0348,df = 16,p - value = 0.1581
```

```
alternative hypothesis:true mean is less than 21
95 percent confidence interval:
 -Inf 21.68713
sample estimates:
mean of x
20
```

10. 一个小学校长在报纸上看到这样的报道:"这一城市的初中学生平均每周看 8 h 的电视."她认为她所在学校的学生看电视的时间明显小于该数字. 为此,她在该校随机调查了 100 个学生得知,平均每周看电视的时间 $\bar{x}=6.5$ h,样本的标准差 $s=2$ h,试问是否可以认为这位校长的看法是对的(取 $\alpha=0.05$).

解:本题要求在 $\alpha=0.05$ 下检验假设

$$H_0: \mu=8, \quad H_1: \mu<8$$

因总体方差 σ^2 未知,取检验统计量 $T=\dfrac{\bar{X}-\mu_0}{S/\sqrt{n}}$,现有 $n=100$, $\bar{x}=6.5$, $s=2$, $\alpha=0.05$, $t_\alpha(n-1)=t_{0.05}(99)=1.66$,检验的拒绝域为

$$t=\dfrac{\bar{x}-\mu_0}{s/\sqrt{n}}<-t_{0.05}(99)=-1.66$$

因 T 的观测值为 $t=\dfrac{6.5-8}{2/\sqrt{100}}=-7.5<-1.66$,落在拒绝域之内,所以在 $\alpha=0.05$ 下拒绝原假设 H_0,可以认为这位校长的看法是对的.

 R 程序和输出:

```
> test = function(mean,mu,sigma,alternative = "less"){
+ result = list()
+ n = 100
+ t = (mean - mu)/(sigma/sqrt(n))
+ result $ t = t
+ result $ p = pt(t,n-1)
+ result
+ }
> test(mean = 6.5,mu = 8,sigma = 2,alternative = "less")
```

```
$t
[1] -7.5
$p
[1]1.390139e-11
```

11. 已知某种钢生产的钢筋强度服从正态分布. 长期以来, 其抗拉强度平均为 52.00 (单位: kg/mm²). 现改进炼钢的配方, 利用新方法炼了 7 炉钢, 从这 7 炉钢生产的钢筋中每炉抽一根, 测得其强度分别为

$$52.45, 48.51, 56.02, 51.53, 49.02, 53.38, 54.04$$

问新方法炼钢生产的钢筋, 其强度的均值是否有明显的提高 (取显著性水平 $\alpha = 0.05$).

解: 本题要求在 $\alpha = 0.05$ 下检验假设

$$H_0: \mu = 52, \quad H_1: \mu > 52$$

因总体方差 σ^2 未知, 取检验统计量 $T = \dfrac{\overline{X} - \mu_0}{S/\sqrt{n}}$, 现有 $n = 7$, $\bar{x} = \dfrac{52.45 + 48.51 + \cdots + 54.04}{7}$ $= 52.1357$, $s^2 = 7.2635$, $s = 2.6951$, $\alpha = 0.05$, $t_\alpha(n-1) = t_{0.05}(6) = 1.943$, 检验的拒绝域为

$$t = \dfrac{\bar{x} - \mu_0}{s/\sqrt{n}} < -t_{0.05}(6) = -1.943$$

因 T 的观测值为 $t = \dfrac{52.1357 - 52}{2.6951/\sqrt{7}} = 0.1332 > -1.943$, 落在拒绝域之外, 所以在 $\alpha = 0.05$ 下不拒绝原假设 H_0, 认为新方法炼钢生产的钢筋其强度的均值没有明显的提高.

R 程序和输出:

```
> bj<-c(52.45,48.51,56.02,51.53,49.02,53.38,54.04)
> t.test(x=bj,alternative="greater",mu=52,conf.level=0.95)
One Sample t-test
data:bj
t = 0.1332,df = 6,p-value = 0.4492
alternative hypothesis:true mean is greater than 52
95 percent confidence interval:
50.15629        Inf
```

```
sample estimates:
mean of x
52.13571
```

12. 已知用精料养鸡时，经若干天，鸡的平均质量为 2 kg，现对一批鸡改用粗料饲养，同时改善饲养方法，经过同样长的饲养期，随机抽取 10 只，得重量数据（单位：kg）如下：

2.15, 1.85, 1.90, 2.05, 1.95, 2.30, 2.35, 2.50, 2.25, 1.90

经验表明，同一批鸡的重量服从正态分布，试判断这批鸡的平均重量是否提高了（取显著性水平 $\alpha = 0.05$）？

解： 本题要求在 $\alpha = 0.05$ 下检验假设

$$H_0: \mu = 2, \quad H_1: \mu > 2$$

因总体方差 σ^2 未知，取检验统计量 $T = \dfrac{\overline{X} - \mu_0}{S/\sqrt{n}}$，现有 $n = 10$，$\overline{x} = \dfrac{2.15 + 1.85 + \cdots + 1.90}{10}$

$= 2.12$，$s^2 = 0.05$，$s = 0.2238$，$\alpha = 0.05$，$t_\alpha(n-1) = t_{0.05}(9) = 1.833$，检验的拒绝域为

$$t = \dfrac{\overline{x} - \mu_0}{s/\sqrt{n}} < -t_{0.05}(6) = -1.833$$

因 T 的观测值为 $t = \dfrac{2.12 - 2}{0.2238/\sqrt{10}} = 1.6955 > -1.833$，落在拒绝域之外，所以在 $\alpha = 0.05$ 下不拒绝原假设 H_0，认为这批鸡的平均重量没有明显的提高．

 R 程序和输出：

```
> bj <- c(2.15,1.85,1.90,2.05,1.95,2.30,2.35,2.50,2.25,1.90)
> t.test(x = bj,alternative = "greater",mu = 2,conf.level = 0.95)
One Sample t - test
data:bj
t = 1.6952,df = 9,p - value = 0.06214
alternative hypothesis:true mean is greater than 2
95 percent confidence interval:
 1.990235      Inf
```

```
sample estimates:
mean of x
2.12
```

13. 某香烟生产厂向化验室送去两批烟叶，要化验尼古丁的含量. 各抽取质量相同的 5 例化验，得尼古丁的含量（单位：mg）为

A 24，27，26，21，24；

B 27，28，23，31，26.

设化验数据服从正态分布，A 批烟叶的方差为 5，B 批烟叶的方差为 8. 在 $\alpha = 0.05$ 下，检验两种尼古丁平均含量是否相同？

解：本题是两个正态总体均值差的检验，设 A 批烟叶尼古丁的含量 $X \sim N(\mu_1, 5)$，B 批烟叶尼古丁的含量 $Y \sim N(\mu_2, 8)$，

$$H_0: \mu_1 - \mu_2 = 0, \quad H_1: \mu_1 - \mu_2 \neq 0$$

取检验统计量 $U = \dfrac{\overline{X} - \overline{Y}}{\sqrt{\dfrac{\sigma_1^2}{n_1} + \dfrac{\sigma_2^2}{n_2}}}$，现有 $n_1 = n_2 = 5$，$\overline{x} = \dfrac{24 + 27 + \cdots + 24}{5} = 24.4$，$\overline{y} = \dfrac{27 + 28 + \cdots + 26}{5} = 27$，$\alpha = 0.05$，$z_{\alpha/2} = z_{0.025} = 1.96$，检验的拒绝域为

$$|u| > z_{0.025} = 1.96$$

因观测值 $|u| = \left| \dfrac{24.4 - 27}{\sqrt{\dfrac{5}{5} + \dfrac{8}{5}}} \right| = 1.612 < 1.96$，落在拒绝域之外，所以在 $\alpha = 0.05$ 下不拒绝原假设 H_0，认为两种尼古丁平均含量相同.

  R 程序和输出：

```
> z.test2 = function(x,y,sigma1,sigma2,alternative = "two.sided"){
+ result = list()
+ n1 = length(x);n2 = length(y)
+ mean = mean(x) - mean(y)
+ z = mean/sqrt(sigma1/n1 + sigma2/n2)
+ result $ mean = mean;result $ z = z
```

```
+ result $ p = 2 * pnorm(abs(z),lower.tail = FALSE)
+ if(alternative == "greater")result $ p = pnorm(z,lower.tail = FALSE)
+ else if(alternative == "less")result $ p = pnorm(z)
+ result
+ }
> x1 <- c(24,27,26,21,24)
> y1 <- c(27,28,23,31,26)
> z.test2(x1,y1,5,8,alternative = "two.sided")
$mean
[1] -2.6
$z
[1] -1.612452
$p
[1]0.1068637
```

14. 下面给出两种型号的计算器充电以后所能使用的时间（单位：h）的观测值：

型号 A　5.5, 5.6, 6.3, 4.6, 5.3, 5.0, 6.2, 5.8, 5.1, 5.2, 5.9;

型号 B　3.8, 4.3, 4.2, 4.0, 4.9, 4.5, 5.2, 4.8, 4.5, 3.9, 3.7, 4.6.

设两个样本独立且数据所属的两个总体的正态密度函数至多差一个平移量. 试问能否认为型号 A 的计算器的平均使用时间比型号 B 来得长（$\alpha = 0.01$）？

解： 设型号 A 计算器充电以后所能使用的时间 $X \sim N(\mu_1, \sigma^2)$，型号 B 计算器充电以后所能使用的时间 $Y \sim N(\mu_2, \sigma^2)$，本题是两个正态总体均值差的检验，

$$H_0: \mu_1 - \mu_2 = 0, \quad H_1: \mu_1 - \mu_2 > 0$$

取检验统计量 $T = \dfrac{\bar{X} - \bar{Y}}{S_W\sqrt{\dfrac{1}{n_1} + \dfrac{1}{n_2}}}$，现有 $n_1 = 11$，$n_2 = 12$，$\bar{x} = \dfrac{5.5 + 5.6 + \cdots + 5.9}{11} =$ 5.5，$\bar{y} = \dfrac{3.8 + 4.3 + \cdots + 4.6}{12} = 4.367$，$s_w = 0.495$，$\alpha = 0.01$，$t_\alpha(n_1 + n_2 - 2) = t_{0.01}(21) = 2.517$，检验的拒绝域为

$$t > t_{0.01}(21) = 2.517$$

因观测值 $t = \dfrac{5.5 - 4.37}{0.495 \times \sqrt{\dfrac{1}{11} + \dfrac{1}{12}}} = 5.469 > 2.517$，落在拒绝域之内，所以在 $\alpha = 0.01$ 下拒

绝原假设 H_0，认为型号 A 的计算器的平均使用时间比型号 B 的计算器的来得长．

 R 程序和输出：

```
> A <- c(5.5,5.6,6.3,4.6,5.3,5.0,6.2,5.8,5.1,5.2,5.9)
> B <- c(3.8,4.3,4.2,4.0,4.9,4.5,5.2,4.8,4.5,3.9,3.7,4.6)
> t.test(A,B,var.equal = TRUE,alternative = "greater",conf.level = 0.99)

    Two Sample t - test

data:A and B
t = 5.4844,df = 21,p-value = 9.64e-06
alternative hypothesis:true difference in means is greater than 0
99 percent confidence interval:
 0.6130675            Inf
sample estimates:
mean of x mean of y
 5.500000  4.366667
```

15. 从两处煤矿各取若干个样本得其含灰率（单位:%）为

甲　24.3，20.3，23.7，21.3，17.4；

乙　18.2，16.9，20.2，16.7．

问甲、乙两煤矿的平均含灰率有无显著差异？取 $\alpha = 0.05$，设含灰率服从正态分布且 $\sigma_1^2 = \sigma_2^2$．

解：设甲煤矿含灰率为 $X \sim N(\mu_1, \sigma^2)$，乙煤矿含灰率为 $Y \sim N(\mu_2, \sigma^2)$，本题是两个正态总体均值差的检验，

$$H_0: \mu_1 - \mu_2 = 0,\ H_1: \mu_1 - \mu_2 \neq 0$$

取检验统计量 $T = \dfrac{\overline{X} - \overline{Y}}{S_W\sqrt{\dfrac{1}{n_1} + \dfrac{1}{n_2}}}$，现有 $n_1 = 5$，$n_2 = 4$，$\overline{x} = \dfrac{24.3 + \cdots + 17.4}{5} = 21.4$，$\overline{y} = \dfrac{18.2 + \cdots + 16.7}{4} = 18$，$s_w = 2.351$，$\alpha = 0.05$，$t_{\alpha/2}(n_1 + n_2 - 2) = t_{0.025}(7) = 2.364$，检验的拒绝域为

$$|t| > t_{0.025}(7) = 2.364$$

因观测值 $|t| = \left|\dfrac{21.4-18}{2.351\times\sqrt{\dfrac{1}{5}+\dfrac{1}{4}}}\right| = 2.156 < 2.364$,落在拒绝域之外,所以在 $\alpha = 0.05$ 下不拒绝原假设 H_0,认为甲、乙两煤矿的平均含灰率无显著差异.

 R 程序和输出:

```
> x <- c(24.3,20.3,23.7,21.3,17.4)
> y <- c(18.2,16.9,20.2,16.7)
> t.test(x,y,var.equal = TRUE,conf.level = 0.95)

Two Sample t - test

data:x and y
t = 2.1556,df = 7,p - value = 0.06805
alternative hypothesis:true difference in means is not equal to 0
95 percent confidence interval:
 -0.3297082  7.1297082
sample estimates:
mean of x mean of y
 21.41     8.0
```

16. 在漂白工艺中要考虑温度对针织品断裂强度的影响,在 70℃ 与 80℃ 下分别做了 7 次和 9 次检验,测得断裂强力的数据(单位:N)如下:

  70℃ 22.5,18.8,20.9,21.5,19.5,21.6,21.8;

  80℃ 21.7,19.2,20.3,20,18.6,19.0,19.2,20.0,18.1

根据以往经验可知,两种温度下的断裂强力都近似服从正态分布,其方差相等且相互独立. 试问两种温度下的平均断裂强力有无显著差异?($\alpha=0.05$).

解: 设 70℃ 下的断裂强力为 $X \sim N(\mu_1,\sigma^2)$,80℃ 下的断裂强力为 $Y \sim N(\mu_2,\sigma^2)$,本题是两个正态总体均值差的检验,

$$H_0: \mu_1-\mu_2=0, \quad H_1: \mu_1-\mu_2\neq 0$$

取检验统计量 $T = \dfrac{\overline{X}-\overline{Y}}{S_W\sqrt{\dfrac{1}{n_1}+\dfrac{1}{n_2}}}$,现有 $n_1=7$,$n_2=9$,$\overline{x}=\dfrac{22.5+\cdots+21.8}{7}=20.94$,$\overline{y}=$

$\frac{21.7+\cdots+18.1}{9} = 19.57$,$s_w = 1.187$,$\alpha = 0.05$,$t_{\alpha/2}(n_1+n_2-2) = t_{0.025}(14) = 2.144$,
检验的拒绝域为

$$|t| > t_{0.025}(14) = 2.144$$

因观测值 $|t| = \left|\dfrac{20.94-19.57}{1.187 \times \sqrt{\dfrac{1}{7}+\dfrac{1}{9}}}\right| = 2.30 > 2.144$,落在拒绝域之内,所以在 $\alpha = 0.05$

下拒绝原假设 H_0,认为两种温度下的平均断裂强力有显著差异.

 R 程序和输出:

```
> x<-c(22.5,18.8,20.9,21.5,19.5,21.6,21.8)
> y<-c(21.7,19.2,20.3,20,18.6,19,19.2,20,18.1)
> t.test(x,y,var.equal=TRUE,conf.level=0.95)

        Two Sample t-test

data:x and y
t = 2.3011,df = 14,p-value = 0.03727
alternative hypothesis:true difference in means is not equal to 0
95 percent confidence interval:
 0.09347068 2.65891027
sample estimates:
mean of x mean of y
 20.94286  19.56667
```

17. 从某锌矿的东、西两支矿脉中,各抽取样本容量分别为 9 和 8 的样本进行测试,得样本含锌平均数及样本方差如下:

东支 $\bar{x}_1 = 0.230$,$s_1^2 = 0.1337$

西支 $\bar{x}_2 = 0.269$,$s_2^2 = 0.1736$

若东、西两支矿脉的含锌量都服从正态分布且方差相同,问东、西两支矿脉含锌量的平均值是否可以看成是一样的 ($\alpha = 0.05$)?

解:设东支矿脉的含锌量为 $X \sim N(\mu_1, \sigma^2)$,西支矿脉的含锌量为 $Y \sim N(\mu_2, \sigma^2)$,本题是两个正态总体均值差的检验,

$$H_0: \mu_1 - \mu_2 = 0,\ H_1: \mu_1 - \mu_2 \neq 0$$

取检验统计量 $T = \dfrac{\overline{X} - \overline{Y}}{S_W \sqrt{\dfrac{1}{n_1} + \dfrac{1}{n_2}}}$，现有 $n_1 = 9$，$n_2 = 8$，$\bar{x}_1 = 0.230$，$\bar{x}_2 = 0.269$，$s_w = 0.39$，$\alpha = 0.05$，$t_{\alpha/2}(n_1 + n_2 - 2) = t_{0.025}(15) = 2.131$，检验的拒绝域为
$$|t| > t_{0.025}(15) = 2.131$$

因观测值 $|t| = \left| \dfrac{0.230 - 0.269}{0.39 \times \sqrt{\dfrac{1}{9} + \dfrac{1}{8}}} \right| = 0.2058 < 2.131$，落在拒绝域之外，所以在 $\alpha = 0.05$ 下拒绝不原假设 H_0，认为东、西两支矿脉含锌量的平均值可以看成是一样的．

 R 程序和输出：

```
> n1 <- 9
> xbar1 <- 0.230
> s12 <- 0.1337
> n2 <- 8
> xbar2 <- 0.269
> s22 <- 0.1736
> sw <- sqrt(((n1-1)*s12 + (n2-1)*s22)/(n1+n2-2))
> t <- abs(xbar1 - xbar2)/(sw*sqrt(1/n1+1/n2))
>
> qt(1-0.025,n1+n2-2)
[1] 2.13145
> t
[1] 0.2056496
```

18. 某工厂有甲、乙两个条件完全相同的化验室，每天同时从工厂的冷却水中取样，测量水中含氯量（ppm）一次，下面是7天的记录：

　　甲　1.15，1.86，0.75，1.82，1.24，1.65，1.90；
　　乙　1.00，1.90，0.90，1.80，1.20，1.70，1.95．

问两个化验室测定的结果之间有无显著差异（取显著性水平 $\alpha = 0.05$）？由经验知道，测量结果近似服从正态分布．

解：本题是基于成对数据的检验．记 $D = X - Y$，则 $D \sim N(\mu_D, \sigma_D^2)$，$d_i = x_i - y_i$，$i = 1, 2, \cdots, n$ 为 D 的一组样本观测值．$n = 7$，则观测值 d_i 为

　　　　0.15，－0.04，－0.15，0.02，0.04，－0.05，－0.05

在显著性水平 $\alpha = 0.05$ 下检验
$$H_0: \mu_D = 0, \quad H_1: \mu_D \neq 0$$
取检验统计量 $T = \dfrac{\overline{D}}{S_D/\sqrt{n}}$,现有 $n=7$, $\overline{d} = -0.0114$, $s_d^2 = 0.00878$, $s_d = 0.0937$, $\alpha = 0.05$, $t_{\alpha/2}(n-1) = t_{0.025}(6) = 2.447$,检验的拒绝域为
$$|t| > t_{0.025}(6) = 2.447$$

因观测值 $|t| = \left|\dfrac{-0.0114}{0.0937/\sqrt{7}}\right| = 0.3218 < 2.447$,落在拒绝域之外,所以在 $\alpha = 0.05$ 下不拒绝原假设 H_0,认为两个化验室测定的结果之间无显著差异.

R 程序和输出:

```
> x<-c(1.15,1.86,0.75,1.82,1.24,1.65,1.90)
> y<-c(1.00,1.90,0.90,1.80,1.20,1.70,1.95)
> t.test(x-y,alternative="two.sided",conf.level=0.95)

One Sample t-test
data:x - y
t = -0.32268,df = 6,p-value = 0.7579
alternative hypothesis:true mean is not equal to 0
95 percent confidence interval:
 -0.09809285  0.07523570
sample estimates:
mean of x
 -0.01142857
```

19. 甲、乙两种稻种,分别种在 10 块实验田中,每块田中甲、乙稻种各种一半,假定两种作物产量之差服从正态分布,现获 10 块田中的产量(单位:kg)如下所示:

甲 140,137,136,140,145,148,140,135,144,141;

乙 135,118,115,140,128,131,130,115,131,125.

问两种稻种的产量是否有显著差异($\alpha = 0.05$).

解: 本题是基于成对数据的检验.记 $D = X - Y$,则 $D \sim N(\mu_D, \sigma_D^2)$,$d_i = x_i - y_i$,$i = 1, 2, \cdots, n$ 为 D 的一组样本观测值.$n = 10$,则观测值 d_i 为

$$5, 19, 21, 0, 17, 17, 10, 20, 13, 16$$

在显著性水平 $\alpha = 0.05$ 下检验

$$H_0: \mu_D = 0, \quad H_1: \mu_D \neq 0$$

取检验统计量 $T = \dfrac{\overline{D}}{S_D/\sqrt{n}}$,现有 $n = 10$,$\overline{d} = 13.8$,$s_d = 6.876$,$\alpha = 0.05$,$t_{\alpha/2}(n-1) = t_{0.025}(9) = 2.262$,检验的拒绝域为

$$|t| > t_{0.025}(9) = 2.262$$

因观测值 $|t| = \left|\dfrac{13.8}{6.876/\sqrt{10}}\right| = 6.346 > 2.262$,落在拒绝域之内,所以在 $\alpha = 0.05$ 下拒绝原假设 H_0,认为两种稻种的产量有显著差异.

 R 程序和输出:

```
> x <- c(140,137,136,140,145,148,140,135,144,141)
> y <- c(135,118,115,140,128,131,130,115,131,125)
> t.test(x-y,alternative = "two.sided",conf.level = 0.95)
One Sample t-test

data:x - y
t = 6.346,df = 9,p-value = 0.0001335
alternative hypothesis:true mean is not equal to 0
95 percent confidence interval:
 8.880711    18.719289
sample estimates:
mean of x
     13.8
```

20. 随机地选了 8 个人,分别测量了他们在早晨起床和晚上就寝时的身高(单位:cm),如表 7-9 所示,得到以下的数据. 设各对数据的差 D_i 是来自正态总体 $N(\mu_D, \sigma_D^2)$ 的样本,μ_D,σ_D 均未知. 问是否可以认为早上的身高比晚上的身高要高($\alpha = 0.05$)?

表 7-9

序号	1	2	3	4	5	6	7	8
早上 (x_i)	162	168	180	181	160	163	165	177
晚上 (y_i)	162	167	177	179	159	161	166	175

解：本题是基于成对数据的检验. 记 $D = X - Y$，则 $D \sim N(\mu_D, \sigma_D^2)$，$d_i = x_i - y_i$，$i = 1, 2, \cdots, n$ 为 D 的一组样本观测值. 由题意知，$n = 8$，观测值 d_i 为

$$0, 1, 3, 2, 1, 2, -1, 2$$

在显著性水平 $\alpha = 0.05$ 下检验

$$H_0: \mu_D \leq 0, \quad H_1: \mu_D > 0$$

取检验统计量 $T = \dfrac{\overline{D}}{S_D/\sqrt{n}}$，现有 $n = 8$，$\overline{d} = 1.25$，$s_d = 1.281$，$\alpha = 0.05$，$t_\alpha(n-1) = t_{0.05}(7) = 1.895$，检验的拒绝域为

$$t > t_{0.05}(7) = 1.895$$

因观测值 $t = \dfrac{1.25}{1.281/\sqrt{8}} = 2.759 > 1.895$，落在拒绝域之内，所以在 $\alpha = 0.05$ 下拒绝原假设 H_0，认为早上的身高比晚上的身高要高.

R 程序和输出：

```
> x1<-c(162,168,180,181,160,163,165,177)
> y1<-c(162,167,177,179,159,161,166,175)
> t.test(x1,y1,paired=TRUE,alternative="greater")

Paired t-test

data:x1 and y1
t = 2.7584,df = 7,p-value = 0.01408
alternative hypothesis:true difference in means is greater than 0
95 percent confidence interval:
0.3914462        Inf
sample estimates:
mean of the differences
1.25
```

21. 某厂生产的铜丝，要求其拉断力的方差不得超过 16 $(10^{-1}N)^2$，今从某生产的钢丝中随机抽取 9 根，测得其拉断力（单位：$10^{-1}N$）为

$$289, 286, 285, 284, 286, 285, 286, 298, 292$$

设拉断力总体服从正态分布 $X \sim N(\mu, \sigma^2)$，问该日生产的铜丝的拉断力的方差是否合乎标准（取显著性水平 $\alpha = 0.05$）？

解：本题是均值未知时总体方差的检验．在显著性水平 $\alpha = 0.05$ 下检验
$$H_0: \sigma^2 \leq 16, \quad H_1: \sigma^2 > 16$$

取检验统计量 $\chi^2 = \dfrac{(n-1)S^2}{\sigma_0^2}$，现有 $n = 9$，$s^2 = 20.361$，$\alpha = 0.05$，$\chi_\alpha^2(n-1) = \chi_{0.05}^2(8) = 15.51$，检验的拒绝域为

$$\chi^2 > \chi_{0.05}^2(8) = 15.51$$

因观测值 $\chi^2 = \dfrac{8 \times 20.361}{16} = 10.18 < 15.51$，落在拒绝域之外，所以在 $\alpha = 0.05$ 下不拒绝原假设 H_0，认为该日生产的铜丝的拉断力的方差合乎标准．

 R 程序和输出：

```
> chisq.var.test = function(x,var,alternative = "two.sided"){
+ n = length(x)
+ df = n - 1
+ v = var(x)
+ chi2 = df * v/var
+ result = list()
+ result $ df = df;result $ var = v;result $ chi2 = chi2
+ result $ p = 2 * min(pchisq(chi2,df),pchisq(chi2,df,lower.tail = F))
+ if(alternative == "greater")result $ p = pchisq(chi2,df,lower.tail = F)
+ else if(alternative == "less")result $ p = pchisq(chi2,df)
+ result
+ }
> bj <- c(289,286,285,284,286,285,286,298,292)
> chisq.var.test(x = bj,16,alternative = "greater")
$ df
[1]8
$ var
[1]20.36111
$ chi2
[1]10.18056
$ p
[1]0.2525813
```

22. 检验一批保险丝,抽取 10 根在通过强电流后融化所需的时间(单位:s)为

$$42, 65, 75, 78, 59, 71, 57, 68, 54, 55$$

可以认为融化所需时间服从正态分布,问

(1) 能否认为这批保险丝的平均融化时间不小于 65(取 $\alpha=0.05$)?

(2) 能否认为熔化时间的方差不超过 80(取 $\alpha=0.05$)?

解:(1) 设融化所需时间服从正态分布 $X \sim N(\mu, \sigma^2)$,本题要求在 $\alpha=0.05$ 下检验假设

$$H_0: \mu \geq 65, \quad H_1: \mu < 65$$

因总体方差 σ^2 未知,取检验统计量 $T=\dfrac{\overline{X}-\mu_0}{S/\sqrt{n}}$,现有 $n=10$,$\bar{x}=62.4$,$s=11.037$,$\alpha=0.05$,$t_\alpha(n-1)=t_{0.05}(9)=1.833$,检验的拒绝域为

$$t=\frac{\bar{x}-\mu_0}{s/\sqrt{n}} < -t_{0.05}(9)=-1.833$$

因 T 的观测值为 $t=\dfrac{62.4-65}{11.037/\sqrt{10}}=-0.745 > -1.833$,落在拒绝域之外,所以在 $\alpha=0.05$ 下不拒绝原假设 H_0,认为这批保险丝的平均融化时间不小于 65.

(2) 本题是均值未知时总体方差的检验. 在显著性水平 $\alpha=0.05$ 下检验

$$H_0: \sigma^2 \leq 80, \quad H_1: \sigma^2 > 80$$

取检验统计量 $\chi^2=\dfrac{(n-1)S^2}{\sigma_0^2}$,现有 $n=10$,$s^2=121.81$,$\alpha=0.05$,$\chi_\alpha^2(n-1)=\chi_{0.05}^2(9)=16.919$,检验的拒绝域为

$$\chi^2 > \chi_{0.05}^2(9)=16.919$$

因观测值 $\chi^2=\dfrac{9 \times 121.81}{80}=13.703 < 16.919$,落在拒绝域之外,所以在 $\alpha=0.05$ 下不拒绝原假设 H_0,认为熔化时间的方差不超过 80.

R 程序和输出:

```
####(1)
> bj<-c(42,65,75,78,59,71,57,68,54,55)
> t.test(x=bj,mu=65,alternative="less")
```

```
One Sample t-test

data:bj
t = -0.7449,df = 9,p-value = 0.2377
alternative hypothesis:true mean is less than 65
95 percent confidence interval:
 -Inf 68.79812
sample estimates:
mean of x
 62.4


####(2)
> chisq.var.test = function(x,var,alternative = "two.sided"){
+ n = length(x)
+ df = n-1
+ v = var(x)
+ chi2 = df * v/var
+ result = list()
+ result $ df = df;result $ var = v;result $ chi2 = chi2
+ result $ p = 2 * min(pchisq(chi2,df),pchisq(chi2,df,lower.tail = F))
+ if(alternative == "greater")result $ p = pchisq(chi2,df,lower.tail = F)
+ else if(alternative == "less")result $ p = pchisq(chi2,df)
+ result
+ }
> bj <- c(42,65,75,78,59,71,57,68,54,55)
> chisq.var.test(x = bj,80,alternative = "greater")
$ df
[1]9
$ var
[1]121.8222
$ chi2
[1]13.705
$ p
[1]0.1332127
```

23. 某类钢板的重量指标平日服从正态分布，它的制造规格规定，钢板质量的方差不得超过 $\sigma_0^2 = 0.016 \text{ kg}^2$. 现有 25 块钢板组成的一个随机样本给出的样本方差为 0.025，从这些数据能否得出钢板不合规定的结论（取 $\alpha = 0.05, \alpha = 0.01$）？

解：本题是均值未知时总体方差的检验．

$$H_0: \sigma^2 \leq 0.016, \quad H_1: \sigma_2 > 0.016$$

取检验统计量 $\chi^2 = \dfrac{(n-1)S^2}{\sigma_0^2}$，现有 $n = 10$，$s^2 = 0.025$．

在显著性水平 $\alpha = 0.05$ 下，检验的拒绝域为

$$\chi^2 > \chi_{0.05}^2(24) = 36.415$$

因观测值 $\chi^2 = \dfrac{24 \times 0.025}{0.016} = 37.5 > 36.415$，落在拒绝域之内，所以在 $\alpha = 0.05$ 下拒绝原假设 H_0，认为钢板不合规定．

在显著性水平 $\alpha = 0.01$ 下，检验的拒绝域为

$$\chi^2 > \chi_{0.01}^2(24) = 42.979$$

因观测值 $\chi^2 = \dfrac{24 \times 0.025}{0.016} = 37.5 < 42.979$，落在拒绝域之外，所以在 $\alpha = 0.01$ 下不拒绝原假设 H_0，认为钢板符合规定．

R 程序和输出：

```
> chisq.var.test = function(n,s2,var,alpha){
+ df = n - 1
+ chi2 = df * s2/var
+ result = list()
+ result $ df = df;
+ result $ chi2 = chi2
+ result $ q = qchisq(1 - alpha,df)
+ result
+ }
> chisq.var.test(25,0.025,0.016,0.05)
$df
[1]24
$chi2
[1]37.5
$q
```

```
[1]36.41503
> chisq.var.test(25,0.025,0.016,0.01)
$df
[1]24
$chi2
[1]37.5
$q
[1]42.97982
```

24. 两台车床生产同一种滚珠，滚珠的直径服从正态分布，从中分别抽取 8 个和 9 个产品，测得其直径为

　　甲车床　15.0，14.5，15.2，15.5，14.8，15.1，15.2，14.8；
　　乙车床　15.2，15.0，14.8，15.2，15.0，15.0，14.8，15.1，14.8。
比较两台车床生产的滚珠直径的方差是否有明显差异（$\alpha = 0.05$）？

解： 设两台车床生产的滚珠直径分布服从 $N(\mu_1, \sigma_1^2)$ 和 $N(\mu_2, \sigma_2^2)$，本题是两个总体的方差检验问题.

$$H_0: \sigma_1^2 = \sigma_2^2, \quad H_1: \sigma_1^2 \neq \sigma_2^2$$

取检验统计量 $F = \dfrac{S_1^2}{S_2^2}$，在显著性水平 $\alpha = 0.05$ 下，检验的拒绝域为

$$F \leq F_{0.975}(7,8) = 0.204 \text{ 或 } F \geq F_{0.025}(7,8) = 4.528$$

因观测值 $f = \dfrac{s_1^2}{s_2^2} = \dfrac{0.0955}{0.0261} = 3.659$，$0.204 < 3.659 < 4.528$，所以在 $\alpha = 0.05$ 下不拒绝原假设 H_0，认为两台车床生产的滚珠直径的方差没有明显差异.

 R 程序和输出：

```
> x<-c(15.0,14.5,15.2,15.5,14.8,15.1,15.2,14.8)
> y<-c(15.2,15.0,14.8,15.2,15.0,15.0,14.8,15.1,14.8)
> var.test(x,y)

        F test to compare two variances

data:x and y
```

```
F = 3.6588,num df = 7,denom df = 8,p-value = 0.08919
alternative hypothesis:true ratio of variances is not equal to 1
95 percent confidence interval:
0.8079418    17.9257790
sample estimates:
ratio of variances
3.658815
```

25. 机床厂某日从两台机器中所加工的同一种零件中，分别抽出样本若干个，测量零件尺寸得

第一台　6.2, 6.7, 6.5, 6.0, 6.3, 5.8, 5.7, 6.0, 5.8, 6.0, 6.0;

第二台　5.6, 5.9, 5.6, 5.7, 5.8, 6.0, 5.5, 5.7, 5.5.

设零件尺寸近似服从正态分布，问两台机器加工这种零件的精度是否有显著差异（$\alpha = 0.05$）？（提示：精度指数据的方差）

解：设两台机器加工的零件尺寸分布服从 $N(\mu_1, \sigma_1^2)$ 和 $N(\mu_2, \sigma_2^2)$，本题是两个总体的方差检验问题．

$$H_0: \sigma_1^2 = \sigma_2^2, \quad H_1: \sigma_1^2 \neq \sigma_2^2$$

取检验统计量 $F = \dfrac{S_1^2}{S_2^2}$，在显著性水平 $\alpha = 0.05$ 下，检验的拒绝域为

$$F \leq F_{0.975}(10, 8) = 0.259 \text{ 或 } F \geq F_{0.025}(10, 8) = 4.295$$

因观测值 $f = \dfrac{s_1^2}{s_2^2} = \dfrac{0.0949}{0.03} = 3.163$，$0.259 < 3.163 < 4.295$，所以在 $\alpha = 0.05$ 下不拒绝原假设 H_0，认为两台机器加工这种零件的精度没有显著差异．

 R 程序和输出：

```
> x<-c(6.2,6.7,6.5,6.0,6.3,5.8,5.7,6.0,5.8,6.0,6.0)
> y<-c(5.6,5.9,5.6,5.7,5.8,6.0,5.5,5.7,5.5)
> var.test(x,y)

    F test to compare two variances

data:x and y
```

```
F = 3.1636,num df = 10,denom df = 8,p-value = 0.116
alternative hypothesis:true ratio of variances is not equal to 1
95 percent confidence interval:
 0.7365641    12.1954730
sample estimates:
ratio of variances
3.163636
```

26. 用两种方法研究冰的潜热，样本都取自 $-0.72℃$ 的冰，用方法 A 做，取样本容量为 $n_1 = 13$；用方法 B 做，取样本容量为 $n_2 = 8$，测得每克冰从 $-0.72℃$ 变成 $0℃$ 的水，其中热量的变化数据为

方法 A　79.98，80.04，80.02，80.04，80.03，80.04，80.03，79.97，80.05，
　　　　80.03，80.02，80.00，80.02；

方法 B　80.02，79.94，79.97，79.98，79.97，80.03，79.95，79.97.

假设两种方法测得的数据总体都服从正态分布，试问

（1）两种方法测量总体的方差是否相等（$\alpha = 0.05$）？

（2）两种方法测量总体的均值是否相等（$\alpha = 0.05$）？

解：（1）设两种方法热量的变化数据分别服从 $X \sim N(\mu_1, \sigma_1^2)$ 和 $Y \sim N(\mu_2, \sigma_2^2)$，

$$H_0: \sigma_1^2 = \sigma_2^2, H_1: \sigma_1^2 \neq \sigma_2^2$$

取检验统计量 $F = \dfrac{S_1^2}{S_2^2}$，在显著性水平 $\alpha = 0.05$ 下，检验的拒绝域为

$$F \leq F_{0.975}(12, 7) = 0.277 \text{ 或 } F \geq F_{0.025}(12, 7) = 4.665$$

因观测值 $f = \dfrac{s_1^2}{s_2^2} = \dfrac{0.000\,574}{0.000\,983} = 0.583\,9$，$0.277 < 0.583\,9 < 4.665$，所以在 $\alpha = 0.05$ 下不拒绝原假设 H_0，认为两种方法测量总体的方差相等.

（2）本题是两个正态总体均值差的检验，

$$H_0: \mu_1 - \mu_2 = 0, H_1: \mu_1 - \mu_2 \neq 0$$

取检验统计量 $T = \dfrac{\overline{X} - \overline{Y}}{S_W \sqrt{\dfrac{1}{n_1} + \dfrac{1}{n_2}}}$，现有 $n_1 = 13$，$n_2 = 8$，$\overline{x} = 80.02$，$\overline{y} = 79.97$，$s_w = 0.026\,9$，$\alpha = 0.05$，$t_{\alpha/2}(n_1 + n_2 - 2) = t_{0.025}(19) = 2.093$，检验的拒绝域为

$$|t| > t_{0.025}(19) = 2.093$$

因观测值 $|t| = \left| \dfrac{80.02 - 79.98}{0.026\,9 \times \sqrt{\dfrac{1}{13} + \dfrac{1}{8}}} \right| = 3.47 > 2.093$，落在拒绝域之内，所以在 $\alpha = 0.05$ 下拒绝原假设 H_0，认为两种方法测量总体的均值不相等.

 R 程序和输出：

```
####(1)
> x<-c(79.98,80.04,80.02,80.04,80.03,80.04,80.03,79.97,80.05,80.03,
+ 80.02,80.0,80.02)
> y<-c(80.02,79.94,79.97,79.98,79.97,80.03,79.95,79.97)
> var.test(x,y)

    F test to compare two variances

data:x and y
F = 0.5837,num df = 12,denom df = 7,p-value = 0.3938
alternative hypothesis:true ratio of variances is not equal to 1
95 percent confidence interval:
 0.1251097  2.1052687
sample estimates:
ratio of variances
 0.5837405


> t.test(x,y,var.equal=TRUE,conf.level=0.95)

    Two Sample t-test

data:x and y
t = 3.4722,df = 19,p-value = 0.002551
alternative hypothesis:true difference in means is not equal to 0
95 percent confidence interval:
 0.01669058 0.06734788
sample estimates:
mean of x mean of y
 80.02077  79.97875
```

27. 测得两批电子器件的样品的电阻（单位：Ω）为

A 批（x）　　0.140，0.138，0.143，0.142，0.144，0.137；

B 批（y）　　0.135，0.140，0.142，0.136，0.138，0.140．

设两批器材的电阻值分别服从 $N(\mu_1, \sigma_1^2)$，$N(\mu_2, \sigma_2^2)$ 且两样本独立．

(1) 试检验两个总体的方差是否相等（$\alpha = 0.05$）；

(2) 试检验两个总体的均值是否相等（$\alpha = 0.05$）．

解：(1) 检验的原假设和备选假设分别为

$$H_0: \sigma_1^2 = \sigma_2^2,\ H_1: \sigma_1^2 \neq \sigma_2^2$$

取检验统计量 $F = \dfrac{S_1^2}{S_2^2}$，在显著性水平 $\alpha = 0.05$ 下，检验的拒绝域为

$$F \leq F_{0.975}(5,5) = 0.139\ \text{或}\ F \geq F_{0.025}(5,5) = 7.146$$

因观测值 $f = \dfrac{s_1^2}{s_2^2} = \dfrac{7.866 \times 10^{-6}}{7.1 \times 10^{-6}} = 1.1079$，$0.139 < 1.1079 < 7.146$，所以在 $\alpha = 0.05$ 下不拒绝原假设 H_0，认为两个总体的方差相等．

(2) 本题是两个正态总体均值差的检验，

$$H_0: \mu_1 - \mu_2 = 0,\ H_1: \mu_1 - \mu_2 \neq 0$$

取检验统计量 $T = \dfrac{\overline{X} - \overline{Y}}{S_W\sqrt{\dfrac{1}{n_1} + \dfrac{1}{n_2}}}$，现有 $n_1 = 6$，$n_2 = 6$，$\bar{x} = 0.1407$，$\bar{y} = 0.1385$，$s_w = 0.00273$，$\alpha = 0.05$，$t_{\alpha/2}(n_1 + n_2 - 2) = t_{0.025}(10) = 2.228$，检验的拒绝域为

$$|t| > t_{0.025}(10) = 2.228$$

因观测值 $|t| = \left|\dfrac{0.1407 - 0.1385}{0.00273 \times \sqrt{\dfrac{1}{6} + \dfrac{1}{6}}}\right| = 1.374 < 2.228$，落在拒绝域之外，所以在 $\alpha = 0.05$ 下不拒绝原假设 H_0，认为两个总体的均值相等．

 R 程序和输出：

```
####(1)
> x<-c(0.140,0.138,0.143,0.142,0.144,0.137)
> y<-c(0.135,0.140,0.142,0.136,0.138,0.140)
> var.test(x,y)

    F test to compare two variances
```

```
data:x and y
F = 1.108,num df = 5,denom df = 5,p-value = 0.9132
alternative hypothesis:true ratio of variances is not equal to 1
95 percent confidence interval:
 0.1550409    7.9180569
sample estimates:
ratio of variances
 1.107981
####(2)
> t.test(x,y,var.equal=TRUE,conf.level=0.95)

Two Sample t-test
data:x and y
t = 1.3718,df = 10,p-value = 0.2001
alternative hypothesis:true difference in means is not equal to 0
95 percent confidence interval:
 -0.001352414 0.005685747
sample estimates:
mean of x mean of y
 0.1406667   0.1385000
```

28. 有两个正态总体 $X \sim N(\mu_1, \sigma_1^2)$，$Y \sim N(\mu_2, \sigma_2^2)$，从两个总体中分别抽取样本：

X 4.4, 4.0, 2.0, 4.8；

Y 6.0, 1.0, 3.2, 0.4.

在显著性水平 $\alpha = 0.05$ 下，能否认为这两个样本来自同一个总体？

解：(1) 先对两个总体的方差进行检验

$$H_0: \sigma_1^2 = \sigma_2^2, \quad H_1: \sigma_1^2 \neq \sigma_2^2$$

取检验统计量 $F = \dfrac{S_1^2}{S_2^2}$，在显著性水平 $\alpha = 0.05$ 下，检验的拒绝域为

$$F \leq F_{0.975}(3,3) = 0.064 \text{ 或 } F \geq F_{0.025}(3,3) = 15.439$$

因观测值 $f = \dfrac{s_1^2}{s_2^2} = \dfrac{1.546}{6.436} = 0.2403$，$0.064 < 0.2403 < 15.439$，所以在 $\alpha = 0.05$ 下不拒绝

原假设 H_0,认为两个总体的方差相等.

(2) 再对两个总体的均值进行检验,

$$H_0: \mu_1 - \mu_2 = 0, \quad H_1: \mu_1 - \mu_2 \neq 0$$

取检验统计量 $T = \dfrac{\overline{X} - \overline{Y}}{S_W \sqrt{\dfrac{1}{n_1} + \dfrac{1}{n_2}}}$,现有 $n_1 = 4$,$n_2 = 4$,$\overline{x} = 3.8$,$\overline{y} = 2.65$,$s_w = 1.998$,$\alpha = 0.05$,$t_{\alpha/2}(n_1 + n_2 - 2) = t_{0.025}(6) = 2.447$,检验的拒绝域为

$$|t| > t_{0.025}(6) = 2.447$$

因观测值 $|t| = \left| \dfrac{3.8 - 2.65}{1.998 \times \sqrt{\dfrac{1}{4} + \dfrac{1}{4}}} \right| = 0.8139 < 2.447$,落在拒绝域之外,所以在 $\alpha = 0.05$ 下不拒绝原假设 H_0,认为两个总体的均值相等.

因此可以认为这两个样本来自同一个总体.

 R 程序和输出:

```
####(1)
> x<-c(4.4,4.0,2.0,4.8)
> y<-c(6.0,1.0,3.2,0.4)
> var.test(x,y)

    F test to compare two variances

data:x and y
F = 0.2403,num df = 3,denom df = 3,p-value = 0.2721
alternative hypothesis:true ratio of variances is not equal to 1
95 percent confidence interval:
 0.01556365   3.70988121
sample estimates:
ratio of variances
          0.24029
####(2)
> t.test(x,y,var.equal=TRUE,conf.level=0.95)

    Two Sample t-test
```

```
data:x and y
t = 0.81402,df = 6,p-value = 0.4467
alternative hypothesis:true difference in means is not equal to 0
95 percent confidence interval:
 -2.306849 4.606849
sample estimates:
mean of x mean of y
  3.80       2.65
```

29. 设 $X \sim N(\mu, 1)$，μ 为未知参数，$\alpha = 0.05$，抽出容量为 $n = 16$ 的一个样本，由样本值可得 $\bar{x} = 5.20$，求出 μ 的置信水平为 $1-\alpha$ 的置信区间，并由此讨论检验问题 $H_0: \mu = 5.5$，$H_1: \mu \neq 5.5$。

解：μ 的置信水平为 $1-\alpha$ 的置信区间为

$$\left(\bar{x} - \frac{\sigma z_{\alpha/2}}{\sqrt{n}}, \bar{x} + \frac{\sigma z_{\alpha/2}}{\sqrt{n}}\right) = \left(5.20 - \frac{1.96 \times 1}{\sqrt{16}}, 5.20 + \frac{1.96 \times 1}{\sqrt{16}}\right) = (4.71, 5.69)$$

由于 5.5 在该置信区间里面，不拒绝原假设，可以认为 $\mu = 5.5$。

 R 程序和输出：

```
> z <- function(xbar,sigma,n,alpha){
+ LB <- xbar - sigma * qnorm(1 - alpha / 2) / sqrt(n)
+ UB <- xbar + sigma * qnorm(1 - alpha / 2) / sqrt(n)
+ c(LB,UB)
+ }
> z(5.2,1,16,0.05)
[1]4.710009  5.689991
```

30. 数据如 29 题，试由右侧检验问题 $H_0: \mu \leq \mu_0$，$H_1: \mu > \mu_0$ 的接受域，求出参数 μ 的置信水平为 α 的单侧置信下限。

解：检验问题 $H_0: \mu \leq \mu_0$，$H_1: \mu > \mu_0$ 的接受域为

$$\bar{x} \leq \mu_0 + z_\alpha \frac{\sigma}{\sqrt{n}}$$

即 $\mu_0 \geq \bar{x} - z_\alpha \frac{\sigma}{\sqrt{n}}$，参数 μ 的置信水平为 α 的单侧置信下限为 $\bar{x} - z_\alpha \frac{\sigma}{\sqrt{n}}$。利用 29 题的数据

得到

$$\bar{x} - z_\alpha \frac{\sigma}{\sqrt{n}} = 5.2 - 1.645 \times \frac{1}{\sqrt{16}} = 4.788$$

 R 程序和输出：

```
> z.test = function(mean,mu,sigma,n,alternative = "greater"){
+ result = list()
+ z = (mean - mu)/(sigma/sqrt(n))
+ u = mean + sigma * qnorm(alpha)/sqrt(n)
+ result $ z = z
+ result $ p = pnorm(z)
+ result $ u = u
+ result
+ }
> z.test(5.2,5.5,1,16,alternative = "greater")
$ z
[1] -1.2
$ p
[1]0.1150697
$ u
[1]4.788787
```

31. 为募集社会福利基金，某地方政府发行福利彩票，中彩者用摇大转盘的方法确定最后中奖金额．大转盘均分为 20 份，其中中奖金额为 5 万、10 万、20 万、30 万、50 万、100 万的分别占 2 份、4 份、6 份、4 份、2 份、2 份．假定大转盘是均匀的，则每一点朝向是等可能的，于是摇出各个奖项的概率如表 7 - 10 所示.

表 7 - 10

额度/万	5	10	20	30	50	100
概率	0.1	0.2	0.3	0.2	0.1	0.1

现 20 人参加摇奖，摇得为 5 万、10 万、20 万、30 万、50 万和 100 万的人数分别为 2、6、6、3、3、0，由于没有一个人摇到 100 万，于是有人怀疑大转盘是不均匀的，那么该怀疑是否成立呢（$\alpha = 0.05$）？

解：利用 χ^2 统计量来检验大转盘是否均匀，以及奖项的分布和实际观测的数据的拟合优度，当 $\alpha = 0.05$ 时，查表得到 $\chi^2_{0.05}(n-1) = \chi^2_{0.05}(5) = 11.07$，由样本可得 χ^2 统计

量的值为
$$\chi^2 = \frac{(2-20\times0.1)^2}{20\times0.1} + \frac{(6-20\times0.2)^2}{20\times0.2} + \frac{(6-20\times0.3)^2}{20\times0.3} + \frac{(3-20\times0.2)^2}{20\times0.2}$$
$$+ \frac{(3-20\times0.1)^2}{20\times0.1} + \frac{(0-20\times0.1)^2}{20\times0.1} = 3.75 < 11.07$$

观测值和理论分布拟合得很好,所以大转盘是均匀的.

 R 程序和输出:

```
> x <- c(2,6,6,3,3,0)
> p <- c(0.1,0.2,0.3,0.2,0.1,0.1)
> chisq.test(x,p = p)

Chi-squared test for given probabilities

data:x
X-squared = 3.75,df = 5,p-value = 0.5859
```

32. 检查产品质量时,每次抽取 10 个产品来检查,共抽取 10 次,记录每 10 个产品中的次品数如表 7 - 11 所示.

表 7 - 11

次品数	0	1	2	3	4	5	6	7	8	9	10
频数	35	40	18	5	1	1	0	0	0	0	0

问次品数是否服从二项分布($\alpha = 0.05$)?

解:设次品数为 X,本题要在 $\alpha = 0.05$ 时,检验
$$H_0:X \text{ 服从二项分布 } B(10, p)$$
先计算出在假定原假设 H_0 为真时,参数 p 的极大似然估计值
$$\hat{p} = \frac{\bar{x}}{10} = \frac{1}{100\times10} \times (0\times35 + 1\times40 + \cdots + 10\times0) = 0.1$$
按 X 服从二项分布,概率分布为
$$P(X = i) = C_{10}^i \times 0.1^i \times 0.9^{10-i}, \quad i = 0, 1, 2, \cdots, 10$$
将次品数大于或等于 3 的频数合为一组算得
$$\hat{p}_0 = 0.3486, \quad \hat{p}_1 = 0.3874, \quad \hat{p}_2 = 0.1937, \quad \hat{p}_3 = \sum_{i=3}^{10}(C_{10}^i \times 0.1^i \times 0.9^{10-i}) = 0.0702$$

当 $\alpha = 0.05$ 时，查表得到 $\chi^2_{0.05}(k-r-1) = \chi^2_{0.05}(2) = 5.991$，由样本可得 χ^2 统计量的值为

$$\chi^2 = \frac{(35-100\times 0.3486)^2}{100\times 0.3486} + \frac{(40-100\times 0.3874)^2}{100\times 0.3874} + \frac{(18-100\times 0.1837)^2}{100\times 0.1837} +$$
$$\frac{(7-100\times 0.0702)^2}{100\times 0.0702} = 0.138 < 5.991$$

观测值和理论分布拟合得很好，次品数服从二项分布．

 R 程序和输出：

```
> x <- c(rep(0,35),rep(1,40),rep(2,18),rep(3,5),4,5)
> p <- c(dbinom(0:2,10,mean(x)/10),1-sum(dbinom(0:2,10,mean(x)/10)))
> v <- c(35,40,18,7)
> sum((v-100*p)^2/(100*p))
[1] 0.1384354
> qchisq(1-0.05,4-1-1)
[1] 5.991465
```

第8章 回归分析与方差分析

§8.1 知识点归纳

8.1.1 一元线性回归

1. 一元线性回归模型

$$Y_i = a + bx_i + \varepsilon_i, \quad \varepsilon_i \sim N(0, \sigma^2), \quad \text{各 } \varepsilon_i \text{ 相互独立}, \quad i = 1, 2, \cdots, n.$$

2. 线性回归方程

$$\hat{y} = \hat{a} + \hat{b}x$$

3. 回归系数 a, b 的点估计

$$\hat{b} = \frac{S_{xy}}{S_{xx}}, \quad \hat{a} = \overline{y} - \hat{b}\overline{x}$$

其中：

$$S_{xy} = \sum_{i=1}^{n}(x_i - \overline{x})(y_i - \overline{y}) = \sum_{i=1}^{n} x_i y_i - \frac{1}{n}\left(\sum_{i=1}^{n} x_i\right)\left(\sum_{i=1}^{n} y_i\right);$$

$$S_{xx} = \sum_{i=1}^{n}(x_i - \overline{x})^2 = \sum_{i=1}^{n} x_i^2 - \frac{1}{n}\left(\sum_{i=1}^{n} x_i\right)^2;$$

$$S_{yy} = \sum_{i=1}^{n}(y_i - \overline{y})^2 = \sum_{i=1}^{n} y_i^2 - \frac{1}{n}\left(\sum_{i=1}^{n} y_i\right)^2.$$

4. 参数 σ^2 的点估计

$$\hat{\sigma}^2 = \frac{Q_e}{n-2} = \frac{1}{n-2}(S_{yy} - \hat{b}S_{xy}).$$

5. 线性回归的显著性检验

（1）检验假设：

$$H_0: b = 0, \quad H_1: b \neq 0$$

(2) 当 H_0 为真时，检验统计量：
$$t = \frac{\hat{b} - b}{\hat{\sigma}}\sqrt{S_{xx}} = \frac{\hat{b}}{\hat{\sigma}}\sqrt{S_{xx}} \sim t(n-2)$$

(3) 对给定检验水平 α, H_0 的拒绝域为
$$|t| = \frac{|\hat{b}|}{\hat{\sigma}}\sqrt{S_{xx}} \geq t_{\alpha/2}(n-2)$$

(4) 得出结论：
若 H_0 被拒绝，则认为回归效果是显著的，反之，认为回归效果不显著.

6. 回归系数 b 的置信区间
$$\left[\hat{b} \pm t_{\alpha/2}(n-2) \times \frac{\hat{\sigma}}{\sqrt{S_{xx}}}\right]$$

7. 点预测和区间预测

(1) 在 $x = x_0$ 处，$Y_0 = a + bx_0 + \varepsilon_0$ 的点预测为
$$\hat{Y}_0 = \hat{a} + \hat{b}x_0$$

(2) Y_0 的置信水平为 $1-\alpha$ 的区间预测为
$$\left[\hat{a} + \hat{b}x_0 \pm t_{\alpha/2}(n-2)\hat{\sigma}\sqrt{1 + \frac{1}{n} + \frac{(x_0 - \overline{x})^2}{S_{xx}}}\right]$$

8. 可转化为一元线性回归模型的例子

(1) $Y = a + b\sin t + \varepsilon$, $\varepsilon \sim N(0, \sigma^2)$, 令 $x = \sin t$ 即可转化为一元线性回归模型.

(2) $y = a + bt + ct^2 + \varepsilon$, $\varepsilon \sim N(0, \sigma^2)$, 令 $x_1 = t$, $x_2 = t^2$, 则得 $y = a + bx_1 + cx_2 + \varepsilon$, $\varepsilon \sim N(0, \sigma^2)$.

8.1.2 多元线性回归

1. 回归模型
$$Y = a + b_1x_1 + b_2x_2 + \cdots + b_px_p + \varepsilon, \quad \varepsilon \sim N(0, \sigma^2)$$

2. 模型参数的估计

$$\boldsymbol{Y} = \begin{pmatrix} y_1 \\ y_2 \\ \vdots \\ y_n \end{pmatrix}, \quad \boldsymbol{X} = \begin{pmatrix} 1 & x_{11} & x_{12} & \cdots & x_{1p} \\ 1 & x_{21} & x_{22} & \cdots & x_{2p} \\ \vdots & \vdots & \vdots & & \vdots \\ 1 & x_{n1} & x_{n2} & \cdots & x_{np} \end{pmatrix}, \quad \boldsymbol{B} = \begin{pmatrix} a \\ b_1 \\ \vdots \\ b_p \end{pmatrix}$$

回归模型可以写为

$$Y = XB + \varepsilon$$

正规方程组为 $X^TXB = X^TY$. 参数的估计为

$$\hat{B} = (X^TX)^{-1}X^TY$$

p 元线性回归方程为

$$\hat{y} = \hat{b}_0 + \hat{b}_1 x_1 + \cdots + \hat{b}_p x_p$$

8.1.3 单因素的方差分析

1. 数学模型

设因素 A 有不同的水平 A_1, A_2, $\cdots$, A_s, 在水平 A_i ($i = 1, 2, \cdots, s$) 下进行 n_i ($n_i \geq 2$) 次独立实验, 试验数据记为 X_{ij}, $i = 1, 2, \cdots, s$, $j = 1, 2, \cdots, n_i$. 设 $X_{ij} \sim N(\mu_i, \sigma^2)$, 记

$$n = \sum_{i=1}^{s} n_i, \quad \mu = \frac{1}{n}\sum_{i=1}^{s} n_i \mu_i, \quad \delta_i = \mu_i - \mu, \quad i = 1, 2, \cdots, s$$

其中 μ 称为总平均, δ_i 称为因素 A 的第 i 个水平 A_i 对试验结果的效应, 则试验数据模型为

$$\begin{cases} X_{ij} = \mu + \delta_i + \varepsilon_{ij} \\ \sum_{i=1}^{s} n_i \delta_i = 0 \\ \varepsilon_{ij} \sim N(0, \sigma^2), \text{各 } \varepsilon_{ij} \text{ 独立} \end{cases}$$

2. 检验假设

H_0: $\delta_1 = \delta_2 = \cdots = \delta_s = 0$, H_1: δ_1, δ_2, $\cdots$, δ_s 不全为零.

3. 平方和分解

总偏差平方和

$$S_T = \sum_{i=1}^{s}\sum_{j=1}^{n_i}(X_{ij} - \overline{X})^2 = \sum_{i=1}^{s}\sum_{j=1}^{n_i} X_{ij}^2 - \frac{T_{\cdot\cdot}^2}{n}, \quad f_T = n - 1$$

因素 A 的效应平方和

$$S_A = \sum_{i=1}^{s} n_i(\overline{X}_{i\cdot} - \overline{X})^2 = \sum_{i=1}^{s} \frac{T_{i\cdot}^2}{n_i} - \frac{T_{\cdot\cdot}^2}{n}, \quad f_A = s - 1$$

误差平方和

$$S_E = \sum_{i=1}^{s}\sum_{j=1}^{n_i}(X_{ij} - \overline{X}_{i\cdot})^2 = S_T - S_A, \quad f_E = n - s$$

其中：

$$\overline{X} = \frac{1}{n}\sum_{i=1}^{s}\sum_{j=1}^{n_i}X_{ij};$$

$$\overline{X}_{i\cdot} = \frac{1}{n_i}\sum_{j=1}^{n_i}X_{ij};$$

$$T_{\cdot\cdot} = \sum_{i=1}^{s}\sum_{j=1}^{n_i}X_{ij};$$

$$T_{i\cdot} = \sum_{j=1}^{n_i}X_{ij},\ i=1,2,\cdots,s.$$

4. 假设检验问题的拒绝域

当 H_0 为真时，有

$$F = \frac{S_A/(s-1)}{S_E/(n-s)} \sim F(s-1,\ n-s)$$

对给定的显著性水平 α，检验问题的拒绝域为

$$F = \frac{S_A/(s-1)}{S_E/(n-s)} \geq F_\alpha(s-1,\ n-s)$$

5. 未知参数的估计

（1）未知参数的无偏估计

$$\hat{\mu} = \overline{X},\ \hat{\mu}_i = \overline{X}_{i\cdot},\ \hat{\delta}_i = \hat{\mu}_i - \hat{\mu} = \overline{X}_{i\cdot} - \overline{X}$$

（2）均值差的区间估计

两总体 $N(\mu_i,\ \sigma^2)$ 和 $N(\mu_k,\ \sigma^2)$（$i \neq k$）的均值差 $\mu_i - \mu_k = \delta_i - \delta_k$ 的置信水平为 $1-\alpha$ 的区间估计为

$$\left(\overline{X}_{i\cdot} - \overline{X}_{k\cdot} \pm t_{\alpha/2}(n-s)\sqrt{\overline{S}_E\left(\frac{1}{n_i}+\frac{1}{n_k}\right)}\right)$$

其中 $\overline{S}_E = S_E/(n-s)$.

8.1.4 两因素的方差分析

1. 有交互作用的两因素方差分析

1）数学模型

设在某项试验中有两个因素 A，B 作用于试验的指标，因素 A 有 r 个水平 A_1，A_2，$\cdots$，A_r；因素 B 有 s 个水平 B_1，B_2，$\cdots$，B_s. 在水平组合 $(A_i,\ B_j)$ 下的试验结果用 X_{ij}（$i=1,2,\cdots,r$，$j=1,2,\cdots,s$）表示，对 X_{ij} 都做 t（$t \geq 2$）次等重复试验，试验数据记

为 X_{ijk}. 设 $X_{ijk} \sim N(\mu_{ij}, \sigma^2)$，则试验数据的数学模型为

$$X_{ijk} = \mu + \alpha_i + \beta_j + \gamma_{ij} + \varepsilon_{ijk},$$

$$\varepsilon_{ijk} \sim N(0, \sigma^2), \text{ 各 } \varepsilon_{ijk} \text{ 独立,}$$

$$i = 1, 2, \cdots, r, \quad j = 1, 2, \cdots, s, \quad k = 1, 2, \cdots, t,$$

$$\sum_{i=1}^{r} \alpha_i = 0, \sum_{j=1}^{s} \beta_j = 0, \sum_{i=1}^{r} \gamma_{ij} = 0, \sum_{j=1}^{s} \gamma_{ij} = 0$$

2）检验假设

$$H_{01}: \alpha_1 = \alpha_2 = \cdots = \alpha_r = 0, \quad H_{11}: \alpha_1, \alpha_2, \cdots, \alpha_r \text{ 不全为零}$$

$$H_{02}: \beta_1 = \beta_2 = \cdots = \beta_s = 0, \quad H_{12}: \beta_1, \beta_2, \cdots, \beta_s \text{ 不全为零}$$

$$H_{03}: \gamma_{11} = \gamma_{12} = \cdots = \gamma_{rs} = 0, \quad H_{13}: \gamma_{11}, \gamma_{12}, \cdots, \gamma_{rs} \text{ 不全为零}$$

3）平方和分解

$$S_T = \sum_{i=1}^{r}\sum_{j=1}^{s}\sum_{k=1}^{t}(X_{ijk} - \overline{X})^2 = \sum_{i=1}^{r}\sum_{j=1}^{s}\sum_{k=1}^{t}X_{ijk}^2 - \frac{T_{\cdots}^2}{rst}$$

$$S_A = st\sum_{i=1}^{r}(\overline{X}_{i\cdot\cdot} - \overline{X})^2 = \frac{1}{st}\sum_{i=1}^{r}T_{i\cdot\cdot}^2 - \frac{T_{\cdots}^2}{rst}$$

$$S_B = rt\sum_{j=1}^{s}(\overline{X}_{\cdot j\cdot} - \overline{X})^2 = \frac{1}{rt}\sum_{j=1}^{s}T_{\cdot j\cdot}^2 - \frac{T_{\cdots}^2}{rst}$$

$$S_{A\times B} = t\sum_{i=1}^{r}\sum_{j=1}^{s}(\overline{X}_{ij\cdot} - \overline{X}_{i\cdot\cdot} - \overline{X}_{\cdot j\cdot} + \overline{X})^2 = \left(\frac{1}{t}\sum_{i=1}^{r}\sum_{j=1}^{s}T_{ij\cdot}^2 - \frac{T_{\cdots}^2}{rst}\right) - S_A - S_B$$

$$S_E = \sum_{i=1}^{r}\sum_{j=1}^{s}\sum_{k=1}^{t}(X_{ijk} - \overline{X}_{ij\cdot})^2 = S_T - S_A - S_B - S_{A\times B}$$

其中：

$$\overline{X} = \frac{1}{rst}\sum_{i=1}^{r}\sum_{j=1}^{s}\sum_{k=1}^{t}X_{ijk}, \quad \overline{X}_{ij\cdot} = \frac{1}{t}\sum_{k=1}^{t}\overline{X}_{ijk}$$

$$\overline{X}_{i\cdot\cdot} = \frac{1}{st}\sum_{j=1}^{s}\sum_{k=1}^{t}X_{ijk}, \quad \overline{X}_{\cdot j\cdot} = \frac{1}{rt}\sum_{i=1}^{r}\sum_{k=1}^{t}X_{ijk}$$

$$T_{\cdots} = \sum_{i=1}^{r}\sum_{j=1}^{s}\sum_{k=1}^{t}X_{ijk}, \quad T_{ij\cdot} = \sum_{k=1}^{t}X_{ijk}$$

$$T_{i\cdot\cdot} = \sum_{j=1}^{s}\sum_{k=1}^{t}X_{ijk}, \quad T_{\cdot j\cdot} = \sum_{i=1}^{r}\sum_{k=1}^{t}X_{ijk}$$

$$(i = 1, 2, \cdots, r, \quad j = 1, 2, \cdots, s, \quad k = 1, 2, \cdots, t)$$

4）假设检验问题的拒绝域

当 H_{01} 为真时，有

$$F_A = \frac{S_A/(r-1)}{S_E/[rs(t-1)]} \sim F(r-1, rs(t-1))$$

当 H_{02} 为真时，有

$$F_B = \frac{S_B/(s-1)}{S_E/[rs(t-1)]} \sim F(s-1, rs(t-1))$$

当 H_{03} 为真时，有

$$F_{A \times B} = \frac{S_{A \times B}/[(r-1)(s-1)]}{S_E/[rs(t-1)]} \sim F((r-1)(s-1), rs(t-1))$$

对给定的显著性水平 α，待检假设 H_{01} 的拒绝域为

$$F_A = \frac{S_A/(r-1)}{S_E/[rs(t-1)]} \geqslant F_\alpha(r-1, ts(t-1))$$

对给定的显著性水平 α，待检假设 H_{02} 的拒绝域为

$$F_B = \frac{S_B/(s-1)}{S_E/[rs(t-1)]} \geqslant F_\alpha(s-1, ts(t-1))$$

对给定的显著性水平 α，待检假设 H_{03} 的拒绝域为

$$F_{A \times B} = \frac{S_{A \times B}/[(r-1)(s-1)]}{S_E/[rs(t-1)]} \geqslant F_\alpha((r-1)(s-1), ts(t-1))$$

2. 无交互作用的两因素方差分析

1）数学模型

设在某项试验中有两个因素 A，B 作用于试验的指标，因素 A 有 r 个水平 A_1，A_2，$\cdots$，A_r；因素 B 有 s 个水平 B_1，B_2，$\cdots$，B_s。在水平组合 (A_i, B_j) 下的试验结果用 X_{ij} ($i = 1, 2, \cdots, r$, $j = 1, 2, \cdots, s$) 表示，对 X_{ij} 只做一次试验，试验数据记为 X_{ij}。设 $X_{ij} \sim N(\mu_{ij}, \sigma^2)$，则试验数据的数学模型为

$$X_{ij} = \mu + \alpha_i + \beta_j + \varepsilon_{ij},$$
$$\varepsilon_{ij} \sim N(0, \alpha^2), \text{各 } \varepsilon_{ijk} \text{独立},$$
$$i = 1, 2, \cdots, r, \quad j = 1, 2, \cdots, s,$$
$$\sum_{i=1}^{r} \alpha_i = 0, \sum_{j=1}^{s} \beta_j = 0$$

2）检验假设

$H_{01}: \alpha_1 = \alpha_2 = \cdots = \alpha_r = 0$, $H_{11}: \alpha_1, \alpha_2, \cdots, \alpha_r$ 不全为零

$H_{02}: \beta_1 = \beta_2 = \cdots = \beta_s = 0$, $H_{12}: \beta_1, \beta_2, \cdots, \beta_s$ 不全为零

3）平方和分解

$$S_T = \sum_{i=1}^{r} \sum_{j=1}^{s} (X_{ij} - \bar{X})^2 = \sum_{i=1}^{r} \sum_{j=1}^{s} X_{ij}^2 - \frac{T_{..}^2}{rs}$$

$$S_A = s \sum_{i=1}^{r} (\overline{X}_{i\cdot} - \overline{X})^2 = \frac{1}{s} \sum_{i=1}^{r} T_{i\cdot}^2 - \frac{T_{\cdot\cdot}^2}{rs}$$

$$S_B = r \sum_{j=1}^{s} (\overline{X}_{\cdot j} - \overline{X})^2 = \frac{1}{r} \sum_{j=1}^{s} T_{\cdot j}^2 - \frac{T_{\cdot\cdot}^2}{rs}$$

$$S_E = \sum_{i=1}^{r} \sum_{j=1}^{s} (X_{ij} - \overline{X}_{i\cdot} - \overline{X}_{\cdot j} + \overline{X})^2 = S_T - S_A - S_B$$

其中：

$$\overline{X} = \frac{1}{rs} \sum_{i=1}^{r} \sum_{j=1}^{s} X_{ij}, \quad \overline{X}_{i\cdot} = \frac{1}{s} \sum_{j=1}^{s} X_{ij}, \quad \overline{X}_{\cdot j} = \frac{1}{r} \sum_{i=1}^{r} X_{ij},$$

$$T_{\cdot\cdot} = \sum_{i=1}^{r} \sum_{j=1}^{s} X_{ij}, \quad T_{i\cdot} = \sum_{j=1}^{s} X_{ij}, \quad T_{\cdot j} = \sum_{i=1}^{r} X_{ij}, \quad i = 1,2,\cdots,r, \quad j = 1,2,\cdots,s.$$

4）假设检验问题的拒绝域

当 H_{01} 为真时，有

$$F_A = \frac{S_A/(r-1)}{S_E/[(r-1)(s-1)]} \sim F(r-1, (r-1)(s-1))$$

当 H_{02} 为真时，有

$$F_B = \frac{S_B/(s-1)}{S_E/[(r-1)(s-1)]} \sim F(s-1, (r-1)(s-1))$$

对给定的显著性水平 α，待检假设 H_{01} 的拒绝域为

$$F_A = \frac{S_A/(r-1)}{S_E/[(r-1)(s-1)]} \geq F_\alpha(r-1, (r-1)(s-1))$$

对给定的显著性水平 α，待检假设 H_{02} 的拒绝域为

$$F_B = \frac{S_B/(s-1)}{S_E/[(s-1)(r-1)]} \geq F_\alpha(s-1, (r-1)(s-1))$$

§8.2 例题讲解

例1 表 8-1 是某工厂油漆的生产记录，其中 x_i 为搅拌速度，y_i 为 $x = x_i$ 时所生产的油漆的杂质含量（单位:%）：

表 8-1

搅拌速度 x_i	20	22	24	26	28	30	32	34	36	38	40	42
杂质含量 y_i	8.4	9.5	11.8	10.4	13.3	14.8	13.2	14.7	16.4	16.5	18.9	18.5

建立经验回归方程,并求出系数 b 的 95% 置信区间.

解:不难算出 $\bar{x} = 31, \bar{y} = 13.87, \sum_{i=1}^{12} y_i = 166.4, \sum_{i=1}^{12} x_i^2 = 12\,104, \sum_{i=1}^{12} y_i^2 = 2\,435.14,$
$\sum_{i=1}^{12} y_i x_i = 5\,149.60,$ 因此,$\hat{a} = -0.29, \hat{b} = 0.46,$ 于是可以建立如下的经验回归方程:

$$\hat{y} = -0.29 + 0.46x$$

若取 $\alpha = 0.05$,则回归系数 b 的置信度为 $1-\alpha$ 的置信区间为

$$\left(0.46 - 2.2281 \times \frac{\sqrt{0.758}}{\sqrt{572}},\ 0.46 + 2.2281 \times \frac{\sqrt{0.758}}{\sqrt{572}}\right)$$

 R 程序和输出:

```
>x<-c(20,22,24,26,28,30,32,34,36,38,40,42)
>y<-c(8.4,9.5,11.8,10.4,13.3,14.8,13.2,14.7,16.4,16.5,18.9,18.5)
>lm.reg=lm(formula=y~x)
>#summary(lm.reg)
>summary(lm.reg)$coefficients[,1]
(Intercept)x
 -0.2892774   0.4566434
>confint(lm.reg,'x',level=0.95)
     2.5%        97.5%
x 0.370997    0.5422898
```

例 2 某单位研制出一种治疗头痛的新药. 现在把这种药和阿司匹林、安慰剂(一种生理盐水,并不是真正的药)作比较,观测病人服药后,头不痛所持续的时间,得到表 8-2 中的数据.

表 8-2

药种	观测值 X_{ij}	数据个数 n_i	$X_i.$
安慰剂	0.0, 1.0	2	0.5
新药	2.3, 3.5, 2.8, 2.5	4	2.78
阿司匹林	3.1, 2.7, 3.8	3	3.2

三种药之间是否存在显著差异?

解:这里因素有三个水平,即 $s=3,$ 而 $n = \sum_{i=1}^{3} n_i = 9.$ 经过简单的计算,不难得到列

成方差分析表的形式,如表8-3所示.

表8-3

方差来源	平方和	自由度	均方	F比
效应	9.70	2	4.85	15.15
误差 E	1.95	6	0.32	—
总和 T	11.65	8	—	—

在显著性水平 $\alpha = 0.05$ 时有 $F > F_{0.05}(2, 6) = 5.14$,所以应当拒绝原假设 $H_0: \delta_1 = \delta_2 = \delta_3$,认为三种药之间存在显著差异.

 R 程序和输出:

```
>x1 <- c(0,1)
>x2 <- c(2.3,3.5,2.8,2.5)
>x3 <- c(3.1,2.7,3.8)
>x <- c(x1,x2,x3)
>account = data.frame(x,A = factor(c(1,1,2,2,2,2,3,3,3)))
>a.aov = aov(x ~ A,data = account)
>summary(a.aov)
         Df Sum Sq Mean Sq F value Pr(>F)
A         2  9.701   4.851   14.94 0.00467 **
Residuals 6  1.948   0.325
---
Signif.codes: 0 '***' 0.001 '**' 0.01 '*' 0.05 '.' 0.1 ' ' 1
```

例3 一火箭使用4种燃料(因素A)、三种推进器(因素B),作为火箭的射程试验. 每种燃料与每种推进器的组合做两次试验,得到火箭射程数据(单位:海里)如表8-4所示,试检验燃料、推进器及它们之间的交互作用对射程有无显著影响.

表8-4

A		B		
		B_1	B_2	B_3
	A_1	58.2, 52.6	56.2, 41.2	65.3, 60.8
	A_2	49.1, 42.8	54.1, 50.5	51.6, 48.4
	A_3	60.1, 58.3	70.9, 73.2	39.2, 40.7
	A_4	75.8, 71.5	58.2, 51.0	48.7, 41.4

解：经过简单的数据计算后，得到表 8-5 所示的方差分析表.

表 8-5

方差来源	平方和	自由度	均方	F 比
因素 A	$S_A = 261.68$	3	$\bar{S}_A = 87.23$	$F_A = 4.42$
因素 B	$S_B = 370.98$	2	$\bar{S}_B = 185.49$	$F_B = 9.39$
交互作用	$S_{A\times B} = 1\,768.66$	6	$\bar{S}_{A\times B} = 294.78$	$F_{A\times B} = 14.93$
误差	$S_E = 236.98$	12	$\bar{S}_E = 19.75$	—
总和 T	$S_T = 2\,638.30$	23	—	—

取显著性水平 $\alpha = 0.05$，查 F 分布表得到
$$F_{0.05}(3, 12) = 3.49, \quad F_{0.05}(2, 12) = 3.89, \quad F_{0.05}(6, 12) = 3.00.$$
因此，在水平 $\alpha = 0.05$ 下，拒绝假设 H_{01}，H_{02} 和 H_{03}，即认为因素 A 与 B 对指标的影响显著，并且它们的交互效应对指标也有显著影响.

R 程序和输出：

```
>x<-c(58.2,52.6,56.2,41.2,65.3,60.8,49.1,42.8,54.1,50.5,51.6,
+48.4,60.1,58.3,70.9,73.2,39.2,40.7,75.8,71.5,58.2,51.0,48.7,41.4)
>A=factor(rep(1:4,each=6))
>B<-factor(rep(rep(1:3,each=2),4))
>y<-data.frame(x,A,B)
>m<-aov(x~A+B+A:B)
>summary(m)
            Df  Sum Sq  Mean Sq  F value  Pr(>F)
A            3   261.7    87.23    4.417  0.02597   *
B            2   371.0   185.49    9.394  0.00351   **
A:B          6  1768.7   294.78   14.929  6.15e-05  ***
Residuals   12   236.9    19.75
---
Signif.codes: 0 '***' 0.001 '**' 0.01 '*' 0.05 '.' 0.1 ' ' 1
```

例4 为了研究酵母的分解作用对血糖的影响，从 8 名健康人中抽取了血液并制备成血滤液. 每一个受试者的血滤液又分成 4 份. 然后随机地把 4 份血滤液分别放置 0 min，45 min，90 min，135 min，测得其血糖浓度如表 8-6 所示. 试问

(1) 放置不同时间的血糖浓度的差别是否显著？

(2) 不同受试者的血糖浓度的差别是否显著?

表 8-6

A（受试者）		B（时间）			
		0 min	45 min	90 min	135 min
	1	95	95	89	83
	2	95	94	88	84
	3	106	105	97	90
	4	98	97	95	90
	5	102	98	97	88
	6	112	112	101	94
	7	105	103	97	88
	8	95	92	90	80

解：由已知可算得对应的方差分析表，如表 8-7 所示．

表 8-7

方差来源	平方和	自由度	均方	F 比
受试者的差异	$S_A = 806.3$	7	$\bar{S}_A = 115.2$	$F_A = \dfrac{\bar{S}_A}{\bar{S}_E} = 28.8$
放置时间的影响	$S_B = 943.6$	3	$\bar{S}_B = 314.5$	$F_B = \dfrac{\bar{S}_B}{\bar{S}_E} = 78.6$
误差	$S_E = 84.1$	21	$\bar{S}_E = 4.0$	—
总和	$S_T = 1\,834.0$	31	—	—

在水平 $\alpha = 0.01$ 时，查表得到

$$F_{0.01}(7, 21) = 3.64, \quad F_{0.01}(3, 21) = 4.87$$

因此，应当拒绝假设设 H_{01} 和 H_{02}，可认为不同放置时间和不同的受试者对血糖浓度的影响是显著的．

 R 程序和输出：

```
>x<-c(95,95,89,83,95,94,88,84,106,105,97,90,98,97,95,90,102,98,97,
+88,112,112,101,94,105,103,97,88,95,92,90,80)
>A=factor(rep(1:8,each=4))
>B<-factor(rep(rep(1:4),8))
```

```
>y <- data.frame(x,A,B)
>m <- aov(x ~ A + B)
>summary(m)
          Df  Sum Sq  Mean Sq  F value  Pr(>F)
A          7   806.2   115.17    28.74  2.20e-09  ***
B          3   943.6   314.53    78.49  1.41e-11  ***
Residuals 21    84.2     4.01
---
Signif.codes: 0 '***' 0.001 '**' 0.01 '*' 0.05 '.' 0.1 ' ' 1
```

§8.3 习题解答

1. 考察某一种物质在水中的溶解度的问题时，可得到溶解质量与温度的数据如表 8-8 所示.

表 8-8

温度 (x_i)	0	4	10	15	21	29	36	51	68
溶解质量 (y_i)	66.7	71.0	76.3	80.6	85.7	92.9	99.4	113.6	125.1

已知 y 服从一元正态线性模型

$$y = a + bx + \varepsilon, \quad \varepsilon \sim N(0, \sigma^2)$$

试给出未知参数 a，b 和 σ^2 的估计.

解： 由已知可以算出

$$\overline{x} = 26, \overline{y} = 90.144, \sum_{i=1}^{9} x_i = 234, \sum_{i=1}^{9} y_i = 811.3$$

$$\sum_{i=1}^{9} x_i^2 = 10\,144, \sum_{i=1}^{9} y_i^2 = 76\,218.17, \sum_{i=1}^{9} x_i y_i = 24\,628.6$$

因此，

$$\hat{b} = \frac{S_{xy}}{S_{xx}} = \frac{24\,628.6 - \frac{1}{9} \times 234 \times 811.3}{10\,144 - \frac{1}{9} \times 234^2} = 0.87$$

$$\hat{a} = \overline{y} - \hat{b}\overline{x} = 90.144 - 0.87 \times 26 = 67.524$$

$$\hat{\sigma}^2 = \frac{Q_e}{n-2} = \frac{S_{yy} - \hat{b}S_{xy}}{n-2}$$

$$= \frac{76\,218.17 - \frac{1}{9} \times 811.3^2 - 0.87 \times (24\,628.6 - \frac{1}{9} \times 234 \times 811.3)}{9-2}$$

$$= 0.92$$

 R 程序和输出：

```
>x <- c(0,4,10,15,21,29,36,51,68)
>y <- c(66.7,71,76.3,80.6,85.7,92.9,99.4,113.6,125.1)
>lm.reg = lm(formula = y ~ x)
># summary(lm.reg)
>summary(lm.reg)$coefficients[,1]
(Intercept)           x
67.5077942    0.8706404
>(summary(lm.reg)$sigma)^2
[1]0.9203653
```

2. 某种物质的繁殖量与月份之间的关系如表 8-9 所示.

表 8-9

月份 (x_i)	2	4	6	8	10
繁殖量 (y_i)	66	120	210	270	320

已知它们之间服从正态线性模型且回归函数为 $\mu(x) = \beta_0 + \beta_1 x$，试求参数 β_0 和 β_1 的估计，并检验 β_1 是否等于零（取 $\alpha = 0.05$）.

解： 由已知可以算出

$$\bar{x} = 6, \bar{y} = 197.2, \sum_{i=1}^{5} x_i = 30, \sum_{i=1}^{5} y_i = 986$$

$$\sum_{i=1}^{5} x_i^2 = 220, \sum_{i=1}^{5} y_i^2 = 238\,156, \sum_{i=1}^{5} x_i y_i = 7\,232$$

因此, $\hat{\beta}_1 = \dfrac{S_{xy}}{S_{xx}} = \dfrac{7\,232 - \frac{1}{5} \times 30 \times 986}{220 - \frac{1}{5} \times 30^2} = 32.9$, $\hat{\beta}_0 = \bar{y} - \hat{\beta}_1 \bar{x} = 197.2 - 32.9 \times 6 = -0.2$, 在

$\alpha = 0.05$ 时检验

$$H_0: \beta_1 = 0, \quad H_1: \beta_1 \neq 0$$

取统计量 $T = \dfrac{\hat{\beta}_1}{\hat{\sigma}}\sqrt{S_{xx}} \sim t(n-2)$,检验的拒绝域为

$$|t| \geq t_{\alpha/2}(n-2) = 3.182$$

由题可以算得 $\hat{\sigma} = \sqrt{\dfrac{Q_e}{n-2}} = \sqrt{\dfrac{420.4}{3}} = 11.837$,$|t| = \left|\dfrac{32.9}{11.837} \times \sqrt{40}\right| = 17.57 >$ 3.182,落在拒绝域内,拒绝原假设 H_0,认为 β_1 不等于零.

 R 程序和输出:

```
> x <- c(2,4,6,8,10)
> y <- c(66,120,210,270,320)
> lm.reg = lm(formula = y ~ x)
> summary(lm.reg)

Call:
lm(formula = y ~ x)

Residuals:
1        2        3       4       5
0.4    -11.4    12.8    7.0   -8.8

Coefficients:
            Estimate  Std.Error  t value  Pr(>|t|)
(Intercept)  -0.200    12.416    -0.016   0.988159
x            32.900     1.872    17.577   0.000401   ***
---
Signif.codes: 0 '***' 0.001 '**' 0.01 '*' 0.05 '.' 0.1 ' ' 1

Residual standard error:11.84 on 3 degrees of freedom
Multiple R-squared:0.9904, Adjusted R-squared:0.9872
F-statistic:309 on 1 and 3 DF, p-value:0.0004014
```

第 8 章 回归分析与方差分析

3. 测得某种合成材料的强度 Y 与其拉伸倍数 x 的关系如表 8-10 所示.

表 8-10

x_i	2.0	2.5	2.7	3.5	4.0	4.5	5.2	6.3	7.1	8.0	9.0	10.0
y_i	1.3	2.5	2.5	2.7	3.5	4.2	5.0	6.4	6.3	7.0	8.0	8.1

(1) 求 y 对 x 的经验回归方程;

(2) 检验就回归直线的显著性 ($\alpha = 0.05$);

(3) 求当 $x_0 = 6$ 时, y_0 的预测值和预测区间 (置信度为 0.95).

解:(1) 由已知可以算出

$$\bar{x} = 5.4, \bar{y} = 4.79, \sum_{i=1}^{12} x_i = 64.8, \sum_{i=1}^{12} y_i = 57.5$$

$$\sum_{i=1}^{12} x_i^2 = 428.18, \sum_{i=1}^{12} y_i^2 = 335.63, \sum_{i=1}^{12} x_i y_i = 378$$

因此,$\hat{\beta}_1 = \dfrac{S_{xy}}{S_{xx}} = \dfrac{378 - \frac{1}{12} \times 64.8 \times 57.5}{428.18 - \frac{1}{12} \times 64.8^2} = 0.86$, $\hat{\beta}_0 = \bar{y} - \hat{\beta}_1 \bar{x} = 4.79 - 0.86 \times 5.4 = 0.146$,

y 对 x 的经验回归方程为

$$\hat{y} = 0.146 + 0.86x$$

(2) 在 $\alpha = 0.05$ 时检验

$$H_0: \beta_1 = 0, \quad H_1: \beta_1 \neq 0$$

取统计量 $T = \dfrac{\hat{\beta}_1}{\hat{\sigma}} \sqrt{S_{xx}} \sim t(n-2)$,检验的拒绝域为

$$|t| \geq t_{\alpha/2}(n-2) = 2.228$$

由题可以算得 $\hat{\sigma} = \sqrt{\dfrac{Q_e}{n-2}} = \sqrt{\dfrac{1.889}{10}} = 0.4346$, $|t| = \left| \dfrac{0.86}{0.4346} \times \sqrt{78.26} \right| = 17.51 >$ 2.228,落在拒绝域内,拒绝原假设 H_0,认为 β_1 不等于零. 回归直线是显著的.

(3) 当 $x_0 = 6$ 时,y_0 的预测值为 $\hat{y}_0 = \hat{\beta}_0 + \hat{\beta}_1 x_0 = 0.146 + 0.86 \times 6 = 5.306$,预测区间为

$$\left[\hat{y}_0 \pm t_{\alpha/2}(n-2) \hat{\sigma} \sqrt{1 + \frac{1}{n} + \frac{(x_0 - \bar{x})^2}{S_{xx}}} \right]$$

$$= \left[5.306 \pm 2.228 \times 0.4346 \times \sqrt{1 + \frac{1}{12} + \frac{(6-5.4)^2}{78.26}} \right]$$

$= [4.296, 6.316]$

 R 程序和输出：

```
####(1)(2)
> x <- c(2.0,2.5,2.7,3.5,4.0,4.5,5.2,6.3,7.1,8.0,9.0,10.0)
> y <- c(1.3,2.5,2.5,2.7,3.5,4.2,5.0,6.4,6.3,7.0,8.0,8.1)
> lm.reg = lm(formula = y ~ x)
> summary(lm.reg)

Call:
lm(formula = y ~ x)

Residuals:
    Min      1Q   Median      3Q     Max
-0.65921 -0.17634 0.03959 0.19085 0.83207

Coefficients:
           Estimate Std.Error t value Pr(>|t|)
(Intercept) 0.13411  0.29353   0.457   0.658
x           0.86251  0.04914  17.552  7.66e-09 ***
---
Signif.codes: 0 '***' 0.001 '**' 0.01 '*' 0.05 '.' 0.1 ' ' 1
Residual standard error:0.4347 on 10 degrees of freedom
Multiple R-squared:0.9686,Adjusted R-squared:0.9654
F-statistic:308.1 on 1 and 10 DF,p-value:7.66e-09
####(3)
> x1.pre <- data.frame(x = 6)
> y1 <- predict(lm.reg,x1.pre,interval = "prediction",level = 0.95)
> y1
       fit      lwr      upr
1  5.309172 4.298878 6.319467
```

4. 抽查某地区的三所小学五年级男生的身高（单位：cm），得到的数据如表 8-11 所示.

表 8-11

第一小学	128	127	133.4	134.5	135.5	138
第二小学	126.3	128.1	136.1	150.47	155.4	157.8
第三小学	140.7	143.2	144.5	148	147.6	149.2

试问该地区这三所小学五年级男生的平均身高是否有显著差异（$\alpha = 0.05$）？

解：本题是单因素方差分析问题. 以 μ_1, μ_2, μ_3 表示这三所小学五年级男生的平均身高，检验：

$$H_0: \mu_1 = \mu_2 = \mu_3, \quad H_1: \mu_1, \mu_2, \mu_3 \text{ 不全相等}$$

这里因素有 3 个水平，$s = 3, n = \sum_{i=1}^{s} n_i = 18, T_{1.} = 796.4, T_{2.} = 854.17, T_{3.} = 837.2, T_{..} = 2\,523.77$. 总偏差平方和为

$$S_T = \sum_{i=1}^{s} \sum_{j=1}^{n_i} X_{ij}^2 - \frac{T_{..}^2}{n} = 355\,512.2 - \frac{2\,523.77^2}{18} = 1\,655.810$$

因素 A 的效应平方和

$$S_A = \sum_{i=1}^{s} \frac{T_{i.}^2}{n_i} - \frac{T_{..}^2}{n} = 533.208$$

误差平方和

$$S_E = S_T - S_A = 1\,122.602$$

S_T, S_A, S_E 的自由度分别为 $n - 1 = 17$，$s - 1 = 2$，$n - s = 15$，方差分析如表 8-12 所示.

表 8-12

方差来源	平方和	自由度	均方	F 比值
因素 A	533.208	2	266.604	3.562
误差 E	1 122.602	15	74.838	—
总和 T	1 655.810	17	—	—

查 F 分布表得 $F_{0.05}(2, 15) = 3.682$，由于 $3.562 < 3.682$，不拒绝原假设，认为这三所小学五年级男生的平均身高没有显著差异.

 R 程序和输出：

```
>x1<-c(128,127,133.4,134.5,135.5,138)
>x2<-c(126.3,128.1,136.1,150.47,155.4,157.8)
>x3<-c(140.7,143.2,144.5,148,147.6,149.2)
```

```
>x <-c(x1,x2,x3)
>account = data.frame(x,A = factor(rep(1:3,each = 6)))
>a.aov = aov(x ~ A,data = account)
>summary(a.aov)
           Df  Sum Sq  Mean Sq  F value  Pr(>F)
A           2   533.2   266.60   3.562   0.0542 .
Residuals  15  1122.6    74.84
---
Signif.codes: 0 '***' 0.001 '**' 0.01 '*' 0.05 '.' 0.1 ' ' 1
```

5. 有某种子型号的电池三批, 它们分别来自甲、乙、丙三个工厂, 为了评比它们的质量, 各从中随机地抽取 5 只电池作为样品, 测量得到寿命数据如表 8-13 所示.

表 8-13

甲厂	40	48	38	42	45
乙厂	26	34	30	28	32
丙厂	39	40	43	50	50

试问这三个厂的电池的平均寿命有无显著差异 ($\alpha = 0.05$). 若差异是显著的, 给出 $\mu_1 - \mu_2$, $\mu_1 - \mu_3$, $\mu_2 - \mu_3$ 的置信度为 0.95 的置信区间.

解: 本题是单因素方差分析问题. 以 μ_1, μ_2, μ_3 表示这三个厂的电池的平均寿命, 检验:

$$H_0: \mu_1 = \mu_2 = \mu_3, \quad H_1: \mu_1, \mu_2, \mu_3 \text{ 不全相等}$$

这里因素有 3 个水平, $s = 3$, $n = \sum_{i=1}^{s} n_i = 15$, $T_1. = 213$, $T_2. = 150$, $T_3. = 222$, $T.. = 585$. 总偏差平方和为

$$S_T = \sum_{i=1}^{s}\sum_{j=1}^{n_i} X_{ij}^2 - \frac{T..^2}{n} = 23\,647 - \frac{585^2}{15} = 832$$

因素 A 的效应平方和

$$S_A = \sum_{i=1}^{s} \frac{T_{i.}^2}{n_i} - \frac{T..^2}{n} = 615.6$$

误差平方和

$$S_E = S_T - S_A = 216.4$$

S_T, S_A, S_E 的自由度分别为 $n-1=14$, $s-1=2$, $n-s=12$, 方差分析如表 8-14 所示.

表 8 – 14

方差来源	平方和	自由度	均方	F 比值
因素 A	615.6	2	307.8	17.068
误差 E	216.4	12	18.033	—
总和 T	832	14	—	—

查 F 分布表得 $F_{0.05}(2, 12) = 3.885$，由于 $17.068 > 3.885$，拒绝原假设，认为这三个厂的电池的平均寿命有显著差异.

$\mu_i - \mu_k$ 的置信水平为 $1 - \alpha$ 的区间估计为

$$\left(\overline{X}_{i\cdot} - \overline{X}_{k\cdot} \pm t_{\alpha/2}(n-s) \sqrt{\overline{S}_E \left(\frac{1}{n_i} + \frac{1}{n_k} \right)} \right)$$

其中 $\overline{S}_E = S_E/(n-s)$.

$\mu_1 - \mu_2$ 的 0.95 的置信区间为

$$\left(42.6 - 30 \pm 2.178 \times \sqrt{18.033 \times \left(\frac{1}{5} + \frac{1}{5} \right)} \right) = (6.75, 18.45)$$

$\mu_1 - \mu_3$ 的 0.95 的置信区间为

$$\left(42.6 - 44.4 \pm 2.178 \times \sqrt{18.033 \times \left(\frac{1}{5} + \frac{1}{5} \right)} \right) = (-7.65, 4.05)$$

$\mu_2 - \mu_3$ 的 0.95 的置信区间为

$$\left(30 - 44.4 \pm 2.178 \times \sqrt{18.033 \times \left(\frac{1}{5} + \frac{1}{5} \right)} \right) = (-20.25, -8.55)$$

R 程序和输出：

```
> x1 <- c(40,48,38,42,45)
> x2 <- c(26,34,30,28,32)
> x3 <- c(39,40,43,50,50)
> x <- c(x1,x2,x3)
> account = data.frame(x,A = factor(rep(1:3,each = 5)))
> a.aov = aov(x ~ A,data = account)
> summary(a.aov)
            Df Sum Sq Mean Sq F value Pr(>F)
A            2  615.6  307.801   7.07 0.00031 ***
Residuals   12  216.4   18.03
```

```
---
Signif.codes: 0 '***' 0.001 '**' 0.01 '*' 0.05 '.' 0.1 ' ' 1
####
>alpha=0.05
>mu1=mean(x1);mu2=mean(x2);mu3=mean(x3)
>n1=length(x1);n2=length(x2);n3=length(x3)
>
>SEbar<-summary(a.aov)[[1]][[3]][2]
>
>
>LB12<-mu1-mu2-qt(1-alpha/2,12)*sqrt(SEbar*(1/n1+1/n2))
>UB12<-mu1-mu2+qt(1-alpha/2,12)*sqrt(SEbar*(1/n1+1/n2))
>c(LB12,UB12)
[1]6.748221  18.451779
>LB13<-mu1-mu3-qt(1-alpha/2,12)*sqrt(SEbar*(1/n1+1/n3))
>UB13<-mu1-mu3+qt(1-alpha/2,12)*sqrt(SEbar*(1/n1+1/n3))
>c(LB13,UB13)
[1] -7.651779  4.051779
>LB23<-mu2-mu3-qt(1-alpha/2,12)*sqrt(SEbar*(1/n2+1/n3))
>UB23<-mu2-mu3+qt(1-alpha/2,12)*sqrt(SEbar*(1/n2+1/n3))
>c(LB23,UB23)
[1] -20.251779  -8.548221
```

6. 表 8-15 是三位操作工人分别在 4 台不同机器上操作三天的日产量:

表 8-15

		操作工		
		W_1	W_2	W_3
机器	M_1	15, 15, 17	19, 19, 16	16, 18, 21
	M_2	17, 17, 17	15, 15, 15	19, 22, 22
	M_3	15, 17, 16	18, 17, 16	18, 18, 18
	M_4	18, 20, 22	15, 16, 17	17, 17, 17

试检验: 在 $\alpha=0.05$ 下,

(1) 操作工之间的差异是否显著;

(2) 机器之间的差异是否显著;

(3) 交互效应的影响是否显著.

解：设机器为因素 A，操作工人为因素 B，本题是有交互作用的两因素方差分析. 试验指标为日产量，假设样本观测值 x_{ijk} ($i=1,2,3,4$, $j=1,2,3$, $k=1,2,3$) 来源于正态总体，记 α_i 为对应于 A_i 的主效应，β_j 为对应于 B_j 的主效应，γ_{ij} 为对应于 $A \times B$ 的主效应，检验的问题为：

(1) H_{01}：α_i 全部等于零，H_{11}：α_i 不全为零.

(2) H_{02}：β_j 全部等于零，H_{12}：β_j 不全为零.

(3) H_{03}：γ_{ij} 全部等于零，H_{13}：γ_{ij} 不全为零.

经过简单的数据计算后，得到的方差分析如表 8-16 所示.

表 8-16

方差来源	平方和	自由度	均方	F 比
因素 A	$S_A = 2.75$	3	$\bar{S}_A = 0.917$	$F_A = 0.5323$
因素 B	$S_B = 27.167$	2	$\bar{S}_B = 13.583$	$F_B = 7.8871$
交互作用	$S_{A \times B} = 73.5$	6	$\bar{S}_{A \times B} = 12.25$	$F_{A \times B} = 7.1129$
误差	$S_E = 41.333$	24	$\bar{S}_E = 1.722$	—
总和 T	$S_T = 144.75$	35		

取显著性水平 $\alpha = 0.05$，查 F 分布表得到

$$F_{0.05}(3, 24) = 3.01, \quad F_{0.05}(2, 24) = 3.4, \quad F_{0.05}(6, 24) = 2.51.$$

因此，在水平 $\alpha = 0.05$ 下，不拒绝假设 H_{01}，拒绝 H_{02} 和 H_{03}，即认为操作工之间的差异显著，机器之间差异不显著，它们的交互效应显著.

 R 程序和输出：

```
>x<-c(15,15,17,19,19,16,16,18,21,17,17,17,15,15,15,19,22,22,
+15,17,16,18,17,16,18,18,18,18,20,22,15,16,17,17,17,17)
>A=factor(rep(1:4,each=9))
>B<-factor(rep(rep(1:3,each=3),4))
>y<-data.frame(x,A,B)
>m<-aov(x~A+B+A:B)
>summary(m)
  Df Sum Sq Mean Sq F value Pr(>F)
```

```
A            3   2.75   0.917  0.532  0.664528
B            2  27.17  13.583  7.887  0.002330  **
A:B          6  73.50  12.250  7.113  0.000192  ***
Residuals   24  41.33   1.722
---
Signif.codes: 0 '***' 0.001 '**' 0.01 '*' 0.05 '.' 0.1 ' ' 1
```

第 9 章 R 语言简介

§9.1 R 语言的特点

R 语言是一个免费开源的数据分析环境，能通过安装扩展包而得到增强. 而且，R 语言具有强大的统计分析功能，能很好地进行统计计算和绘图. 该语言最先是由来自新西兰奥克兰大学的 Ross Ihaka 和 Robert Gentleman 共同开发，由于这两位作者的名字都是以字母 R 开头，所以称之为 R 语言.

R 语言具有非常丰富的统计计算的方法. 大部分统计功能以包的形式提供，除了一些标准包之外，如果想得到更多的包，可以在 R 的网络镜像里找到，目前，R 官方网站上的扩展包已经达到几千个. R 除了提供一些集成的统计工具，它还提供各种数学计算、统计计算的函数，从而使用者能灵活地进行数据分析，甚至创造出符合需要的统计计算方法. 从某种意义上说 R 不仅是一种统计软件，更是一种数学计算的环境.

R 语言自推出以来就广受关注，科研工作者和实践人员都发现 R 语言最显著的特点是很容易使用. 谷歌的研究科学家 Daryl Pregibon 说："R 语言非常重要，统计师们不需要深度掌握计算机系统，就能够用统计软件 R 做出复杂精细的分析." R 还是免费的开源软件，人们可以改进软件的代码，或者为某些特殊的任务改代码，这使得 R 很快就被广泛地接受. 谷歌的首席经济学家 Hal Varian 说："R 语言的美在于你可以改变它来适应不同的目标，有很多预设包可供你使用，因为你是站在巨人的肩膀上." 现在的开放的源代码逐渐开始形成一种市场，R 语言正是在这个大背景下发展起来的，由于具有鲜明的特色，其一出现就受到了统计专业人士的青睐. 和其他统计分析软件，R 有显著的优点，主要包括：

(1) 很多统计分析软件都需要支付不菲的费用才能使用，而 R 是一款完全免费的统计分析软件，且有对应于不同操作系统的多种版本.

(2) 统计分析能力尤为突出. 由于 R 具有强大的编程计算功能和丰富的附加包，

进行科学研究时极其方便，需要哪方面的统计分析，只要调用其相应的附加包即可．且 R 的统计分析的结果也能被直接显示出来，一些中间结果既可保存到专门的文件中，也可以用于进一步的统计分析．新的统计方法出来不久，就很快推出相应的附加包，这是其他统计软件无法比拟的．

（3）作图功能强大．其内嵌的作图函数能将产生的图片展示在一个独立的窗口中，并能将之保存为各种格式的文件．用 Jhon Fox 教授的话说，R 能画出任何你想画的东西．

（4）帮助功能完善．R 嵌入了一个非常实用的帮助系统，随软件所附的帮助文件可以随时通过主菜单打开浏览或打印．通过 help 命令可随时了解 R 所提供的各类函数的使用方法和具体例子．

§9.2　R 的安装

在 R 的官方网站（CRAN 网站）上可以下载 R，根据电脑的系统选择相应的版本．具体步骤为：

（1）进入 CRAN 网站 https://www.r-project.org，点击右侧 download 下的 CRAN，进入镜像站点．

（2）选择任意镜像站点，比如 http://mirror.bjtu.edu.cn/cran/．

（3）根据个人电脑的操作系统选择相应的版本，Linux，Mac 或者 Windows．

（4）点击 install R for the first time．

（5）点击 Download R 3.2.3 for Windows，进入下载界面．文件下载结束后，打开安装提示进行安装．

安装结束即可以使用．另外，在安装 R 之后，也可以再选择安装 R-STUDIO，这是款针对 R 的集成开发环境，是对 R 的进一步优化，使得 R 使用起来更加方便、快捷和高效．R-STUDIO 可以在网站 https://www.rstudio.com/ 免费得到．

§9.3　向量及其运算

R 可以处理不同类型的向量．在统计分析中，最为常用的就是数值型向量，根据不同的情况，可以用下面的方式进行建立，

```
>1:10
[1] 1 2 3 4 5 6 7 8 9 10
>seq(1,10,1)
[1] 1 2 3 4 5 6 7 8 9 10
>seq(1,10,2)
[1] 1 3 5 7 9
>rep(2,6)
[1] 2 2 2 2 2 2
>rep(1:3,6)
[1] 1 2 3 1 2 3 1 2 3 1 2 3 1 2 3 1 2 3
>c(2,4,9,0)
[1] 2 4 9 0
>x<-c(2,4,9,0)
>x
[1] 2 4 9 0
```

向量可以用于算术表达式中，向量的运算操作是按照向量中的元素一个一个进行的. 同一表达式中的向量并不需要具有相同的长度，如果它们的长度不同，表达式的结果是一个与表达式中最长向量有相同长度的向量，表达式中较短的向量会根据它的长度被重复使用若干次，直到与长度最长的向量相匹配. 向量与一个常数的加、减、乘、除运算是向量中的每一个元素与该常数进行加、减、乘、除；向量的乘方与开方为每一个元素的乘方与开方，这对 exp( )，sin( ) 等初等函数的运算同样适用.

```
>x<-1:5
>x
[1] 1 2 3 4 5
>x+10
[1] 11 12 13 14 15
>x-10
[1] -9 -8 -7 -6 -5
>x*3
[1] 3 6 9 12 15
>x/10
[1] 0.1 0.2 0.3 0.4 0.5
```

```
>a <-1:5
>b <-c(3,4,1,0,6)
>a
[1] 1 2 3 4 5
>b
[1] 3 4 1 0 6
>a+b
[1] 4 6 4 4 11
>a^2
[1] 1 4 9 16 25
>sqrt(a)
[1] 1.000000 1.414214 1.732051 2.000000 2.236068
>exp(a)
[1] 2.718282 7.389056 20.085537 54.598150 148.413159
```

R 提供了很多方便的方式对向量中元素进行提取. x[1]表示向量 x 的第一个元素. 选择一个向量的元素可以通过在其名称后追加一个方括号中的索引向量来完成. 更一般地, 任何结果为一个向量的表达式都可以通过索引向量来选择其中的子集.

```
>x <-c(1,5,9,6,13)
>x[2]                    #取出 x 中第二个元素
[1] 5
>x[c(2,3)]               #取出 x 中第二和第三个元素
[1] 5 9
>x[-1]                   #去掉 x 中第一个元素
[1] 5 9 6 13
>x[x>4]                  #取出 x 中大于 4 的元素
[1] 5 9 6 13
>x[x>4&x<8]              #取出 x 中大于 4 且小于 8 的元素
[1] 5 6
```

§9.4 矩阵及数据框

1. 矩阵

矩阵可以在 R 里面通过函数 matrix( ) 来创建, 和其他计算机语言比较, R 语言极

大地简化了操作数组的复杂程度.

```
>a<-matrix(1:6,2,3)              #创建一个2行3列的矩阵
>a
     [,1] [,2] [,3]
[1,]   1    3    5
[2,]   2    4    6
>a[1,]                           #提取矩阵的第1行
[1] 1 3 5
>a[,3]                           #提取矩阵的第3列
[1] 5 6
>a[2,3]                          #提取矩阵的第2行第3列的元素
[1]6
```

R包含了很多关于矩阵的运算和函数. 例如：

```
>a<-matrix(1:4,2,2)              #创建一个2行2列的矩阵
>b<-matrix(5:8,2,2)              #创建一个2行2列的矩阵
>a
     [,1] [,2]
[1,]   1    3
[2,]   2    4
>b
     [,1] [,2]
[1,]   5    7
[2,]   6    8
>a*b                             #矩阵元素和元素之间相乘
     [,1] [,2]
[1,]   5   21
[2,]  12   32
>a%*%b                           #矩阵之间的乘法
     [,1] [,2]
[1,]  23   31
[2,]  34   46
>solve(a)                        #矩阵的逆
```

```
        [,1]  [,2]
[1,]    -2   1.5
[2,]     1  -0.5
> det(a)                        #矩阵对应的行列式值
[1] -2
> t(a)                          #矩阵的转置
        [,1]  [,2]
[1,]     1    2
[2,]     3    4
> eigen(a)                      #矩阵的特征值和特征向量
$values
[1]  5.3722813  -0.3722813
$vectors
            [,1]         [,2]
[1,]  -0.5657675  -0.9093767
[2,]  -0.8245648   0.4159736
```

2. 数据框

数据框是一种矩阵形式的数据，区别是数据框中各列可以是不同类型的数据．数据框每列是一个变量，每行是一个观测．数据框可以看成是矩阵的推广，很多高级统计函数都会用到数据框．数据框用函数 data.frame() 生成，语法是：data.frame(data1, data2, …) 另外也可以使用 read.table()，read.csv() 读取一个文本文件，返回的也是一个数据框对象．读取数据库也是返回数据框对象．

```
> name <- c('A','B','C')
> chinese <- c(92,96,95)
> math <- c(86,85,92)
> score <- data.frame(name,chinese,math)
> score
    name  chinese  math
1    A      92      86
2    B      96      85
3    C      95      92
> score$math
```

```
[1]86 85 92
>score[1]
   name
1    A
2    B
3    C
>score[3]
   math
1    86
2    85
3    92
```

§9.5 循环和分支控制语句

不同于 SAS、SPSS 等基于过程的软件，R 语言是基于函数进行的，所有 R 语言的命令都以函数的形式出现. 而函数离不开对程序的控制，下面介绍一些常见的控制语句.

1. for 循环

for 循环允许循环使用向量或数列中的每一个值，在编程中非常有用. 在学习编写函数时，使用 for 循环可以使思路更加简洁、清晰. for 循环的语法格式为

$$\text{for(name in expr1) \{expr2\}}$$

下面举一个例子来说明 for 循环的使用方法. 比如计算求和式 $1^2+2^2+\cdots+100^2$.

```
>s<-0
>for(i in 1:100){
+s<-s+i^2
+ }
>s
[1] 338350
```

2. while 循环

while 循环的语法格式为

$$\text{while(condition) \{expr\}}$$

若条件 condition 为真成立，则执行括号里的表达式. 当不能事先确定循环次数时，

使用 while 循环可以很好地解决问题. 比如要求使得 $1+2+\cdots+n>1\,000$ 成立的最小的 n 的值:

```
> s <- 0
> i <- 0
> while(s <= 1000){
+ i <- i + 1
+ s <- s + i
+ }
> i
[1] 45
```

3. repeat 循环

repeat 语法的格式为

$$repeat\{expr\}$$

repeat 循环依赖 break 语句跳出循环, 下面用 repeat 循环解决上面的问题: 求使 $1+2+\cdots+n>1\,000$ 成立的最小的 n 的值, 来比较与 while 循环的差别.

```
> s <- 0
> i <- 0
> repeat{
+    i <- i + 1
+    s <- s + i
+    if(s > 1000) break
+ }
> i
[1] 45
```

4. apply( ) 函数

循环控制使得程序结构清晰, 但是很多情况下, 循环会造成效率低下. 从整体的角度来控制程序会使得程序运行时间更快. R 里面提供了一些可以替代循环的函数, 比如 apply( ) 等. 下面分别使用 for 循环及 apply( ) 函数计算一个矩阵的行和.

```
> A <- matrix(1:30, 5, 6)
> A
     [,1] [,2] [,3] [,4] [,5] [,6]
[1,]   1    6   11   16   21   26
```

```
[2,]   2   7  12  17  22  27
[3,]   3   8  13  18  23  28
[4,]   4   9  14  19  24  29
[5,]   5  10  15  20  25  30
> rmean <- rep(0,nrow(A))
> for(i in 1:nrow(A)){
+ rmean[i] <- mean(A[i,])
+ }
> rmean
[1] 13.5  14.5  15.5  16.5  17.5
> row.means <- apply(A,1,mean)
> row.means
[1] 13.5  14.5  15.5  16.5  17.5
```

5. if 语句

if 语句可用来进行条件控制，以执行不同的命令，其语法格式为

$$if(condition)\{expr\}$$

若条件 condition 为真，则执行括号里的语句，否则不执行. 例如，生成一个长度为 1 000，平均值为 1，标准差为 2 的正态随机数，计算其中绝对值大于 3 的随机数个数.

```
> x <- rnorm(1000,mean=1,sd=2)
> count <- 0
> for(i in 1:1000)
+ {
+ if(abs(x[i])>3){count <- count+1}
+ }
> count
[1] 185
```

6. if/else 语句

if/else 语句是分支语句的主要的语句，其格式为

$$if(condition)\{statement\ 1\}else\{statement\ 2\}$$

如果条件 condition 成立，则执行表达式 statement 1，否则执行表达式 statement 2. 条件表达式根据条件执行不同的命令，下面举例说明. 生成一个长度为 1 000，平均值为 1，标准差为 2 的正态随机数，分别计算其中绝对值大于 3 的随机数个数，绝对值小于 2 的

随机数个数，绝对值在 2 和 3 之间的随机数个数.

```
> x <- rnorm(1000,mean =1,sd =2)
> count1 = count2 = count3 <- 0
> for(i in 1:1000)
+ {
+ if(abs(x[i]) >3){count1 <- count1 +1}
+ else if(abs(x[i]) <2){count2 <- count2 +1}
+ else {count3 <- count3 +1}
+ }
> c(count1,count2,count3)
[1]  182  618  200
```

§9.6 常见的概率分布

R 可以很方便地产生常见分布的随机数，计算密度或概率函数的取值，计算分布函数及分位点．常见的概率分布如表 9-1 所示．

表 9-1

分布	R 语言名称	参数
beta 分布	beta	shape1，shape2，ncp
二项分布	binom	size，prob
卡方分布	chisq	df，ncp
指数分布	exp	rate
F 分布	f	df1，df2，ncp
gamma 分布	gamma	shape，scale
几何分布	geom	prob
正态分布	norm	mean，sd
泊松分布	pois	lambda
t 分布	t	t df，ncp
均匀分布	unif	min，max
威布尔分布	weibull	shape，scale

从上述分布中产生随机数，只要将 R 语言名称前加上"r"，比如想要从二项分布 $B(4,0.3)$ 中产生 10 个随机数，可以使用下面的命令：

```
>rbinom(10,4,0.3)
[1]3 3 2 2 2 2 1 1 2 1
```

另外，在上述R语言名称的前缀加上d，p，q可以分别得到密度/概率、分布函数及分位点.

```
>dbinom(2,4,0.3)            #P(X=2)
[1]0.2646
>pbinom(2,4,0.3)            #P(X<=2)
[1]0.9163
```

附录 A 标准正态分布函数表

$$\Phi(x) = \int_{-\infty}^{x} \frac{1}{\sqrt{2\pi}} e^{-t^2/2} dt$$

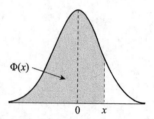

x	0.00	0.01	0.02	0.03	0.04	0.05	0.06	0.07	0.08	0.09
0.0	0.500 0	0.504 0	0.508 0	0.512 0	0.516 0	0.519 9	0.523 9	0.527 9	0.531 9	0.535 9
0.1	0.539 8	0.543 8	0.547 8	0.551 7	0.555 7	0.559 6	0.563 6	0.567 5	0.571 4	0.575 3
0.2	0.579 3	0.583 2	0.587 1	0.591 0	0.594 8	0.598 7	0.602 6	0.606 4	0.610 3	0.614 1
0.3	0.617 9	0.621 7	0.625 5	0.629 3	0.633 1	0.636 8	0.640 6	0.644 3	0.648 0	0.651 7
0.4	0.655 4	0.659 1	0.662 8	0.666 4	0.670 0	0.673 6	0.677 2	0.680 8	0.684 4	0.687 9
0.5	0.691 5	0.695 0	0.698 5	0.701 9	0.705 4	0.708 8	0.712 3	0.715 7	0.719 0	0.722 4
0.6	0.725 7	0.729 1	0.732 4	0.735 7	0.738 9	0.742 2	0.745 4	0.748 6	0.751 7	0.754 9
0.7	0.758 0	0.761 1	0.764 2	0.767 3	0.770 4	0.773 4	0.776 4	0.779 4	0.782 3	0.785 2
0.8	0.788 1	0.791 0	0.793 9	0.796 7	0.799 5	0.802 3	0.805 1	0.807 8	0.810 6	0.813 3
0.9	0.815 9	0.818 6	0.821 2	0.823 8	0.826 4	0.828 9	0.831 5	0.834 0	0.836 5	0.838 9
1.0	0.841 3	0.843 8	0.846 1	0.848 5	0.850 8	0.853 1	0.855 4	0.857 7	0.859 9	0.862 1
1.1	0.864 3	0.866 5	0.868 6	0.870 8	0.872 9	0.874 9	0.877 0	0.879 0	0.881 0	0.883 0
1.2	0.884 9	0.886 9	0.888 8	0.890 7	0.892 5	0.894 4	0.896 2	0.898 0	0.899 7	0.901 5
1.3	0.903 2	0.904 9	0.906 6	0.908 2	0.909 9	0.911 5	0.913 1	0.914 7	0.916 2	0.917 7
1.4	0.919 2	0.920 7	0.922 2	0.923 6	0.925 1	0.926 5	0.927 9	0.929 2	0.930 6	0.931 9
1.5	0.933 2	0.934 5	0.935 7	0.937 0	0.938 2	0.939 4	0.940 6	0.941 8	0.942 9	0.944 1
1.6	0.945 2	0.946 3	0.947 4	0.948 4	0.949 5	0.950 5	0.951 5	0.952 5	0.953 5	0.954 5
1.7	0.955 4	0.956 4	0.957 3	0.958 2	0.959 1	0.959 9	0.960 8	0.961 6	0.962 5	0.963 3
1.8	0.964 1	0.964 9	0.965 6	0.966 4	0.967 1	0.967 8	0.968 6	0.969 3	0.969 9	0.970 6

附录A 标准正态分布函数表

续表

x	0.00	0.01	0.02	0.03	0.04	0.05	0.06	0.07	0.08	0.09
1.9	0.9713	0.9719	0.9726	0.9732	0.9738	0.9744	0.9750	0.9756	0.9761	0.9767
2.0	0.9772	0.9778	0.9783	0.9788	0.9793	0.9798	0.9803	0.9808	0.9812	0.9817
2.1	0.9821	0.9826	0.9830	0.9834	0.9838	0.9842	0.9846	0.9850	0.9854	0.9857
2.2	0.9861	0.9864	0.9868	0.9871	0.9875	0.9878	0.9881	0.9884	0.9887	0.9890
2.3	0.9893	0.9896	0.9898	0.9901	0.9904	0.9906	0.9909	0.9911	0.9913	0.9916
2.4	0.9918	0.9920	0.9922	0.9925	0.9927	0.9929	0.9931	0.9932	0.9934	0.9936
2.5	0.9938	0.9940	0.9941	0.9943	0.9945	0.9946	0.9948	0.9949	0.9951	0.9952
2.6	0.9953	0.9955	0.9956	0.9957	0.9959	0.9960	0.9961	0.9962	0.9963	0.9964
2.7	0.9965	0.9966	0.9967	0.9968	0.9969	0.9970	0.9971	0.9972	0.9973	0.9974
2.8	0.9974	0.9975	0.9976	0.9977	0.9977	0.9978	0.9979	0.9979	0.9980	0.9981
2.9	0.9981	0.9982	0.9982	0.9983	0.9984	0.9984	0.9985	0.9985	0.9986	0.9986
3.0	0.9987	0.9987	0.9987	0.9988	0.9988	0.9989	0.9989	0.9989	0.9990	0.9990

附录 B t 分布上分位数 $t_\alpha(n)$ 表

$P(t(n) > t_\alpha(n)) = \alpha$

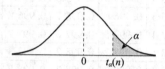

α n	0.20	0.15	0.10	0.05	0.025	0.01	0.005
1	1.376 4	1.962 6	3.077 7	6.313 8	12.706 2	31.820 5	63.656 7
2	1.060 7	1.386 2	1.885 6	2.920 0	4.302 7	6.964 6	9.924 8
3	0.978 5	1.249 8	1.637 7	2.353 4	3.182 4	4.540 7	5.840 9
4	0.941 0	1.189 6	1.533 2	2.131 8	2.776 4	3.746 9	4.604 1
5	0.919 5	1.155 8	1.475 9	2.015 0	2.570 6	3.364 9	4.032 1
6	0.905 7	1.134 2	1.439 8	1.943 2	2.446 9	3.142 7	3.707 4
7	0.896 0	1.119 2	1.414 9	1.894 6	2.364 6	2.998 0	3.499 5
8	0.888 9	1.108 1	1.396 8	1.859 5	2.306 0	2.896 5	3.355 4
9	0.883 4	1.099 7	1.383 0	1.833 1	2.262 2	2.821 4	3.249 8
10	0.879 1	1.093 1	1.372 2	1.812 5	2.228 1	2.763 8	3.169 3
11	0.875 5	1.087 7	1.363 4	1.795 9	2.201 0	2.718 1	3.105 8
12	0.872 6	1.083 2	1.356 2	1.782 3	2.178 8	2.681 0	3.054 5
13	0.870 2	1.079 5	1.350 2	1.770 9	2.160 4	2.650 3	3.012 3
14	0.868 1	1.076 3	1.345 0	1.761 3	2.144 8	2.624 5	2.976 8
15	0.866 2	1.073 5	1.340 6	1.753 1	2.131 4	2.602 5	2.946 7
16	0.864 7	1.071 1	1.336 8	1.745 9	2.119 9	2.583 5	2.920 8
17	0.863 3	1.069 0	1.333 4	1.739 6	2.109 8	2.566 9	2.898 2
18	0.862 0	1.067 2	1.330 4	1.734 1	2.100 9	2.552 4	2.878 4
19	0.861 0	1.065 5	1.327 7	1.729 1	2.093 0	2.539 5	2.860 9
20	0.860 0	1.064 0	1.325 3	1.724 7	2.086 0	2.528 0	2.845 3
21	0.859 1	1.062 7	1.323 2	1.720 7	2.079 6	2.517 6	2.831 4
22	0.858 3	1.061 4	1.321 2	1.717 1	2.073 9	2.508 3	2.818 8
23	0.857 5	1.060 3	1.319 5	1.713 9	2.068 7	2.499 9	2.807 3

附录B t分布上分位数 $t_\alpha(n)$ 表

续表

n \ α	0.20	0.15	0.10	0.05	0.025	0.01	0.005
24	0.856 9	1.059 3	1.317 8	1.710 9	2.063 9	2.492 2	2.796 9
25	0.856 2	1.058 4	1.316 3	1.708 1	2.059 5	2.485 1	2.787 4
26	0.855 7	1.057 5	1.315 0	1.705 6	2.055 5	2.478 6	2.778 7
27	0.855 1	1.056 7	1.313 7	1.703 3	2.051 8	2.472 7	2.770 7
28	0.854 6	1.056 0	1.312 5	1.701 1	2.048 4	2.467 1	2.763 3
29	0.854 2	1.055 3	1.311 4	1.699 1	2.045 2	2.462 0	2.756 4
30	0.853 8	1.054 7	1.310 4	1.697 3	2.042 3	2.457 3	2.750 0
31	0.853 4	1.054 1	1.309 5	1.695 5	2.039 5	2.452 8	2.744 0
32	0.853 0	1.053 5	1.308 6	1.693 9	2.036 9	2.448 7	2.738 5
33	0.852 6	1.053 0	1.307 7	1.692 4	2.034 5	2.444 8	2.733 3
34	0.852 3	1.052 5	1.307 0	1.690 9	2.032 2	2.441 1	2.728 4
35	0.852 0	1.052 0	1.306 2	1.689 6	2.030 1	2.437 7	2.723 8
36	0.851 7	1.051 6	1.305 5	1.688 3	2.028 1	2.434 5	2.719 5
37	0.851 4	1.051 2	1.304 9	1.687 1	2.026 2	2.431 4	2.715 4
38	0.851 2	1.050 8	1.304 2	1.686 0	2.024 4	2.428 6	2.711 6
39	0.850 9	1.050 4	1.303 6	1.684 9	2.022 7	2.425 8	2.707 9
40	0.850 7	1.050 0	1.303 1	1.683 9	2.021 1	2.423 3	2.704 5
41	0.850 5	1.049 7	1.302 5	1.682 9	2.019 5	2.420 8	2.701 2
42	0.850 3	1.049 4	1.302 0	1.682 0	2.018 1	2.418 5	2.698 1
43	0.850 1	1.049 1	1.301 6	1.681 1	2.016 7	2.416 3	2.695 1
44	0.849 9	1.048 8	1.301 1	1.680 2	2.015 4	2.414 1	2.692 3
45	0.849 7	1.048 5	1.300 6	1.679 4	2.014 1	2.412 1	2.689 6
46	0.849 5	1.048 3	1.300 2	1.678 7	2.012 9	2.410 2	2.687 0
47	0.849 3	1.048 0	1.299 8	1.677 9	2.011 7	2.408 3	2.684 6
48	0.849 2	1.047 8	1.299 4	1.677 2	2.010 6	2.406 6	2.682 2
49	0.849 0	1.047 5	1.299 1	1.676 6	2.009 6	2.404 9	2.680 0
50	0.848 9	1.047 3	1.298 7	1.675 9	2.008 6	2.403 3	2.677 8
51	0.848 7	1.047 1	1.298 4	1.675 3	2.007 6	2.401 7	2.675 7
52	0.848 6	1.046 9	1.298 0	1.674 7	2.006 6	2.400 2	2.673 7
53	0.848 5	1.046 7	1.297 7	1.674 1	2.005 7	2.398 8	2.671 8
54	0.848 3	1.046 5	1.297 4	1.673 6	2.004 9	2.397 4	2.670 0
55	0.848 2	1.046 3	1.297 1	1.673 0	2.004 0	2.396 1	2.668 2
56	0.848 1	1.046 1	1.296 9	1.672 5	2.003 2	2.394 8	2.666 5
57	0.848 0	1.045 9	1.296 6	1.672 0	2.002 5	2.393 6	2.664 9
58	0.847 9	1.045 8	1.296 3	1.671 6	2.001 7	2.392 4	2.663 3
59	0.847 8	1.045 6	1.296 1	1.671 1	2.001 0	2.391 2	2.661 8
60	0.847 7	1.045 5	1.295 8	1.670 6	2.000 3	2.390 1	2.660 3

附录C χ^2分布上分位数$\chi_\alpha^2(n)$表

$P(\chi^2(n) > \chi_\alpha^2(n)) = \alpha$

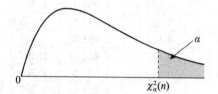

n \ α	0.995	0.99	0.975	0.95	0.90	0.10	0.05	0.025	0.01	0.005
1	0.000	0.000	0.001	0.004	0.016	2.706	3.841	5.024	6.635	7.879
2	0.010	0.020	0.051	0.103	0.211	4.605	5.991	7.378	9.210	10.597
3	0.072	0.115	0.216	0.352	0.584	6.251	7.815	9.348	11.345	12.838
4	0.207	0.297	0.484	0.711	1.064	7.779	9.488	11.143	13.277	14.860
5	0.412	0.554	0.831	1.145	1.610	9.236	11.070	12.833	15.086	16.750
6	0.676	0.872	1.237	1.635	2.204	10.645	12.592	14.449	16.812	18.548
7	0.989	1.239	1.690	2.167	2.833	12.017	14.067	16.013	18.475	20.278
8	1.344	1.646	2.180	2.733	3.490	13.362	15.507	17.535	20.090	21.955
9	1.735	2.088	2.700	3.325	4.168	14.684	16.919	19.023	21.666	23.589
10	2.156	2.558	3.247	3.940	4.865	15.987	18.307	20.483	23.209	25.188
11	2.603	3.053	3.816	4.575	5.578	17.275	19.675	21.920	24.725	26.757
12	3.074	3.571	4.404	5.226	6.304	18.549	21.026	23.337	26.217	28.300
13	3.565	4.107	5.009	5.892	7.042	19.812	22.362	24.736	27.688	29.819
14	4.075	4.660	5.629	6.571	7.790	21.064	23.685	26.119	29.141	31.319
15	4.601	5.229	6.262	7.261	8.547	22.307	24.996	27.488	30.578	32.801
16	5.142	5.812	6.908	7.962	9.312	23.542	26.296	28.845	32.000	34.267
17	5.697	6.408	7.564	8.672	10.085	24.769	27.587	30.191	33.409	35.718
18	6.265	7.015	8.231	9.390	10.865	25.989	28.869	31.526	34.805	37.156

附录C χ^2分布上分位数 $\chi^2_\alpha(n)$ 表

续表

α \ n	0.995	0.99	0.975	0.95	0.90	0.10	0.05	0.025	0.01	0.005
19	6.844	7.633	8.907	10.117	11.651	27.204	30.144	32.852	36.191	38.582
20	7.434	8.260	9.591	10.851	12.443	28.412	31.410	34.170	37.566	39.997
21	8.034	8.897	10.283	11.591	13.240	29.615	32.671	35.479	38.932	41.401
22	8.643	9.542	10.982	12.338	14.041	30.813	33.924	36.781	40.289	42.796
23	9.260	10.196	11.689	13.091	14.848	32.007	35.172	38.076	41.638	44.181
24	9.886	10.856	12.401	13.848	15.659	33.196	36.415	39.364	42.980	45.559
25	10.520	11.524	13.120	14.611	16.473	34.382	37.652	40.646	44.314	46.928
26	11.160	12.198	13.844	15.379	17.292	35.563	38.885	41.923	45.642	48.290
27	11.808	12.879	14.573	16.151	18.114	36.741	40.113	43.195	46.963	49.645
28	12.461	13.565	15.308	16.928	18.939	37.916	41.337	44.461	48.278	50.993
29	13.121	14.256	16.047	17.708	19.768	39.087	42.557	45.722	49.588	52.336
30	13.787	14.953	16.791	18.493	20.599	40.256	43.773	46.979	50.892	53.672
31	14.458	15.655	17.539	19.281	21.434	41.422	44.985	48.232	52.191	55.003
32	15.134	16.362	18.291	20.072	22.271	42.585	46.194	49.480	53.486	56.328
33	15.815	17.074	19.047	20.867	23.110	43.745	47.400	50.725	54.776	57.648
34	16.501	17.789	19.806	21.664	23.952	44.903	48.602	51.966	56.061	58.964
35	17.192	18.509	20.569	22.465	24.797	46.059	49.802	53.203	57.342	60.275
36	17.887	19.233	21.336	23.269	25.643	47.212	50.998	54.437	58.619	61.581
37	18.586	19.960	22.106	24.075	26.492	48.363	52.192	55.668	59.893	62.883
38	19.289	20.691	22.878	24.884	27.343	49.513	53.384	56.896	61.162	64.181
39	19.996	21.426	23.654	25.695	28.196	50.660	54.572	58.120	62.428	65.476
40	20.707	22.164	24.433	26.509	29.051	51.805	55.758	59.342	63.691	66.766
41	21.421	22.906	25.215	27.326	29.907	52.949	56.942	60.561	64.950	68.053
42	22.138	23.650	25.999	28.144	30.765	54.090	58.124	61.777	66.206	69.336
43	22.859	24.398	26.785	28.965	31.625	55.230	59.304	62.990	67.459	70.616
44	23.584	25.148	27.575	29.787	32.487	56.369	60.481	64.201	68.710	71.893
45	24.311	25.901	28.366	30.612	33.350	57.505	61.656	65.410	69.957	73.166
46	25.041	26.657	29.160	31.439	34.215	58.641	62.830	66.617	71.201	74.437
47	25.775	27.416	29.956	32.268	35.081	59.774	64.001	67.821	72.443	75.704
48	26.511	28.177	30.755	33.098	35.949	60.907	65.171	69.023	73.683	76.969
49	27.249	28.941	31.555	33.930	36.818	62.038	66.339	70.222	74.919	78.231

续表

n \ α	0.995	0.99	0.975	0.95	0.90	0.10	0.05	0.025	0.01	0.005
50	27.991	29.707	32.357	34.764	37.689	63.167	67.505	71.420	76.154	79.490
51	28.735	30.475	33.162	35.600	38.560	64.295	68.669	72.616	77.386	80.747
52	29.481	31.246	33.968	36.437	39.433	65.422	69.832	73.810	78.616	82.001
53	30.230	32.018	34.776	37.276	40.308	66.548	70.993	75.002	79.843	83.253
54	30.981	32.793	35.586	38.116	41.183	67.673	72.153	76.192	81.069	84.502
55	31.735	33.570	36.398	38.958	42.060	68.796	73.311	77.380	82.292	85.749
56	32.490	34.350	37.212	39.801	42.937	69.919	74.468	78.567	83.513	86.994
57	33.248	35.131	38.027	40.646	43.816	71.040	75.624	79.752	84.733	88.236
58	34.008	35.913	38.844	41.492	44.696	72.160	76.778	80.936	85.950	89.477
59	34.770	36.698	39.662	42.339	45.577	73.279	77.931	82.117	87.166	90.715
60	35.534	37.485	40.482	43.188	46.459	74.397	79.082	83.298	88.379	91.952

附录D F分布表

$P(F(n_1,n_2) > F_\alpha(n_1,n_2)) = \alpha$

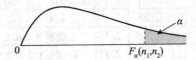

($\alpha = 0.10$)

n_1 \ n_2	1	2	3	4	5	6	7	8	9	10
1	39.863	8.526	5.538	4.545	4.060	3.776	3.589	3.458	3.360	3.285
2	49.500	9.000	5.462	4.325	3.780	3.463	3.257	3.113	3.006	2.924
3	53.593	9.162	5.391	4.191	3.619	3.289	3.074	2.924	2.813	2.728
4	55.833	9.243	5.343	4.107	3.520	3.181	2.961	2.806	2.693	2.605
5	57.240	9.293	5.309	4.051	3.453	3.108	2.883	2.726	2.611	2.522
6	58.204	9.326	5.285	4.010	3.405	3.055	2.827	2.668	2.551	2.461
7	58.906	9.349	5.266	3.979	3.368	3.014	2.785	2.624	2.505	2.414
8	59.439	9.367	5.252	3.955	3.339	2.983	2.752	2.589	2.469	2.377
9	59.858	9.381	5.240	3.936	3.316	2.958	2.725	2.561	2.440	2.347
10	60.195	9.392	5.230	3.920	3.297	2.937	2.703	2.538	2.416	2.323
12	60.705	9.408	5.216	3.896	3.268	2.905	2.668	2.502	2.379	2.284
14	61.073	9.420	5.205	3.878	3.247	2.881	2.643	2.475	2.351	2.255
16	61.350	9.429	5.196	3.864	3.230	2.863	2.623	2.455	2.329	2.233
18	61.566	9.436	5.190	3.853	3.217	2.848	2.607	2.438	2.312	2.215
20	61.740	9.441	5.184	3.844	3.207	2.836	2.595	2.425	2.298	2.201
25	62.055	9.451	5.175	3.828	3.187	2.815	2.571	2.400	2.272	2.174
30	62.265	9.458	5.168	3.817	3.174	2.800	2.555	2.383	2.255	2.155
40	62.529	9.466	5.160	3.804	3.157	2.781	2.535	2.361	2.232	2.132
60	62.794	9.475	5.151	3.790	3.140	2.762	2.514	2.339	2.208	2.107
120	63.061	9.483	5.143	3.775	3.123	2.742	2.493	2.316	2.184	2.082

续表

($\alpha = 0.10$)

n_1 \ n_2	12	14	16	18	20	25	30	40	60	120
1	3.177	3.102	3.048	3.007	2.975	2.918	2.881	2.835	2.791	2.748
2	2.807	2.726	2.668	2.624	2.589	2.528	2.489	2.440	2.393	2.347
3	2.606	2.522	2.462	2.416	2.380	2.317	2.276	2.226	2.177	2.130
4	2.480	2.395	2.333	2.286	2.249	2.184	2.142	2.091	2.041	1.992
5	2.394	2.307	2.244	2.196	2.158	2.092	2.049	1.997	1.946	1.896
6	2.331	2.243	2.178	2.130	2.091	2.024	1.980	1.927	1.875	1.824
7	2.283	2.193	2.128	2.079	2.040	1.971	1.927	1.873	1.819	1.767
8	2.245	2.154	2.088	2.038	1.999	1.929	1.884	1.829	1.775	1.722
9	2.214	2.122	2.055	2.005	1.965	1.895	1.849	1.793	1.738	1.684
10	2.188	2.095	2.028	1.977	1.937	1.866	1.819	1.763	1.707	1.652
12	2.147	2.054	1.985	1.933	1.892	1.820	1.773	1.715	1.657	1.601
14	2.117	2.022	1.953	1.900	1.859	1.785	1.737	1.678	1.619	1.562
16	2.094	1.998	1.928	1.875	1.833	1.758	1.709	1.649	1.589	1.530
18	2.075	1.978	1.908	1.854	1.811	1.736	1.686	1.625	1.564	1.504
20	2.060	1.962	1.891	1.837	1.794	1.718	1.667	1.605	1.543	1.482
25	2.031	1.933	1.860	1.805	1.761	1.683	1.632	1.568	1.504	1.440
30	2.011	1.912	1.839	1.783	1.738	1.659	1.606	1.541	1.476	1.409
40	1.986	1.885	1.811	1.754	1.708	1.627	1.573	1.506	1.437	1.368
60	1.960	1.857	1.782	1.723	1.677	1.593	1.538	1.467	1.395	1.320
120	1.932	1.828	1.751	1.691	1.643	1.557	1.499	1.425	1.348	1.265

($\alpha = 0.05$)

n_1 \ n_2	1	2	3	4	5	6	7	8	9	10
1	161.448	18.513	10.128	7.709	6.608	5.987	5.591	5.318	5.117	4.965
2	199.500	19.000	9.552	6.944	5.786	5.143	4.737	4.459	4.256	4.103
3	215.707	19.164	9.277	6.591	5.409	4.757	4.347	4.066	3.863	3.708
4	224.583	19.247	9.117	6.388	5.192	4.534	4.120	3.838	3.633	3.478
5	230.162	19.296	9.013	6.256	5.050	4.387	3.972	3.687	3.482	3.326
6	233.986	19.330	8.941	6.163	4.950	4.284	3.866	3.581	3.374	3.217
7	236.768	19.353	8.887	6.094	4.876	4.207	3.787	3.500	3.293	3.135
8	238.883	19.371	8.845	6.041	4.818	4.147	3.726	3.438	3.230	3.072
9	240.543	19.385	8.812	5.999	4.772	4.099	3.677	3.388	3.179	3.020
10	241.882	19.396	8.786	5.964	4.735	4.060	3.637	3.347	3.137	2.978

续表

($\alpha = 0.05$)

n_1 \ n_2	1	2	3	4	5	6	7	8	9	10
12	243.906	19.413	8.745	5.912	4.678	4.000	3.575	3.284	3.073	2.913
14	245.364	19.424	8.715	5.873	4.636	3.956	3.529	3.237	3.025	2.865
16	246.464	19.433	8.692	5.844	4.604	3.922	3.494	3.202	2.989	2.828
18	247.323	19.440	8.675	5.821	4.579	3.896	3.467	3.173	2.960	2.798
20	248.013	19.446	8.660	5.803	4.558	3.874	3.445	3.150	2.936	2.774
25	249.260	19.456	8.634	5.769	4.521	3.835	3.404	3.108	2.893	2.730
30	250.095	19.462	8.617	5.746	4.496	3.808	3.376	3.079	2.864	2.700
40	251.143	19.471	8.594	5.717	4.464	3.774	3.340	3.043	2.826	2.661
60	252.196	19.479	8.572	5.688	4.431	3.740	3.304	3.005	2.787	2.621
120	253.253	19.487	8.549	5.658	4.398	3.705	3.267	2.967	2.748	2.580

n_1 \ n_2	12	14	16	18	20	25	30	40	60	120
1	4.747	4.600	4.494	4.414	4.351	4.242	4.171	4.085	4.001	3.920
2	3.885	3.739	3.634	3.555	3.493	3.385	3.316	3.232	3.150	3.072
3	3.490	3.344	3.239	3.160	3.098	2.991	2.922	2.839	2.758	2.680
4	3.259	3.112	3.007	2.928	2.866	2.759	2.690	2.606	2.525	2.447
5	3.106	2.958	2.852	2.773	2.711	2.603	2.534	2.449	2.368	2.290
6	2.996	2.848	2.741	2.661	2.599	2.490	2.421	2.336	2.254	2.175
7	2.913	2.764	2.657	2.577	2.514	2.405	2.334	2.249	2.167	2.087
8	2.849	2.699	2.591	2.510	2.447	2.337	2.266	2.180	2.097	2.016
9	2.796	2.646	2.538	2.456	2.393	2.282	2.211	2.124	2.040	1.959
10	2.753	2.602	2.494	2.412	2.348	2.236	2.165	2.077	1.993	1.910
12	2.687	2.534	2.425	2.342	2.278	2.165	2.092	2.003	1.917	1.834
14	2.637	2.484	2.373	2.290	2.225	2.111	2.037	1.948	1.860	1.775
16	2.599	2.445	2.333	2.250	2.184	2.069	1.995	1.904	1.815	1.728
18	2.568	2.413	2.302	2.217	2.151	2.035	1.960	1.868	1.778	1.690
20	2.544	2.388	2.276	2.191	2.124	2.007	1.932	1.839	1.748	1.659
25	2.498	2.341	2.227	2.141	2.074	1.955	1.878	1.783	1.690	1.598
30	2.466	2.308	2.194	2.107	2.039	1.919	1.841	1.744	1.649	1.554
40	2.426	2.266	2.151	2.063	1.994	1.872	1.792	1.693	1.594	1.495
60	2.384	2.223	2.106	2.017	1.946	1.822	1.740	1.637	1.534	1.429
120	2.341	2.178	2.059	1.968	1.896	1.768	1.683	1.577	1.467	1.352

续表

($\alpha = 0.025$)

n_1 \ n_2	1	2	3	4	5	6	7	8	9	10
1	647.789	38.506	17.443	12.218	10.007	8.813	8.073	7.571	7.209	6.937
2	799.500	39.000	16.044	10.649	8.434	7.260	6.542	6.059	5.715	5.456
3	864.163	39.165	15.439	9.979	7.764	6.599	5.890	5.416	5.078	4.826
4	899.583	39.248	15.101	9.605	7.388	6.227	5.523	5.053	4.718	4.468
5	921.848	39.298	14.885	9.364	7.146	5.988	5.285	4.817	4.484	4.236
6	937.111	39.331	14.735	9.197	6.978	5.820	5.119	4.652	4.320	4.072
7	948.217	39.355	14.624	9.074	6.853	5.695	4.995	4.529	4.197	3.950
8	956.656	39.373	14.540	8.980	6.757	5.600	4.899	4.433	4.102	3.855
9	963.285	39.387	14.473	8.905	6.681	5.523	4.823	4.357	4.026	3.779
10	968.627	39.398	14.419	8.844	6.619	5.461	4.761	4.295	3.964	3.717
12	976.708	39.415	14.337	8.751	6.525	5.366	4.666	4.200	3.868	3.621
14	982.528	39.427	14.277	8.684	6.456	5.297	4.596	4.130	3.798	3.550
16	986.919	39.435	14.232	8.633	6.403	5.244	4.543	4.076	3.744	3.496
18	990.349	39.442	14.196	8.592	6.362	5.202	4.501	4.034	3.701	3.453
20	993.103	39.448	14.167	8.560	6.329	5.168	4.467	3.999	3.667	3.419
25	998.081	39.458	14.115	8.501	6.268	5.107	4.405	3.937	3.604	3.355
30	1 001.414	39.465	14.081	8.461	6.227	5.065	4.362	3.894	3.560	3.311
40	1 005.598	39.473	14.037	8.411	6.175	5.012	4.309	3.840	3.505	3.255
60	1 009.800	39.481	13.992	8.360	6.123	4.959	4.254	3.784	3.449	3.198
120	1 014.020	39.490	13.947	8.309	6.069	4.904	4.199	3.728	3.392	3.140

n_1 \ n_2	12	14	16	18	20	25	30	40	60	120
1	6.554	6.298	6.115	5.978	5.871	5.686	5.568	5.424	5.286	5.152
2	5.096	4.857	4.687	4.560	4.461	4.291	4.182	4.051	3.925	3.805
3	4.474	4.242	4.077	3.954	3.859	3.694	3.589	3.463	3.343	3.227
4	4.121	3.892	3.729	3.608	3.515	3.353	3.250	3.126	3.008	2.894
5	3.891	3.663	3.502	3.382	3.289	3.129	3.026	2.904	2.786	2.674
6	3.728	3.501	3.341	3.221	3.128	2.969	2.867	2.744	2.627	2.515
7	3.607	3.380	3.219	3.100	3.007	2.848	2.746	2.624	2.507	2.395
8	3.512	3.285	3.125	3.005	2.913	2.753	2.651	2.529	2.412	2.299
9	3.436	3.209	3.049	2.929	2.837	2.677	2.575	2.452	2.334	2.222
10	3.374	3.147	2.986	2.866	2.774	2.613	2.511	2.388	2.270	2.157

续表

($\alpha = 0.025$)

n_1 \ n_2	12	14	16	18	20	25	30	40	60	120
12	3.277	3.050	2.889	2.769	2.676	2.515	2.412	2.288	2.169	2.055
14	3.206	2.979	2.817	2.696	2.603	2.441	2.338	2.213	2.093	1.977
16	3.152	2.923	2.761	2.640	2.547	2.384	2.280	2.154	2.033	1.916
18	3.108	2.879	2.717	2.596	2.501	2.338	2.233	2.107	1.985	1.866
20	3.073	2.844	2.681	2.559	2.464	2.300	2.195	2.068	1.944	1.825
25	3.008	2.778	2.614	2.491	2.396	2.230	2.124	1.994	1.869	1.746
30	2.963	2.732	2.568	2.445	2.349	2.182	2.074	1.943	1.815	1.690
40	2.906	2.674	2.509	2.384	2.287	2.118	2.009	1.875	1.744	1.614
60	2.848	2.614	2.447	2.321	2.223	2.052	1.940	1.803	1.667	1.530
120	2.787	2.552	2.383	2.256	2.156	1.981	1.866	1.724	1.581	1.433

($\alpha = 0.01$)

n_1 \ n_2	1	2	3	4	5	6	7	8	9	10
1	4 052.181	98.503	34.116	21.198	16.258	13.745	12.246	11.259	10.561	10.044
2	4 999.500	99.000	30.817	18.000	13.274	10.925	9.547	8.649	8.022	7.559
3	5 403.352	99.166	29.457	16.694	12.060	9.780	8.451	7.591	6.992	6.552
4	5 624.583	99.249	28.710	15.977	11.392	9.148	7.847	7.006	6.422	5.994
5	5 763.650	99.299	28.237	15.522	10.967	8.746	7.460	6.632	6.057	5.636
6	5 858.986	99.333	27.911	15.207	10.672	8.466	7.191	6.371	5.802	5.386
7	5 928.356	99.356	27.672	14.976	10.456	8.260	6.993	6.178	5.613	5.200
8	5 981.070	99.374	27.489	14.799	10.289	8.102	6.840	6.029	5.467	5.057
9	6 022.473	99.388	27.345	14.659	10.158	7.976	6.719	5.911	5.351	4.942
10	6 055.847	99.399	27.229	14.546	10.051	7.874	6.620	5.814	5.257	4.849
12	6 106.321	99.416	27.052	14.374	9.888	7.718	6.469	5.667	5.111	4.706
14	6 142.674	99.428	26.924	14.249	9.770	7.605	6.359	5.559	5.005	4.601
16	6 170.101	99.437	26.827	14.154	9.680	7.519	6.275	5.477	4.924	4.520
18	6 191.529	99.444	26.751	14.080	9.610	7.451	6.209	5.412	4.860	4.457
20	6 208.730	99.449	26.690	14.020	9.553	7.396	6.155	5.359	4.808	4.405
25	6 239.825	99.459	26.579	13.911	9.449	7.296	6.058	5.263	4.713	4.311
30	6 260.649	99.466	26.505	13.838	9.379	7.229	5.992	5.198	4.649	4.247
40	6 286.782	99.474	26.411	13.745	9.291	7.143	5.908	5.116	4.567	4.165
60	6 313.030	99.482	26.316	13.652	9.202	7.057	5.824	5.032	4.483	4.082
120	6 339.391	99.491	26.221	13.558	9.112	6.969	5.737	4.946	4.398	3.996

续表

($\alpha = 0.01$)

n_1 \ n_2	12	14	16	18	20	25	30	40	60	120
1	9.330	8.862	8.531	8.285	8.096	7.770	7.562	7.314	7.077	6.851
2	6.927	6.515	6.226	6.013	5.849	5.568	5.390	5.179	4.977	4.787
3	5.953	5.564	5.292	5.092	4.938	4.675	4.510	4.313	4.126	3.949
4	5.412	5.035	4.773	4.579	4.431	4.177	4.018	3.828	3.649	3.480
5	5.064	4.695	4.437	4.248	4.103	3.855	3.699	3.514	3.339	3.174
6	4.821	4.456	4.202	4.015	3.871	3.627	3.473	3.291	3.119	2.956
7	4.640	4.278	4.026	3.841	3.699	3.457	3.304	3.124	2.953	2.792
8	4.499	4.140	3.890	3.705	3.564	3.324	3.173	2.993	2.823	2.663
9	4.388	4.030	3.780	3.597	3.457	3.217	3.067	2.888	2.718	2.559
10	4.296	3.939	3.691	3.508	3.368	3.129	2.979	2.801	2.632	2.472
12	4.155	3.800	3.553	3.371	3.231	2.993	2.843	2.665	2.496	2.336
14	4.052	3.698	3.451	3.269	3.130	2.892	2.742	2.563	2.394	2.234
16	3.972	3.619	3.372	3.190	3.051	2.813	2.663	2.484	2.315	2.154
18	3.909	3.556	3.310	3.128	2.989	2.751	2.600	2.421	2.251	2.089
20	3.858	3.505	3.259	3.077	2.938	2.699	2.549	2.369	2.198	2.035
25	3.765	3.412	3.165	2.983	2.843	2.604	2.453	2.271	2.098	1.932
30	3.701	3.348	3.101	2.919	2.778	2.538	2.386	2.203	2.028	1.860
40	3.619	3.266	3.018	2.835	2.695	2.453	2.299	2.114	1.936	1.763
60	3.535	3.181	2.933	2.749	2.608	2.364	2.208	2.019	1.836	1.656
120	3.449	3.094	2.845	2.660	2.517	2.270	2.111	1.917	1.726	1.533

参考文献

[1] 北京交通大学概率统计课程组. 概率论与数理统计. 北京：科学出版社，2010.
[2] 茆诗松，程依明，濮晓龙. 概率论与数理统计教程. 2 版. 北京：高等教育出版社，2011.
[3] 盛骤，谢式千，潘承毅. 概率论与数理统计. 4 版. 北京：高等教育出版社，2008.
[4] 陈希孺. 概率论与数理统计. 北京：科学出版社，2000.
[5] MORRIS H D, MARK J S. Probability and statistics. 4th ed. Addison Wesley，2010.
[6] VENABLES W N, SMITH D M. An introduction to R. Network Theory Ltd.，2009.
[7] CRAWLEY, MICHAEL J. Statistics：an introduction using R. John Wiley & Sons，2014.